高等院校嵌入式人才培养规划教材
Gaodeng Yuanxiao Qianrushi Rencai Peiyang Guihua Jiaocai

arm University Program
Arm大学计划推荐用书

嵌入式系统与移动设备开发基础

郭宏 胡威 主编

Embedded System and Basis of Mobile Device Development

人 民 邮 电 出 版 社
北 京

图书在版编目（CIP）数据

嵌入式系统与移动设备开发基础 / 郭宏，胡威主编
. -- 北京 : 人民邮电出版社，2018.9（2023.1重印）
高等院校嵌入式人才培养规划教材
ISBN 978-7-115-48281-5

Ⅰ. ①嵌… Ⅱ. ①郭… ②胡… Ⅲ. ①微型计算机－系统设计－高等学校－教材②移动终端－应用程序－程序设计－高等学校－教材 Ⅳ. ①TP360.21②TN929.53

中国版本图书馆CIP数据核字(2018)第076023号

内 容 提 要

本书借鉴了很多国内优秀培训机构的教学思路，力求使读者在没有相关背景知识的前提下，也可以学习嵌入式开发。全书分为两篇，第一篇包括第 1～8 章，依次讲述了嵌入式系统概述、ARM11 体系结构、ARM 微处理器的指令系统、S3C6410 处理器、GPIO 接口、IIC 总线接口、UART 接口以及 ADC 和触摸屏接口等相关内容；第二篇包括第 9～14 章，分别介绍了 Android 系统级开发概述、Android 系统开发环境、Boot Loader、Android 驱动开发、input 输入子系统以及传感器系统的结构等移动设备开发相关的内容。

本书通俗易懂、条理清晰、实例丰富，是为高等院校电子信息工程、通信工程、自动控制、电气自动化、计算机科学与技术等专业编写的嵌入式系统设计、开发与应用的通用教材，也可作为全国大学生电子设计竞赛培训教材，同时，还可作为工程技术人员进行嵌入式系统开发的参考书。

◆ 主　　编　郭　宏　胡　威
责任编辑　邹文波
责任印制　彭志环
◆ 人民邮电出版社出版发行　　北京市丰台区成寿寺路 11 号
邮编　100164　　电子邮件　315@ptpress.com.cn
网址　http://www.ptpress.com.cn
北京七彩京通数码快印有限公司印刷
◆ 开本：787×1092　1/16
印张：17.5　　2018 年 9 月第 1 版
字数：454 千字　　2023 年 1 月北京第 3 次印刷

定价：49.80 元

读者服务热线：(010)81055256　印装质量热线：(010)81055316
反盗版热线：(010)81055315

前　言

本书主要以 ARM11 微处理器的 S3C6410 为基础，重点介绍了嵌入式系统的基础知识和嵌入式系统的体系结构、中断处理、寄存器、输入/输出接口、总线接口的电路设计与编程；突出基于 Android 嵌入式系统开发的编程方法，图形用户接口（GUI）工具的使用以及传感器系统驱动开发。本书的特点是内容丰富实用，叙述详尽清晰，方便教师教学与学生自学，与嵌入式系统实验教学结合，有利于学生掌握嵌入式系统的设计方法，培养学生综合分析、开发创新和工程设计的能力。

全书分为两篇，共 14 章。第一篇包含第 1 ~ 8 章内容，介绍嵌入式系统的基本组成原理与应用。其中第 1 章介绍了嵌入式系统的定义和组成、嵌入式微处理器体系结构和类型；第 2 章介绍了 ARM 微处理器结构、流水线结构、寄存器结构、异常处理、存储器结构；第 3 章介绍了 ARM 指令系统的寻址方式、指令格式、常用指令和伪指令；第 4 章介绍了 S3C6410 微处理器的内部结构、引脚的定义和分类、相应外设接口、存储器控制器、时钟和电源管理、中断控制等以及相关寄存器和编程方法；第 5 章介绍了 S3C6410 的 GPIO 结构、GPIO 端口的分类、相关寄存器及其编程方法；第 6 章介绍了 S3C6410 的 IIC 总线模块结构、操作模式、相关寄存器的设置与编程；第 7 章介绍了 S3C6410 的 UART 接口特性、工作模式、相关寄存器操作及其应用编程；第 8 章介绍了 S3C6410 的 A/D 转换器工作原理、ADC 与触摸屏接口、触摸屏的基本原理、电路结构与编程方法；第二篇包含第 9 ~ 14 章内容，介绍移动设备开发的基本原理，其中，第 9 章介绍了 Android 系统的发展、Android 系统的四层架构、Android 系统内核及其特点、系统移植和驱动开发的方法；第 10 章介绍了交叉开发环境、Linux 操作系统及其交叉开发工具链与 Android 系统开发工具链；第 11 章介绍了 Boot Loader 的基本思想、Boot Loader 的工作过程与基于 U-Boot 的案例分析；第 12 章介绍了 Android 系统的内核与驱动架构、Android 系统移植的主要内容、Android 系统的硬件抽象层；第 13 章介绍了 Android 输入子系统及其移植方法；第 14 章介绍了 Android 传感器子系统及其移植方法。每章都附有思考题。

本书提供多媒体课件，读者可以登录人邮教育社区（www.ryjiaoyu.com）免费下载。

本书由郭宏拟订编写了大纲和目录，编写工作由郭宏和胡威共同完成，具体分工如下：郭宏编写第 1 ~ 8 章内容；胡威编写第 9 ~ 14 章内容；最后由郭宏统稿及定稿。同时，武汉科技大学计算机科学与技术学院的吕向宇、蔡熙隆等同学，广东欧珀移动通信有限公司高级驱动工程师江若成为本书的编写做了大量的工作，在此一并表示衷心的感谢。同时还要感谢国家级计算机实验教学示范中心（武汉科技大学）、教育部产学合作协同育人项目（201702014004）对本书出版的支持。

本书在编写过程中，参考了大量的国内外著作和资料，得到了许多专家和学者的大力支持，听取了多方面的宝贵意见和建议，在此对他们致以衷心的感谢。

由于编者水平有限，难免存在不足之处，敬请各位读者批评斧正。

郭宏　于武汉科技大学

2017 年 9 月 18 日

目　录

第一篇　嵌入式系统

第一篇　嵌入式系统

第 1 章 嵌入式系统概述

本章介绍嵌入式系统的一些基本知识。通过对本章的学习，读者会对嵌入式系统开发与设计的基础有所了解，并能对嵌入式系统开发的理论基础具有初步的了解。

本章主要内容包括：

- 嵌入式系统的基本概念和发展；
- 嵌入式处理器的分类以及选择；
- 嵌入式操作系统的基本概念。

1.1　嵌入式系统的基本概念

1.1.1　嵌入式系统的定义

什么是嵌入式系统？随着嵌入式系统在人们实际生活中的应用越来越广泛，这个基本问题的确切定义引发了许多争论。

嵌入式系统本身是一个相对模糊的定义，人们很少会意识到他们往往随身携带了好几个嵌入式系统——手机或者智能卡等，而且人们在与汽车、电梯、厨房设备、电视、机顶盒以及娱乐设备的嵌入式系统交互时也往往对此毫无觉察。正是“看不见”这一特性将嵌入式计算机与通用计算机区分开来。嵌入式系统通常用在一些特定的专用设备上，一般情况下这些设备的硬件资源（如处理器、存储器等）非常有限，并且对成本很敏感，有时对实时响应要求很高。嵌入式系统早期主要应用于军事、航空、航天等领域，后来逐步应用到工业控制、仪器仪表、汽车、电子、通信和家用消费类等领域。目前，随着消费家电的智能化，嵌入式系统显得越来越重要。

嵌入式系统往往作为一个大型系统的组成部分被嵌入到其中（这也是其名称的由来），嵌套关系可能相当复杂，也可能非常简单，其表现形式多种多样。目前存在多种嵌入式系统的定义，有的是根据嵌入式系统的应用定义的，有的是根据嵌入式系统的组成定义的，还有的是根据其他方面进行定义的。下面给出 3 种比较常见的定义。

（1）IEEE（国际电气和电子工程师协会）的定义：嵌入式系统是“用于控制、监视或者辅助操作机器和设备的装置”（原文为 Devices used to control, monitor, or assist the operation of equipment, machinery or plants)。可以看出此定义是从应用上考虑的，嵌入式系统是软件和硬件的综合体，还包含机电等附属装置。由此可以得出以下结论：嵌入式系统通常执行特定功能，其核心是嵌入式微处理器，有严格的时序和稳定性要求，并且可以全自动循环操作。

（2）按照历史性、本质性、普遍性要求，嵌入式系统应定义为“嵌入到对象体系中的专用计算机系统”。“嵌入性”“专用性”与“计算机系统”是嵌入式系统的 3 个基本要素；对象体系则是指嵌入式系统所嵌入的宿主系统。

（3）嵌入式系统指的是以应用为中心和以计算机技术为基础的，并且软硬件是可裁剪的，能满足应用系统对功能、可靠性、成本、体积、功耗等指标严格要求的专用计算机系统。简单地说，嵌入式系统集系统的应用软件与硬件于一体，具有软件代码小、高度自动化、响应速度快等特点，特别适合那些要求实时和多任务的体系结构，可以实现对其他设备的控制、监视或管理等功能。

根据嵌入式系统的定义，可从以下几方面来理解嵌入式系统。

（1）嵌入式系统是面向用户、面向产品、面向应用的，它必须与具体应用相结合才会具有生命力，才更具有优势。嵌入式系统与应用紧密结合，具有很强的专用性，必须结合实际的系统需求进行合理的裁剪和利用。

（2）嵌入式系统是将先进的计算机技术、半导体技术、电子技术以及各个行业的具体应用相结合后的产物，因此它必然是一个技术和资金高度密集，应用领域高度分散，而又不断进行创新的知识集成系统。

（3）嵌入式系统必须根据应用需求对软硬件进行裁剪，以满足应用系统的功能、可靠性、成本、体积等要求。建立相对通用的软硬件基础，然后在其基础上开发出适应各种需要的系统，是一种比较好的发展模式。目前嵌入式系统的核心往往是一个只有几 KB 到几十 KB 内存的微内核，需要根据实际应用进行功能扩展或者裁剪。而由于微内核的存在，使得这种扩展或裁剪能够非常顺利地进行。

一方面，随着芯片技术的发展，单个芯片具有更强的处理能力，集成多种接口已经成为可能，众多芯片生产厂商已经将注意力集中在这方面；另一方面，由于实际应用的需要，以及当前对产品可靠性、成本、更新换代要求的提高，使得嵌入式系统逐渐从纯硬件实现和使用通用计算机实现的应用中脱颖而出，成为近年来受人关注的焦点。嵌入式系统采用“量体裁衣”的方式把所需的功能嵌入到各种应用系统中，融合了计算机软硬件技术、通信技术和半导体微电子技术，是信息技术（Information Technology, IT）的最终产品。

1.1.2 嵌入式系统的发展

嵌入式系统从出现至今已有 40 多年的历史，其发展轨迹呈现出硬件和软件交替发展的双螺旋式。早在电子数字计算机出现之前就有了把计算装置嵌入在系统和设备中的嵌入式系统，如把计算机嵌入到导弹等武器和航天器中。但是，直到 20 世纪 70 年代末（集成电路化的第三代计算机时期），随着微电子技术的发展，嵌入式计算机才逐步兴起。近年来，随着计算机、通信、消费电子的一体化趋势日益明显，嵌入式技术已成为一个研究热点。

1. 嵌入式应用始于微型机时代

电子数字计算机诞生于 1946 年，在其后漫长的历史进程中，计算机始终是供养在特殊的机房中，用于实现数据计算的大型昂贵设备。直到 20 世纪 70 年代微处理器的出现，才使计算机发生了历史性的变化。以微处理器为核心的微型计算机以其小型、价廉、高可靠性等特点，迅速走出机房进入各行各业中。具备高速数据计算能力的微型机表现出的智能化水平引起了控制专业人士的关注，他们将微型机嵌入到一个对象体系中，实现对对象体系的智能化控制。例如，将微型计算机经电气加固、机械加固，并配置各种外围接口电路后，安装到大型舰船中构成自动驾驶仪或轮机状态监测系统。这样一来，计算机便失去了原来的形态与通用的计算机功能。为了区别于原有的通用计算机系统，我们把嵌入到对象体系中、能实现对对象体系智能化控制的计算机称为嵌入式计算机系统。因此，嵌入式系统诞生于微型机时代，其嵌入性本质是将一个计算机嵌入到一个对象体系中去，这就是理解嵌入式系统的基本出发点。

2. 现代计算机技术的两大分支

由于嵌入式系统要嵌入到对象体系中，实现对对象的智能化控制，因此它有着与通用计算机系统完全不同的技术要求与技术发展方向。

通用计算机系统的技术要求是高速、海量的数据计算，技术发展方向是总线速度的无限提升、存储容量的无限扩大；而嵌入式系统的技术要求则是对对象的智能化控制能力，技术发展方向是与对象体系密切相关的嵌入性能、控制能力与控制的可靠性。

早期，人们将通用计算机系统进行改装，在大型设备中实现嵌入式应用。然而，仍存在众多的对象体系（如家用电器、仪器仪表、工控单元……）无法嵌入通用计算机系统，况且嵌入式系统与通用计算机系统的技术发展方向完全不同，因此必须独立地发展通用计算机系统与嵌入式系统，这就形成了现代计算机技术发展的两大分支。

如果说微型机的出现使计算机进入到现代计算机发展阶段，那么嵌入式系统的诞生，则标志着计算机进入了通用计算机系统与嵌入式系统两大分支并行发展时代，从而极大地推动了 20 世纪末计算机技术的高速发展。

3. 两大分支发展的里程碑事件

通用计算机系统与嵌入式系统的专业化分工发展，导致 20 世纪末、21 世纪初计算机技术的飞速发展。计算机专业领域集中精力发展通用计算机系统的软、硬件技术，不必兼顾嵌入式应用要求，通用微处理器迅速从 286、386、486 发展到奔腾系列，乃至当前的酷睿双核、四核等；操作系统则迅速扩张了计算机高速、海量的数据处理能力，使通用计算机系统进入到一个相对成熟的阶段。

嵌入式系统则走上了一条完全不同的道路，这条独立发展的道路就是单芯片化。它动员了原有的传统电子系统领域的厂家与专业人士，接过起源于计算机领域的嵌入式系统，承担起发展与普及嵌入式系统的历史任务，迅速地将传统的电子系统发展到智能化的现代电子系统。

现代计算机技术发展的两大分支的里程碑意义在于：它不仅形成了计算机发展的专业化分工，而且将发展计算机技术的任务扩展到传统的电子系统领域，使计算机成为进入人类社会全面智能化时代的有力工具。

纵观嵌入式技术的发展历程，大致经历了 4 个阶段。

（1）以单芯片为核心的可编程控制器形式的系统，具有与监测、伺服、指示设备相配合的功能。这类系统大部分应用于一些专业性强的工业控制系统中，一般没有操作系统的支持，通过汇编语言编程对系统进行直接控制，运行结束后再清除内存。这些装置虽然已经初步具备了嵌入式的应用特点，但仅仅只是使用 8 位的 CPU 芯片来执行一些单线程的程序，因此严格地说还谈不上“系统”的概念。这一阶段系统的主要特点是：系统结构和功能相对单一，处理效率较低，存储容量较小，几乎没有用户接口。由于这种嵌入式系统使用简单、价格低，以前在国内工业领域应用较为普遍，但是已经远远不能适应高效的、需要大容量存储的现代工业控制和新兴信息家电等领域的需求。

（2）以嵌入式 CPU 为基础、以简单操作系统为核心的嵌入式系统。20 世纪 80 年代，随着微电子工艺水平的提高，IC（集成电路）制造商开始把嵌入式应用中所需要的微处理器、I/O 接口、串行接口以及 RAM、ROM 等部件通通集成到一片 VLSI（超大规模集成电路）中，制造出面向 I/O 设计的微控制器，并一举成为嵌入式系统领域中异军突起的新秀。与此同时，嵌入式系统的程序员也开始基于一些简单的"操作系统"开发嵌入式应用软件，大大缩短了开发周期，提高了开发效率。这一阶段嵌入式系统的主要特点是：出现了大量高可靠、低功耗的嵌入式 CPU（如 Power PC 等），但通用性比较弱；各种简单的嵌入式操作系统开始出现并得到迅速发展，并初步具有了一定的兼容性和扩展性，系统开销小，内核精巧且效率高，主要用来控制系统负载以及监控应用程序的运行；应用软件较专业化，但用户界面不够友好。

（3）以嵌入式操作系统为标志的嵌入式系统。20 世纪 90 年代，在分布控制、柔性制造、数字化通信和信息家电等巨大需求的牵引下，嵌入式系统飞速发展，而面向实时信号处理算法的 DSP（数字信号处理）产品则向着高速度、高精度、低功耗的方向发展。随着硬件实时性要求的提高，嵌入式系统的软件规模也不断扩大，逐渐形成了实时多任务操作系统（RTOS），并开始成为嵌入式系统的主流。这一阶段嵌入式系统的主要特点是：嵌入式操作系统能运行于各种不同类型的微处理器上，兼容性好；操作系统内核小、效率高，并且具有高度的模块化和扩展性；具备文件和目录管理、多任务、网络支持、图形窗口以及用户界面等功能；具有大量的应用程序接口 API，开发应用程序较简单；嵌入式应用软件丰富。

（4）以 Internet 为标志的嵌入式系统。这是一个正在迅速发展的阶段。目前大多数嵌入式系统还孤立于 Internet 之外，信息时代和数字时代的到来为嵌入式系统的发展带来了巨大的机遇。随着 Internet 的发展以及 Internet 技术与信息家电、工业控制技术结合日益密切，嵌入式设备与 Internet 的结合将代表嵌入式系统的未来。

综上所述，嵌入式系统技术日益完善，32 位微处理器在该系统中占主导地位，嵌入式操作系统已经从简单走向成熟，与网络、Internet 的结合日益密切，应用也日益广泛。

1.1.3 嵌入式系统的特点

嵌入式系统是应用于特定环境下，针对特定用途来设计的系统，其硬件和软件都必须被高效率的设计。与通用计算机系统相比，嵌入式系统具有以下特点。

1. 嵌入式系统通常是面向特定应用的

嵌入式系统处理器与通用计算机处理器的最大不同就是嵌入式系统处理器大多工作在为特定用户群设计的系统中，专用于某个或少数几个特定的任务。嵌入式系统处理器通常都具有低功耗、体积小、集成度高等特点，能够把通用 CPU 中许多由板卡完成的任务集成在芯片内部，从而有利于嵌入式系统的小型化，能大大增强移动能力，与网络的耦合也更加紧密。

2. 嵌入式系统功耗低、体积小、集成度高、成本低

通用计算机有足够大的内部空间，具有良好的通风能力，系统中的处理器也均配置了庞大的散热片和冷却风扇进行系统散热；而许多嵌入式系统却没有如此充足的电能供应，尤其是便携式嵌入设备，即使有足够的电源供应，散热设备的增加也很不方便。由于空间和各种资源相对不足，因此在设计嵌入式系统时应尽可能地降低功耗。整个嵌入式系统设计有严格的功耗预算，其硬件和软件也必须围绕这种特性来进行高效率的设计，量体裁衣、去除冗余，最大限度地降低应用成本，力争在同样的硅片面积上实现更高的性能。

3. 嵌入式系统具有较长的生命周期

嵌入式系统和具体应用有机地结合在一起，其升级换代也是和具体的产品同步进行，因此嵌

入式系统产品一旦进入市场，便具有较长的生命周期。

4. 嵌入式系统具有固化的代码

为了提高执行速度和系统可靠性，嵌入式系统中的软件一般都固化在存储器芯片或单片机本身中，而不是存储于磁盘等载体中，系统上电后程序开始执行直至系统关闭，程序是不能被改变的，除非开发人员采用特定的方法才能对程序进行改进并重新写入系统。所以，可以说嵌入式系统的应用软件生命周期也和嵌入式产品一样长。另外，各个行业的应用系统、产品和通用计算机软件不同，很少发生突然性跳跃，嵌入式系统中的软件也因此更强调可继承性和技术衔接性，发展比较稳定。

5. 嵌入式系统开发需要专用开发工具和环境

通用计算机具有完善的人机接口界面，在其中增加一些开发应用程序和环境即可进行对自身的开发；而嵌入式系统本身并不具备自主开发能力，即使设计完成以后用户通常也不能对其中的程序功能进行修改，必须配备一套开发工具和环境（基于通用计算机的软硬件设备以及各种逻辑分析仪、混合信号示波器等）才能进行开发。开发时往往有主机和目标机的概念，主机用于程序的开发，目标机作为最后的执行机，开发时需要交替结合进行。

6. 嵌入式系统软件需要 RTOS 开发平台

通用计算机具有完善的操作系统和应用程序接口（API），是计算机基本组成中不可分割的一部分，应用程序的开发以及完成后的软件都在操作系统（OS）平台上运行，但一般不是实时的。嵌入式系统则不同，其应用程序可以没有操作系统而直接在芯片上运行；但是为了合理地调度多任务，利用系统资源、系统函数以及专用库函数接口，嵌入式系统一般使用实时操作系统 RTOS（Real-Time Operating System），使系统具有实时约束。用户必须自行选配 RTOS 开发平台，这样才能保证程序执行的实时性、可靠性，并减少开发时间，保障软件质量。

7. 嵌入式系统开发人员以应用专家为主

通用计算机的开发人员一般是计算机科学或计算机工程方面的专业人士，而嵌入式系统则是要和各个不同行业的应用相结合的，要求更多的计算机以外的专业知识，其开发人员往往是各个应用领域的专家，因此开发工具的基本要求是易学、易用、可靠、高效。

8. 嵌入式系统是知识集成系统

从某种意义上说，通用计算机行业的技术是垄断的。占整个计算机行业 90%的 PC 产业，80%采用 Intel 公司的 X86 体系结构，芯片基本上出自 Intel、AMD 和 Cyrix 等几家公司。在几乎每台计算机必备的操作系统和办公软件方面，Microsoft 公司的 Windows 和 Office 约占 80%～90%。因此，当代的通用计算机行业已被认为是由 Wintel（Microsoft 和 Intel 公司 20 世纪 90 年代初建立的联盟）垄断的行业。

嵌入式系统则不同，没有哪一个系列的处理器和操作系统能够垄断全部市场，即便在体系结构上存在主次之分，但各不相同的应用领域决定了不可能有少数公司、少数产品垄断全部市场。因此，嵌入式系统领域的产品和技术必然是高度分散的，留给各行业的中、小规模高新技术公司的创新余地很大。另外，各个应用领域是在不断向前发展的，这就要求其中的嵌入式处理器/DSP 核心也同步发展。尽管高新科技的发展起伏不定，但嵌入式行业却一直保持持续强劲的发展态势，在复杂性、实用性和高效性等方面都达到了前所未有的高度。

1.2　嵌入式系统的分类

根据不同的分类标准，嵌入式系统有不同的分类方法，这里按嵌入式系统的复杂程度将其分为以下 4 类。

1.2.1 单个微处理器

这类嵌入式系统一般由单片嵌入式处理器组成，嵌入式处理器上集成了存储器 I/O 设备、接口设备（如 A/D 转换器）等，再加上简单的元件，如电源、时钟元件等就可以工作。这类系统通常用于小型设备中（如温度传感器、烟雾和气体探测器及断路器），由供应商根据设备的用途来设计。

常用的嵌入式处理器有 Philips 的 89LPCxxx 系列、Motorola 的 MC68HC05、08 系列等。

1.2.2 嵌入式处理器可扩展的系统

这类嵌入式系统使用的处理器根据需要可以扩展存储器，同时也可以使用片上的存储器，处理器一般容量在 64KB 左右，字长为 8 位或 16 位。在处理器上扩充少量的存储器和外部接口，便构成了嵌入式系统，这类嵌入式系统通常用于过程控制、信号放大器、位置传感器及阀门传动器等。

1.2.3 复杂的嵌入式系统

复杂嵌入式系统的嵌入式处理器一般是 16 位、32 位等，用于大规模的应用。由于软件量大，因此需要扩展存储器。扩展存储器一般在 1MB 以上，外部设备接口一般仍然集成在处理器上。常用的嵌入式处理器有 ARM 系列，Motorola 公司的 PowerPC 系列、Coldfire 系列等。

在开关装置、控制器、电话交换机、电梯、数据采集系统、医药监视系统、诊断及实时控制系统等方面都可看到这类嵌入式系统的应用。它们是一个大系统的局部组件，由传感器负责收集数据并传递给系统。这种组件可同计算机一起操作，并可包括某种数据库（如事件数据库）。

1.2.4 在制造或过程控制中使用的计算机系统

对于这类系统，计算机与仪器、机械及设备相连来控制这些装置。这类系统包括自动仓储系统和自动发货系统。在这些系统中，计算机用于总体控制和监视，而不是对单个设备直接控制。过程控制系统可与业务系统连接（如根据销售额和库存量来决定订单或产量），在许多情况下两个功能独立的子系统可在一个主系统下一同运行，如控制系统和安全系统：控制子系统控制处理过程，使系统中的不同设备能正确地操作并相互作用于生产产品；而安全子系统则用来降低那些会影响人身安全或危害环境的错误操作的风险。

1.3 嵌入式处理器

嵌入式处理器是嵌入式系统的核心。

目前据不完全统计，全世界嵌入式处理器的品种已经超过 1000 多种，流行的体系结构有三十多个系列，其中，8051 体系的占了多半。生产 8051 单片机的半导体厂家有二十多家，包括 350 多种衍生产品，仅 Philips 公司就有近百种。现在几乎每个半导体制造商都生产嵌入式处理器，越来越多的公司开始拥有自己的处理器设计部门。嵌入式处理器的寻址空间一般为 64KB～16MB，处理速度 0.1～2000MIPS，常用封装 8～144 个引脚。根据其现状，嵌入式处理器可以分成嵌入式微处理器（EMPU）、嵌入式微控制器（EMCU）、嵌入式 DSP 处理器（EDSP）和嵌入式片上系统

（ESoC）4 类，如图 1-1 所示。

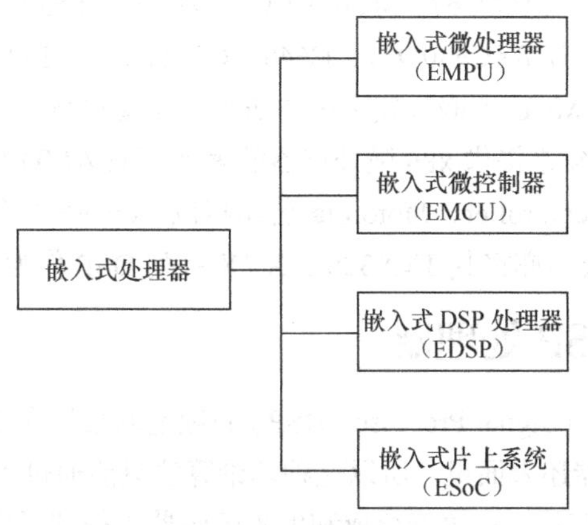

图 1-1　嵌入式处理器分类

1.3.1　嵌入式微处理器

嵌入式微处理器（Embedded Microprocessor Unit, EMPU）的基础是通用计算机中的 CPU，即由通用计算机中的 CPU 演变而来。与通用计算机处理器不同的是，在实际的嵌入式应用中，是将微处理器装配在专门设计的电路板上的，只保留和嵌入式应用紧密相关的母板功能，去除了其他冗余的功能部分，这样可以大幅度减小系统体积和功耗。为了满足嵌入式应用的特殊要求，嵌入式微处理器虽然在功能上和标准微处理器基本是一样的，但在工作温度、抗电磁干扰、可靠性等方面都做了各种增强。

和工业控制计算机相比，嵌入式微处理器具有体积小、重量轻、成本低、可靠性高等优点，但是在电路板上必须包括 ROM、RAM、总线接口、各种外设等器件，从而降低了系统的可靠性，技术保密性也较差。嵌入式微处理器及其存储器、总线、外设等安装在一块电路板上，称为单板计算机，如 STD-BUS、PC104 等。近年来，德国、日本的一些公司又开发出了类似火柴盒式、名片大小的嵌入式计算机系列 OEM 产品。

嵌入式微处理器目前主要有 Am186/88、386EX、SC-400、Power PC、68000、MIPS、ARM 系列等。

1.3.2　嵌入式微控制器

嵌入式微控制器（Embedded Microcontroller Unit, EMCU）又称单片机，顾名思义，就是将整个计算机系统集成到一块芯片中，这也是目前嵌入式系统工业的主流。嵌入式微控制器一般以某一种微处理器内核为核心，芯片上资源比较丰富（芯片内部集成有 ROM/EPROM、RAM、总线、总线逻辑、定时/计数器、WatchDog、I/O、串行口、脉宽调制输出、A/D、D/A、Flash RAM、EEPROM 等各种必要功能和外设)，便于进行控制，因此称为微控制器。为适应不同的应用需求，一般一个系列的单片机具有多种衍生产品，每种衍生产品的处理器内核都是一样的，不同的是存储器和外设的配置及封装。这样可以使单片机最大限度地与应用需求相匹配，减少冗余功能，从而降低功耗和成本。

和嵌入式微处理器相比，嵌入式微控制器的最大特点是单片化，体积大大减小，从而使功耗和成本下降，可靠性提高。

目前嵌入式微控制器的品种和数量很多，比较有代表性的通用系列包括 8051、P51XA、MCS-251、MCS-96/196/296、C166/167、MC68HC05/11/12/16、68300 等。另外还有许多半通用系列，如支持 USB 接口的 MCU 8XC930/931、C540、C541；支持 IIC、CAN-Bus、LCD 及众多专用 MCU 的兼容系列。目前 MCU 占嵌入式系统约 70%的市场份额。

值得特别注意的是，近年来提供 x86 微处理器的著名厂商 AMD 公司将 Am186 CC/CH/CU 等嵌入式处理器称之为 Microcontroller，Motorola 公司将以 PowerPC 为基础的 PPC505 和 PPC555 也列入了单片机行列，TI 公司亦将其 TMS320C2XXX 系列 DSP 作为 MCU 进行推广。

1.3.3 嵌入式 DSP 处理器

数字信号处理器（Digital Signal Processor, DSP）的理论算法早在 20 世纪 70 年代就已经出现，但是由于专门的 DSP 处理器还未面世，所以这种理论算法只能通过 MPU 等分立元件实现。1982 年世界上诞生了首枚 DSP 芯片，在语音合成和编码解码器中得到了广泛应用。随着 DSP 运算速度的进一步提高，其应用领域也迅速从上述范围扩大到了通信和计算机方面。

DSP 处理器专门针对信号处理任务，对系统结构和指令进行了特殊设计，使其适合于执行 DSP 算法，编译效率较高，指令执行速度也较快。在数字滤波、快速式变换、谱分析等方面，DSP 算法正广泛应用于嵌入式领域，DSP 应用正在逐步从在通用单片机中以普通指令实现 DSP 功能过渡到采用嵌入式 DSP 处理器（Embedded Digital Signal Processor, EDSP）。

嵌入式 DSP 处理器有两个发展来源：一是 DSP 处理器经过单片化和 EMC 改造，增加芯片上外设成为嵌入式 DSP 处理器，德州仪器公司（TI）的 TMS320C2000/C5000 等即属于此范畴；二是在通用单片机或 SoC（System on Chip）中增加 DSP 协处理器，例如，Intel 公司的 MCS-296 和 Infineon（Siemens）公司的 TriCore。

推动嵌入式 DSP 处理器发展的主要因素是嵌入式系统的智能化，例如各种带有智能逻辑的消费类产品，生物信息识别终端，带有加解密算法的键盘，ADSL 接入、实时语音压解系统，虚拟现实显示等。这类智能化算法一般都是运算量较大，特别是向量运算、指针线性寻址等较多，而这些正是 DSP 处理器的长处所在。

嵌入式 DSP 处理器比较有代表性的产品是德州仪器公司的 TMS320 系列和 Motorola 的 DSP56000 系列。TMS320 系列处理器包括用于控制的 C2000 系列、移动通信的 C5000 系列，以及性能更高的 C6000 和 C8000 系列。Motorola 公司在 DSP56000 系列的基础上相继研发、推出了 DSP56100、DSP56200 和 DSP56300 等多个不同系列的处理器，其中于 1997 年推出的 24 位 DSP56300 系列的首枚芯片 DSP56301 经过不断升级，提供了大容量的片内存储器、滤波器、协处理器，具有性价比高、体积小、功耗低的优点。另外，Philips 公司也推出了基于可重置嵌入式 DSP 结构的，采用低成本、低功耗技术制造的 R.E.A.L DSP 处理器，其特点是具备双 Harvard 结构和双乘/累加单元，应用目标是大批量消费类产品。

1.3.4 嵌入式片上系统

SoC（System on Chip）系统结构如图 1-2 所示。

随着电子信息交换系统的推广、超大规模集成电路设计的普及以及半导体工艺的迅速发展，在单个硅片上集成一个更为复杂的系统的时代已经来临，这就是 SoC。SoC 设计技术始于 20 世纪 90 年代中期，它使用专用集成电路（Application Specific Integrated Circuit, ASIC）芯片设计。嵌入式芯片上的系统从整个系统性能要求出发，把微处理器、芯片结构、外围器件各层次电路直至器件的设计紧密结合起来，并通过建立在全新理念上的系统软件和硬件的协同设计，在单个芯片上集成整个系统的功能。

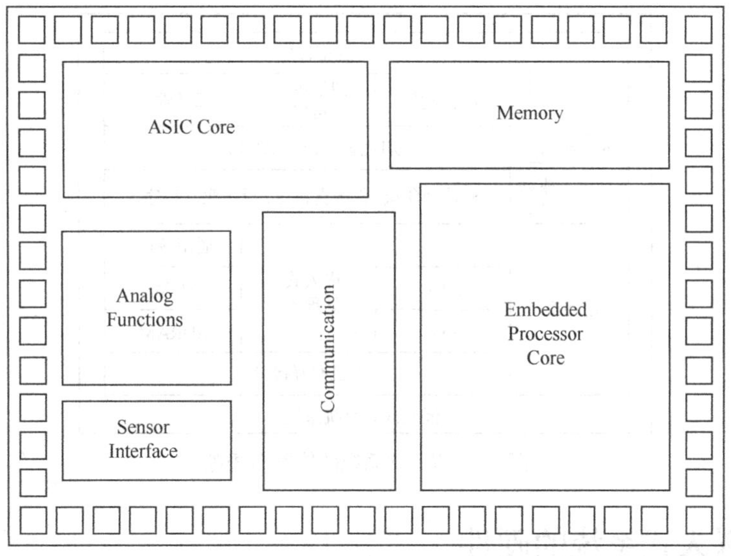

图 1-2 SoC 体系结构

SoC 是一种基于 IP（Intellectual Property）核的嵌入式系统级芯片设计技术，它将许多功能模块集成在一个芯片上。如 ARM RISC、MIPS RISC、DSP 或其他的微处理器核心，加上通信的接口单元，例如通用串行端口（USB）、TCP/IP 通信单元、GPRS 通信接口、GSM 通信接口、IEEE1394、蓝牙模块接口等，这些单元以往都是依照其各自功能做成一个个独立的处理芯片。

各种通用处理器内核将作为 SoC 设计公司的标准库，和许多其他嵌入式系统外设一样，成为 VLSI 设计中一种标准的器件，用标准的 VHDL（Very-High-Speed Integrated Circuit Hardware Description Language）等语言描述，存储在器件库中。用户只需定义出其整个应用系统，仿真通过后就可以将设计图交给半导体工厂制作样品。这样除个别无法集成的器件外，整个嵌入式系统的大部分功能均可集成到一块或几块芯片中去，应用系统电路板将变得很简洁，对减小体积和功耗、提高可靠性非常有利。

SoC 可以减少外围驱动接口单元及电路板之间的信号传递，加快微处理器的数据处理速度；其内嵌的线路可以避免外部电路板在信号传递时造成的系统杂讯；可以通过改变内部工作电压，降低芯片功耗。

SoC 可以分为通用和专用两类。通用系列包括 Infineon 的 TriCore、Motorola 的 M-Core、某些 ARM 系列器件、Echelon 和 Motorola 联合研制的 Neuron 芯片等。专用 SoC 一般专门用于某个或某类系统中，不为一般用户所知。一个颇具代表性的产品便是 Philips 的 Smart XA，它将 XA 单片机内核和支持超过 2048 位复杂 RSA 算法的 CCU（Central Control Unit）制作在一块硅片上，形成一个可加载 Java 或 C 语言的专用 SoC，可用于公众互联网（如 Internet）安全方面。

1.4 嵌入式系统的组成

在 1.3 节中曾介绍过，嵌入式系统是面向特定应用的。在实际应用中，绝大多数嵌入式系统是用户针对特定任务而定制的，但就其组成而言，它们一般都是由硬件、软件以及嵌入式系统的开发工具和开发系统 3 部分组成的，如图 1-3 所示。

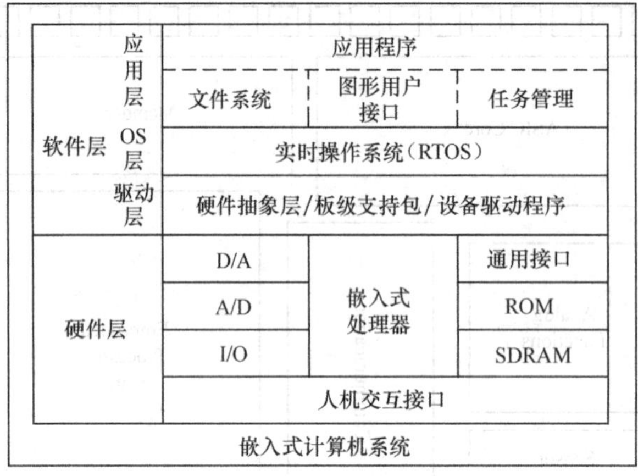

图 1-3　嵌入式系统的软/硬件框架

1.4.1　嵌入式系统的硬件

嵌入式系统的硬件是以嵌入式处理器为中心，辅以存储设备、I/O 设备、通信接口设备、扩展设备接口以及电源等必要的辅助接口构成。

嵌入式系统的硬件主要包括以下几个模块，如图 1-4 所示。

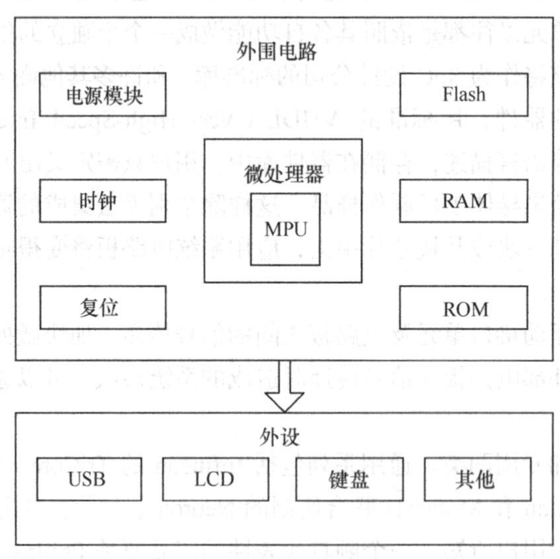

图 1-4　嵌入式系统硬件组成

（1）嵌入式核心芯片

嵌入式核心芯片包括：EMPU（嵌入式微处理器）、EMCU（嵌入式微控制器）、EDSP（嵌入式数字信号处理器）、ESoC（嵌入式片上系统）。嵌入式系统硬件的核心是嵌入式微处理器，有时为了提高系统的信息处理能力，常外接 DSP 和 DSP 协处理器（也可内部集成），以满足高性能信号的处理需求。随着计算机技术、微电子技术的不断发展及纳米芯片加工工艺的进步，以微处理器为核心的集成多种功能的 SoC 系统芯片已成为嵌入式系统的核心。在设计嵌入式系统时，要尽可能地选择能满足系统功能接口的 SoC 芯片。这些 SoC 集成了大量的外围通用串行总线（Universal Serial Bus,USB）、通用异步收发器（Universal Asynchronous Recevier Transmitter,UART）、以太网（Ethernet）、模数转换/数模转换（AD/DA）、互联网信息服务（Internet Information Services, IIS）等功能模块。

（2）用以保存固件的 ROM（非挥发性只读存储器）

（3）用以保存程序、数据的 RAM（挥发性的随机访问存储器）

（4）通信接口

通信接口通常包括 RS-232 接口，（软件开发调试时用于进行各种输入/输出操作）、USB 接口与 Ethernet 接口。

（5）人机交互接口

人机交互接口包括键盘、鼠标和显示器等，构成了嵌入式系统中重要的信息输入/输出设备，其应用十分广泛。

（6）电源及其他辅助设备

电源及其他辅助设备用于连接微控制器与开关、按钮、传感器、模数转化器、控制器、LED（发光二极管）及输入/输出接口等。嵌入式系统力求小型化、轻便化以及电源使用寿命长。在便携式嵌入式系统应用中，必须特别关注电源装置等辅助设备。

1.4.2　嵌入式系统的软件

嵌入式系统的软件由嵌入式操作系统和相应的各种应用程序构成。有时设计人员将这两种软件组合在一起，由应用程序控制系统的动作和行为，再由操作系统控制应用程序编程与硬件的交互。

嵌入式操作系统是一种支持嵌入式系统应用的操作系统软件，它是嵌入式系统（包括硬、软件系统）极为重要的组成部分，通常包括与硬件相关的底层驱动软件、系统内核、设备驱动接口、通信协议、图形界面、标准化浏览器等。嵌入式操作系统具有通用操作系统的基本特点，如能够有效地管理越来越复杂的系统资源；能够把硬件虚拟化，使开发人员从繁琐的驱动程序移植和维护中解脱出来；能够提供库函数、驱动程序、工具集以及应用程序。此外，与通用操作系统相比，嵌入式操作系统还具有以下特点。

编码体积小：适合在有限的嵌入式系统的存储空间中运行。在大多数应用中，存储空间是宝贵的，并存在实时性的要求。为此要求程序编写和编译工具的质量要高，以减少程序二进制代码长度，进而提高执行速度。

面向应用、可裁剪和移植：系统功能可根据需求裁剪、调整和生成，以满足最终产品的设计需求；可进一步缩小编码体积，使系统更有效地运行。

实时性强：软件要求固态存储，以提高运行速度；软件代码要求高质量、高可靠性和实时性。在多任务嵌入式系统中，对重要性各不相同的任务进行统筹兼顾的合理调度是保证每个任务被及时执行的关键，单纯通过提高处理器速度则事倍功半，这种任务调度只能由优化编写的系统软件来完成，因此系统软件的实时性是基本要求。

可靠性高：嵌入式系统可无须人工干预便可独立运行，并能处理各类事件和故障。

专用性强：嵌入式操作系统和硬件的结合非常紧密，一般要针对硬件进行系统移植。

具有操作系统的嵌入式软件主要有如下几个层次。

1. 驱动层程序

驱动层程序是嵌入式系统中不可或缺的部分，使用任何外部设备都需要有相应驱动层程序的支持。它为上层软件提供了设备的操作接口，上层软件不用理会设备的具体内部操作，只需调用驱动层程序提供的接口即可。驱动层程序一般包括硬件抽象层（Hardware Abstraction Layer，HAL）、板级支持包（Board Support Package，BSP）和设备驱动程序（Device Driver）。

硬件抽象层：它是位于操作系统内核与硬件电路之间的接口层，其目的在于将硬件抽象化。也就是说，可实现通过程序来控制所有硬件电路（如 CPU、I/O 和 Memory 等）的操作。这样就使得系统的设备驱动程序与硬件设备无关，从而大大提高了系统的可移植性。

板级支持包：它是介于主板硬件和操作系统中驱动层程序之间的一层，一般认为它属于操作系统的一部分，主要用于实现对操作系统的支持，为上层的驱动程序提供访问硬件设备寄存器的函数包，使之能够更好地运行于硬件主板。BSP 是相对于操作系统而言的，不同的操作系统对应不同定义形式的 BSP。

设备驱动程序：系统中安装设备后，只有在安装相应的设备驱动程序之后才能使用。驱动程序为上层软件提供了设备的操作接口，上层软件只需要调用驱动程序提供的接口，而不用理会设备内部操作。驱动程序的好坏直接影响着系统的性能。

2. 实时操作系统

嵌入式操作系统大部分是实时操作系统（Real Time Operating System, RTOS）。RTOS 是一个可靠性和可信度很高的实时内核，它将 CPU 时间、中断、I/O 和定时器等资源都封装起来，留给用户一个标准的应用程序接口，并根据各个任务的优先级合理地分配 CPU 时间。RTOS 是针对不同处理器优化设计的高效率实时多任务内核，一款性能优异的、商品化的 RTOS 可面对几十个系列的嵌入式 MPU、MCU、DSP、SoC 等提供类同的 API 接口，这是 RTOS 基于设备独立的应用程序开发的基础。RTOS 的商品化实现了操作系统软件和用户应用软件的分离，为工程技术人员开发嵌入式系统应用软件带来了极大的便利，同时，大大缩短了嵌入式系统软件的开发周期。

3. 操作系统的应用程序接口

应用程序接口（Application Programming Interface，API）是一系列复杂的函数、消息和机构的集合体。嵌入式操作系统下的 API 和一般操作系统下的 API 在功能、含义及知识体系上完全一致。可以这样理解 API：在计算机系统中有很多可通过硬件或外部设备去执行的功能，这些功能可以通过计算机操作系统或硬件预留的标准指令调用，而软件人员在编制应用程序时，只需按系统或某些硬件事先提供的 API 调用即可完成功能的执行。因此在操作系统中提供标准的 API 函数，可加快用户应用程序的开发。同时，统一应用程序的开发标准，也为操作系统版本的升级带来了方便。

4. 应用程序

实际的嵌入式系统应用软件建立在系统的主任务（Main Task）基础之上。用户应用程序主要通过调用系统的 API 函数对系统进行操作，完成用户应用功能开发。在用户应用程序中，也可创建用户自己的任务。任务之间的协调主要依赖于系统的消息队列。

1.4.3 嵌入式系统的开发工具和开发系统

嵌入式系统的硬件和软件处于嵌入式系统产品本身之中，开发工具则独立于嵌入式系统产品之外。开发工具一般用于开发主机，包括语言编译器、连接定位器、调试器等，这些工具一起构成了嵌入式系统的开发系统和开发工具。

Kdevelop 是一套功能强大的集成开发环境，它整合了开发程序所需的编译器、连接器、除错工具、版本控制工具等，可通过使用 Kdevelop 快速地开发出各式各样的应用程序。

1.5　嵌入式操作系统

嵌入式操作系统是一种专用的、可定制的操作系统，除了能完成一般操作系统的功能，如进程管理、存储管理、文件管理、设备管理等，通常还包括与硬件相关的底层驱动软件、系统内核、设备驱动接口、通信协议、图形界面、标准化浏览器等。

1.5.1　嵌入式操作系统的发展

在最初的控制领域中，设计者往往仅通过汇编语言或高级语言编程对系统进行直接控制，而没有操作系统的概念。不同产品的实现方法依赖于设计者的程序代码。这种方法仅适合于简单的或单任务系统，对多任务系统无能为力。随着嵌入式 CPU 的投入使用，嵌入式操作系统也随之发展起来，其发展经历了如下 3 个阶段。

第一阶段（简单操作系统）：由于嵌入式操作系统刚开始发展，加上嵌入式 CPU 种类繁多，没有统一的标准。因此，此时的嵌入式操作系统通用性比较差、用户界面不够友好，但具有一定的兼容性和扩展性。

第二阶段（通用的嵌入式实时操作系统）：随着技术的发展，嵌入式系统的功能和实时性都不断提高。此时，以嵌入式实时操作系统为核心的嵌入式系统成为主流。这类嵌入式实时操作系统，能运行于各种类型的微处理器上，兼容性好、内核精简、效率高，具有高度的模块化和扩展性。另外，还具备文件和目录管理、设备支持、多任务、网络支持、图形窗口以及用户界面等功能。通用的嵌入式实时操作系统通过提供大量的 API 接口来增加系统的可扩展性和灵活性。

第三阶段（Internet 嵌入式系统）：目前，嵌入式系统正处于 Internet 嵌入式系统发展阶段。所有的设备都有联网的趋势，嵌入式设备与 Internet 的结合将代表着嵌入式技术的真正未来。例如，3G 功能的智能手机、UMPC、MID 设备等。

1.5.2　嵌入式操作系统的分类

目前，市面上流行的嵌入式操作系统多种多样，不同的嵌入式系统适用于不同的场合。按照是否收费进行分类，可以分为：

（1）免费嵌入式操作系统：例如，Linux、Embedded Linux、FreeRTOS 等；

（2）收费的嵌入式操作系统：例如，VxWorks、Windows CE 等。

另外，按照嵌入式系统对响应时间的敏感程度，嵌入式操作系统可以分为如下几类。

（1）硬实时系统：系统对响应时间有严格的要求，如果响应时间不能满足要求，是绝对不能接受的，否则可能导致系统的崩溃或致命错误；

（2）软实时系统：系统对响应时间没有严格要求，如果响应时间不能满足要求，可能导致结果错误，但不影响系统的正常运行；

（3）非实时系统：系统对响应时间没有要求，如果响应时间不能满足要求，也不会影响系统继续运行。

1.5.3　嵌入式操作系统的特点

嵌入式操作系统既具有通用操作系统的基本特点，又具有自身的一些优势，主要体现在如下几个方面。

（1）能够有效地管理复杂的系统资源。

（2）提高了系统的可靠性。

（3）能够把硬件虚拟化，使开发人员从繁琐的驱动程序移植和维护中解脱出来。

（4）能够提供库函数、驱动程序、工具集及应用程序，提高了开发效率，缩短了开发周期。具有优异的系统实时性能。

（5）充分发挥了32位CPU的多任务潜力。

（6）嵌入式系统都是为了完成一些特定的任务而设计的，通用型操作系统往往无法满足某些特定的要求。

（7）嵌入式系统的系统资源相对通用系统来说是极为有限的，通用操作系统在这种条件下不能发挥作用。

（8）嵌入式系统配置灵活。在产品研发和更新的过程中，系统的功能可能会不断地改变，需要操作系统能针对需求进行裁剪、调整，以满足最终产品的设计要求。

1.5.4 主流嵌入式操作系统简介

目前，市场上有数十种嵌入式操作系统，如VxWorks、Palm OS、Windows CE、μC/OS-II和Linux等。这些嵌入式操作系统广泛应用于控制领域，每一种都有自身的特色。这里首先简单介绍一下各个嵌入式操作系统的基本特点。

1. VxWorks

VxWorks操作系统是WindRiver公司于1983年设计开发的一种嵌入式实时操作系统（RTOS），是嵌入式开发环境的关键组成部分。它具有良好的持续发展能力、高性能的内核及友好的用户开发环境，在嵌入式实时操作系统领域占据一席之地。VxWorks是目前嵌入式系统领域中使用最广泛、市场占有率最高的系统。它支持多种处理器，如x86、i960、Sun Sparc、Motorola MC68xxx、MIPS RX000、POWER PC等。

VxWorks以其良好的可靠性和实时性被广泛地应用于通信、军事、航空、航天等高精尖及实时性要求极高的领域中，VxWorks的主要特点如下。

（1）可靠性。VxWorks的可靠性好，被广泛应用于军事、航空、航天等对系统可靠性要求极高的环境。

（2）实时性。VxWorks 的实时性非常优秀，系统本身的开销很小，进程调度、进程间通信、中断处理等系统公用程序精练而有效，使系统的延迟很低。

（3）多任务。VxWorks具备多任务机制，对任务的控制采用了优先级抢占（Preemptive Priority Scheduling）和轮转调度（Round-Robin Scheduling）机制。

（4）可裁剪性。VxWorks由一个体积很小的内核及一些可以根据需要进行定制的系统模块组成。VxWorks内核最小为8KB，即便加上其他必要模块，占用的空间也很小，且不失其实时、多任务的系统特征。由于它的灵活性很高，用户可以很方便地对这一操作系统进行定制或适当开发，来满足自己的实际应用需要。

（5）大多数的VxWorks API是专有的，采用GNU的编译和调试器。

（6）VxWorks还具有高效的任务管理和灵活的任务间通信。

（7）VxWorks具有微秒级的中断处理。

（8）VxWorks支持POSIX 1003.1b实时扩展标准。

（9）VxWorks 支持多种物理介质及标准的、完整的 TCP / IP 网络协议等特点。

但是，VxWorks 是价格昂贵、收费的操作系统，通常需花费数十万元人民币以上才能建起一个可用的开发环境。另外还需要专门的技术人员掌握开发技术和维护，所以软件的开发和维护成本都非常高。

2. Windows CE

Windows CE 是微软开发的 32 位嵌入式操作系统。得益于 Windows 系统优秀的图形用户界面，Windows CE 的图形用户界面也相当出色，与桌面版的 Windows 基本一致。这样就给用户带来十足的易用性。在 Windows CE 中，C 代表袖珍（Compact）、消费（Consumer）、通信能力（Connectivity）和伴侣（Companion）；E 代表电子产品（Electronics）。目前最新的 Windows CE 为 Windows Embedded Compact 7。

Microsoft Windows CE 是从整体上为有限资源的平台设计的多线程、完整优先权、多任务的操作系统。它的模块化设计允许它对从掌上电脑到专用的工业控制器的用户电子设备进行定制。操作系统的基本内核需要至少 200KB 的 ROM。Windows CE 系统的主要特点如下。

（1）Windows CE 具有模块化、结构化和基于 Win32 应用程序接口及与处理器无关等特点。

（2）Windows CE 不仅继承了传统的 Windows 图形界面，并且在 Windows CE 平台上可以使用 Windows 平台上的编程工具（如 Visual Basic、Visual C++等）、同样的函数以及同样的界面风格，使绝大多数的应用软件只需简单的修改和移植，就可以在 Windows CE 平台上继续使用。

（3）Windows CE 的 API 是 Win32 API 的一个子集，支持近 1500 个 Win32 API。有了这些 API，足可以编写任何复杂的应用程序。当然，在 Windows CE 系统中，所提供的 API 也可以随具体应用的需求而定。

（4）Windows CE 具有灵活的电源管理功能，包括睡眠/唤醒模式。

（5）Windows CE 使用了对象存储（Object Store）技术，包括文件系统、注册表及数据库。它还具有很高性能。

（6）Windows CE 具有高效率的操作系统特性，包括按需换页、共享存储、交叉处理同步、支持大容量堆（Heap）等。

（7）Windows CE 拥有良好的通信能力。它广泛支持各种通信硬件，也支持直接的局域网连接及拨号连接，并提供与 PC、内网及 Internet 的连接。

（8）Windows CE 支持嵌套中断。它允许更高优先级别的中断首先得到响应，而不是等待低级别的 ISR 完成。这使得该操作系统具有嵌入式操作系统要求的实时性。

（9）Windows CE 具有优秀的线程响应能力。它对高级别 IST（中断服务线程）的响应时间上限的要求更加严格，在线程响应能力方面的改进，能帮助开发人员掌握线程转换的具体时间；并能通过增强的监控能力和对硬件的控制能力帮助开发人员创建新的嵌入式应用程序。

3. μC/OS-II

μC/OS-II 是一种开源但不免费的实时操作系统，具有可剥夺实时内核。μC/OS-II 是 μC/OS 的升级版，μC/OS 在 1992 年发布。目前，μC/OS-II 已经被移植到 40 多种不同架构的 CPU 上，可运行在从 8 位到 64 位的各种操作系统之上。

μC/OS-II 的源代码结构合理清晰易读，不仅被成功应用在众多的商业项目中，而且还被很多大学采纳，作为教学的范例，同时它也是嵌入式系统工程师学习和提高的绝好材料。μC/OS-II 系统的主要特点如下。

（1）μC/OS-II 内核提供任务调度与管理、时间管理、任务间同步与通信、内存管理和中断服务等功能。

（2）μC/OS-II 主要适合小型控制系统，具有执行效率高、占用空间小、实时性能优良和可扩展性强等特点，内核最小可编译至 2KB。

（3）μC/OS-II 还包含全部功能（信号量、消息邮箱、消息队列及相关函数），全部编译后的 μC/OS-II 内核，仅有 6～10KB。

μC/OS-II 系统本身并没有对文件系统的支持。但是 μC/OS 具有良好的扩展性能，如果需要，也可自行加入文件系统的内容。

4. 嵌入式 Linux

Linux 最早由芬兰人 Linus Torvalds 于 1991 年创立，经过短短十几年的发展，Linux 已成为一个功能强大、稳定可靠的操作系统。典型的 Linux 系统有 Red Hat、Ubuntu、Red Flag（红旗）等。

而这里我们要讲的嵌入式 Linux 是标准 Linux 在嵌入式系统上的移植，其继承了标准 Linux 的优点，是近年来发展的热点。嵌入式 Linux 的特点如下。

（1）源代码公开并且遵循 GPL 协议，用户可以任意修改源代码以满足自己的应用要求。

（2）有大量优秀的开发工具，且同样遵循 GPL 协议。

（3）高性能、可裁剪的内核，运行时所需资源少，而且稳定高效。

（4）独特的模块机制可以将用户的模块动态地插入内核或卸载，能够应付复杂的任务需求。

（5）嵌入式 Linux 支持所有标准的网络协议，并且能够很容易移植到目标系统。

（6）具有广泛的应用，例如 RT-Linux、uCLinux、Embedix 和红旗嵌入式 Linux 等。

本章小结

本章主要讲述了当前嵌入式系统的一些基本情况。首先，介绍了嵌入式系统的发展历史、分类和特点；接着，介绍了嵌入式系统的组成和分类；最后，重点讲介绍了目前主流的一些嵌入式操作系统及其特点。读者可以通过本章全面了解主流嵌入式操作系统的基本概况，为后面嵌入式系统的学习打下基础。

思考题

1. 简述嵌入式系统的定义。
2. 举例说明嵌入式系统的“嵌入性”“专用性”“计算机系统”的基本特征。
3. 简述嵌入式系统的发展各阶段的特点。
4. 简述嵌入式系统的发展趋势。
5. 简述 SOC 和 IP 核的区别。
6. 简述嵌入式计算机系统的硬件层的组成和功能。
7. 简述嵌入式计算机系统的中间层的组成和功能。
8. 简述嵌入式计算机系统的系统软件层的组成和功能。
9. 简述 RTOS 的定义与特点。
10. 常用的 RTOS 调度技术有哪些？各有什么特点？

第 2 章 ARM11 体系结构

本章主要介绍 ARM 微处理器的发展，ARM11 微处理器的特点、性能和规格，以及处理器架构和流水线结构。通过对本章的学习，读者能掌握 ARM11 微处理器的工作模式与寄存器组，以及进入和退出异常中断的过程。

本章主要内容包括：

- ARM 微处理器概述；
- ARM11 的特点、性能和规格；
- ARM11 处理器架构；
- ARM11 流水线结构；
- ARM11 工作模式与寄存器组；
- 进入和退出异常中断的过程。

2.1 ARM 微处理器概述

2.1.1 ARM 公司简介

ARM 于 1990 年 11 月在英国伦敦成立，前身为 Acorn 计算机公司，后改名 Advance RISC Machines Limited 公司（ARM 公司）。ARM 可以认为是一个公司的名字，也可以认为是对一类微处理器的通称，还可以认为是一种技术的名字。

目前，采用 ARM 技术知识产权（IP）核的微处理器，即我们通常所说的 ARM 微处理器，已遍及工业控制、消费类电子产品、通信系统、网络系统、无线系统等各类产品市场，基于 ARM 技术的微处理器应用约占据了 32 位 RISC 微处理器 75%以上的市场份额，ARM 技术正在逐步渗入我们生活的各个方面。

ARM 公司作为知识产权供应商，它本身不直接从事芯片生产。而是通过转让设计方案，由合作公司生产各具特色的芯片，世界各大半导体生产商从 ARM 公司购买其设计的 ARM 微处理器核，根据各自不同的应用领域，添加适当的外围电路，从而形成自已的 ARM 微处理器芯片进入市场。ARM 公司利用这种双赢的伙伴关系迅速成为了全球性 RISC 微处理器标准的缔造者。目前，全世界有几十家大的半导体公司都使用 ARM 公司的授权，因此既使得 ARM 技术获得了更多的第三方工具、制造、软件的支持，又降低了整个系统的成本，从而使产品更具有竞争力，更容易进入市场被消费者所接受。

2.1.2 ARM 微处理器的特点

采用 RISC 架构的 ARM 微处理器一般具有如下特点：

（1）体积小、低功耗、低成本、高性能；

（2）支持 Thumb（16 位）/ARM（32 位）双指令集，能很好地兼容 8 位/16 位器件；

（3）大量使用寄存器，指令执行速度更快；

（4）大多数数据操作都在寄存器中完成；

（5）寻址方式灵活简单，执行效率高；

（6）指令长度固定。

2.1.3 ARM 体系结构的版本

ARM 指令集体系结构，从最初开发至今已有了重大改进，而且将会不断完善和发展。为了精确表达每个 ARM 实现中所使用的指令集，到目前 ARM 体系结构共定义了 7 个版本，以版本号 v1～v7 表示。

1. 版本 1（v1）

（1）基本数据处理指令（不包括乘法）。

（2）字节、字以及半字加载/存储指令。

（3）分支（Branch）指令，包括用于子程序调用的分支与链接（Branch-and-Link）指令。

（4）软件中断指令，用于进行操作系统调用。

（5）26 位地址总线。

（6）使用此版本的处理器核：ARM1。

2. 版本 2（v2）

与版本 1 相比，版本 2 增加了下列指令。

（1）乘法和乘加指令（Multiply & Multiply-Accumulate）。

（2）支持协处理器。

（3）原子性（Atomic）加载/存储指令 SWP 和 SWPB（稍后的版本称 v2a）。

（4）FIQ 中的两个以上的分组寄存器。

使用此版本的处理器核：

ARM2 v2；

ARM2aS、ARM3 v2a。

3. 版本 3（v3）

版本 3 较以前的版本发生了大的变化，具体改进如下。

（1）推出 32 位寻址能力。

（2）分隔开的当前程序状态寄存器（Current Program Status Register，CPSR）和备份程序状态寄存器（Saved Program Status Register，SPSR），当异常发生时，SPSR 用于保存 CPSR 的当前值，从异常退出时则可由 SPSR 来恢复 CPSR。

（3）增加了两种异常模式，使操作系统代码可方便地使用数据访问中止异常、指令预取中止异常和未定义指令异常。

（4）增加了 MRS 指令和 MSR 指令，用于完成对 CPSR 和 SPSR 寄存器的读/写；修改了原来的从异常中返回的指令。

使用此版本的处理器核：

ARM6、ARM600、ARM610；

ARM7、ARM700、ARM710。

4. 版本 4（v4）

版本 4 在版本 3 的基础上增加了如下内容。

（1）有符号、无符号的半字和有符号字节的 Load 和 Store 指令。

（2）增加了 T 变种，处理器可工作于 Thumb 状态，在该状态下，指令集是 16 位压缩指令集（Thumb 指令集）。

（3）增加了处理器的特权模式。在该模式下，使用的是用户模式下的寄存器。

（4）另外，在版本 4 中还清楚地指明了哪些指令会引起未定义指令异常。版本 4 不再强制要求与以前的 26 位地址空间兼容。

使用此版本的处理器核：

ARM7TDMI、ARM710T、ARM720T、ARM740T　　v4T；

Strong ARM、ARM8、ARM810　　v4；

ARM9TDMI、ARM920T、ARM940T　　v4T。

5. 版本 5（v5）

与版本 4 相比，版本 5 增加或修改了下列指令。

（1）提高了 T 变种中 ARM/Thumb 指令混合使用的效率。

（2）增加了前导零计数（CLZ）指令。

（3）增加了 BKPT（软件断点）指令。

（4）为支持协处理器设计提供了更多的可选择的指令。

（5）更加严格地定义了乘法指令对条件标志位的影响。

使用此版本的处理器核：

ARM9E-S　　v5TE；

ARM10TDMI、ARM1020E　　v5TE。

6. 版本 6（v6）

ARM 体系版本 6 是 2001 年发布的。该版本在降低功耗的同时，还强化了图形处理能力。通过追加有效多媒体处理的单指令多数据流（Single Instruction Multiple Datastream，SIMD）功能，将语音及图像的处理功能提高到了原机型的 4 倍。ARM 体系版本 6 首先被用于 2002 年春季发布的 ARM11 处理器。另外，v6 还支持多微处理器内核。

使用此版本的处理器核：

ARM11、ARM1156T2-S、ARM1156T2F-S、ARM1176JZF-S、ARM11JZF-S。

7. 版本 7（v7）

ARM 体系版本 7 是在 2005 年发布的。该版本扩展了 130 条指令的 Thumb2 指令集；具有 NEON 媒体引擎，该引擎具有 SIMD 执行流水线和寄存器堆，可共享访问的 L1、L2 高速缓冲。Jazelle-RCT 技术、Trust Zone、AXI 高带宽系统总路线。

使用此版本的处理器核：ARM Cortex。

2.2 ARM11 系列微处理器

ARM11 系列微处理器是 ARM 公司近年推出的新一代 RISC 处理器，它是 ARM 新指令架构——ARMv6 的第一代设计实现。该系列主要有 ARM1136J、ARM1156T2 和 ARM1176JZ 3 个内核型号，是分别针对不同应用领域设计的。

2.2.1 目标应用

ARMv6 架构是根据下一代的消费类电子、无线设备、网络应用和汽车电子产品的需求制定的。ARM11 的媒体处理能力和低功耗，使其特别适用于无线和消费类电子产品；它的高数据吞吐量和高性能也非常适合网络处理应用；另外，在实时性能和浮点处理等方面，ARM11 还可以满足汽车电子应用的需求。

2.2.2 ARM11 处理器特点

对于各种无线移动应用，仅仅提高处理器的性能是不够的。功耗的控制也是一个重要因素。ARM11 系列处理器展示了其在性能上的巨大提升，首先推出的 350～500MHz 时钟频率的内核，在未来将上升到 1GHz。ARM11 处理器在提供高性能的同时，也允许在性能和功耗间做出平衡以满足某些特殊应用。通过动态调整时钟频率和供应电压，开发者完全可以控制这两者的平衡。在 0.13μm 工艺，1.2V 条件下，ARM11 处理器的功耗可以低至 0.4mW/MHz。

ARM11 处理器同时提供了可综合版本和半定制硬核两种实现。可综合版本可以让客户根据自己的半导体工艺开发出各有特色的处理器内核，并保持足够灵活性。ARM 实现的硬核则是为了满足那些极高性能和速度要求的应用，同时为客户节省实现的成本和时间。

为了让用户更方便地走完实现流程，ARM11 处理器采用了易于集成的流水线结构，并和常用的综合工具以及 RAM Compiler 良好结合，确保了用户可以成功并快速地达到时序收敛。

目前已有的 ARM11 处理器在不包含 Cache 的情况下面积小于 2.7mm^2，对于当前日趋复杂的 SoC 设计来说，如此小的核心面积对芯片成本的降低是极其重要的。

ARM11 处理器在很多方面为软件开发者带来便利。首先，它包含了更多的多媒体处理指令来加速视频和音频处理；其次，它的新型存储器系统进一步提高了操作系统的性能；最后，还提供了新指令来加速实时性能和中断的响应。

再次，目前有很多应用要求多处理器的配置（多个 ARM 内核，或 ARM+DSP 的组合），ARM11 处理器从设计之初就考虑如何能更容易地与其他处理器共享数据，以及从非 ARM 的处理器上移植软件。此外，ARM 公司还开发了基于 ARM11 系列的多处理器系统——MPCore（由两个到四个 ARM11 内核组成）。

2.2.3 ARM11 处理器性能

ARM11 处理器的超强性能是由一系列的架构特点决定的。

ARMv6——决定性能的基础

ARMv6 架构决定了可以达到高性能处理器的基础。总的来说，ARMv6 架构通过以下几点来增强处理器的性能。

（1）多媒体处理扩展

使 MPEG4 编码/解码速度加快一倍，音频处理速度加快一倍。

（2）改进的 Cache 结构

实地址 Cache，减少 Cache 的刷新和重载，减少上下文切换的开销。

（3）提高的异常和中断处理能力

使实时任务的处理更加迅速。

（4）支持 Unaligned 和 Mixed-endian 数据访问

使数据共享、软件移植更简单，也有利于节省存储器空间。

对绝大多数应用来说，ARMv6 保持了 100%的二进制向下兼容，使用户开发的程序可以继承下去。ARMv6 保持了所有过去架构中的 T（Thumb 指令）和 E（DSP 指令）扩展，使代码压缩和 DSP 处理特点得到延续；为了加速 Java 代码执行速度的 ARM Jazalle 技术也继续在 ARMv6 架构中发挥重要作用。

2.2.4　ARM11 处理器规格

将 ARM1136、ARM1156、ARM1176 以及 ARMI1MPCore 分别从体系结构、Dhrystone 性能、是否多核、ISA 支持、内存管理和调试跟踪几方面参数进行总结，如表 2-1 所示。

表 2-1　ARM11 各处理器规格比较

处理器	ARM1136	ARM1156	ARM1176	ARM11MPCore
体系结构	ARMv6	ARMv6	ARMv6	ARMv6
Dhrystone 性能	1.25DMIPS/MHz	1.54DMIPS/MHz	1.25DMIPS/MHz	1.25DMIPS/MHz
多核	单核	单核	单核	1～4 个内核
ISA 支持	ARM Thumb JavelleDBX DSP 扩展 浮点单元	ARM Thumb-2/Thumb DSP 扩展 浮点单元	ARM Thumb JavelleDBX DSP 扩展 浮点单元	ARM Thumb JavelleDBX DSP 扩展 浮点单元
内存管理	内存管理单元	内存保护单元	内存管理单元	内存管理单元
调试和跟踪	CoreSightARM11 工具包	CoreSightARM11 工具包	CoreSightARM11 工具包	CoreSightARM11 工具包

2.3　ARM11 系列微处理器架构

ARM11 系列包括了 ARM11MPCore 处理器、ARM1176 处理器、ARM1156 处理器和 ARM1136 处理器，它们是基于 ARMv6 架构，分别针对不同应用领域设计出来的。其中 ARM1156 处理器主要应用在高可靠性和实时嵌入式应用领域，而 ARM1176 处理器主要应用于手持和移动设备上。

ARM11 MPCore 使用多核处理器结构，可实现从 1 个到 4 个内核的多核可扩展性，从而使只具有单个宏的简单系统可以集成高达单个内核的 4 倍的性能。如图 2-1 所示。

Cortex-A5 处理器是 ARM11MPCore 的相关后续产品。

ARM1176 处理器主要应用在智能手机、数字电视和电子阅读器中，它可提供媒体和浏览器功能、安全计算环境，在低成本设计的情况下处理器频率高达 1GHz。其内核结构如图 2-2 所示。

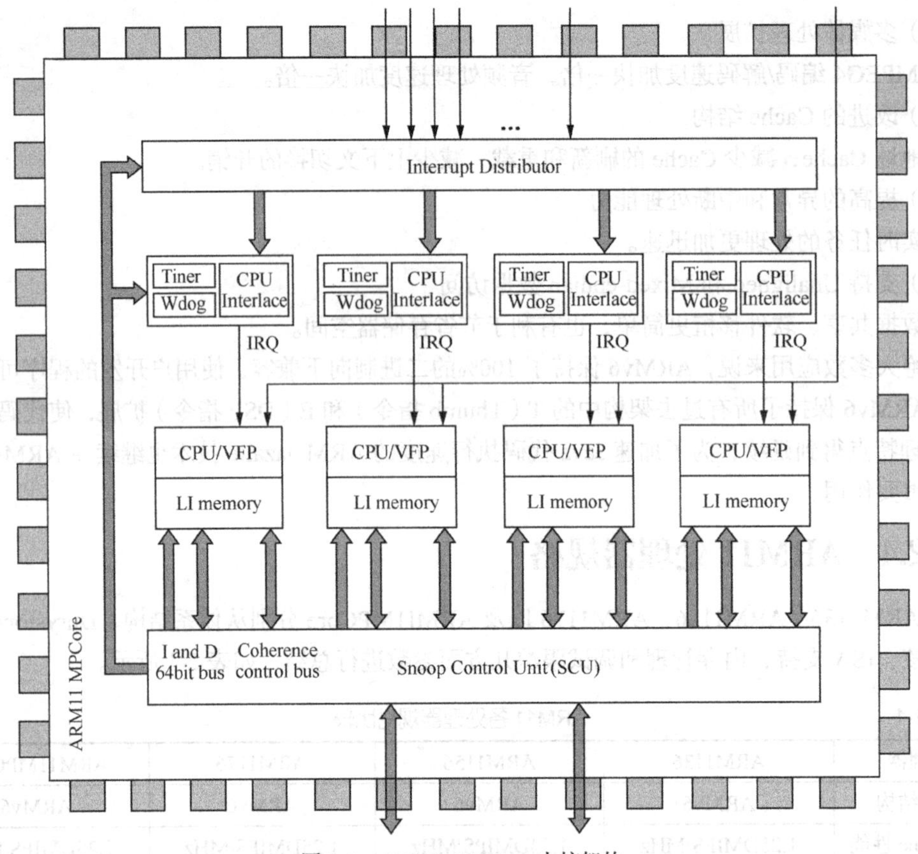

图 2-1 ARM11 MPCore 内核架构

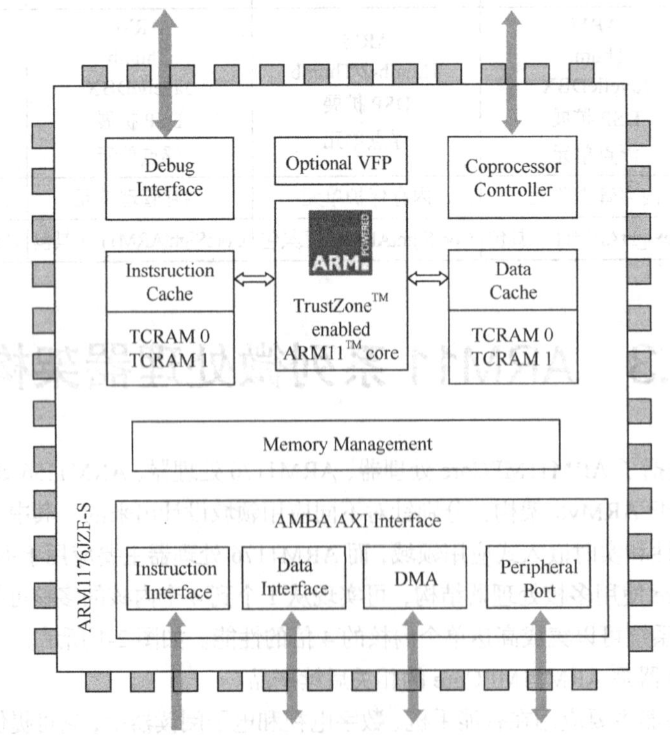

图 2-2 ARM1176 内核结构

ARM1136 处理器包含带媒体扩展的 ARMv6 指令集、Thumb 代码压缩技术以及可选的浮点协处理器。ARM1136 是一个成熟的内核，广泛应用于手机和消费类应用场合中。在采用 90G 工艺时性能可达到 600MHz 以上，在面积为 $2mm^2$ 且采用 65 纳米工艺时，处理器频率可达到 1GHz。其内核结构如图 2-3 所示。

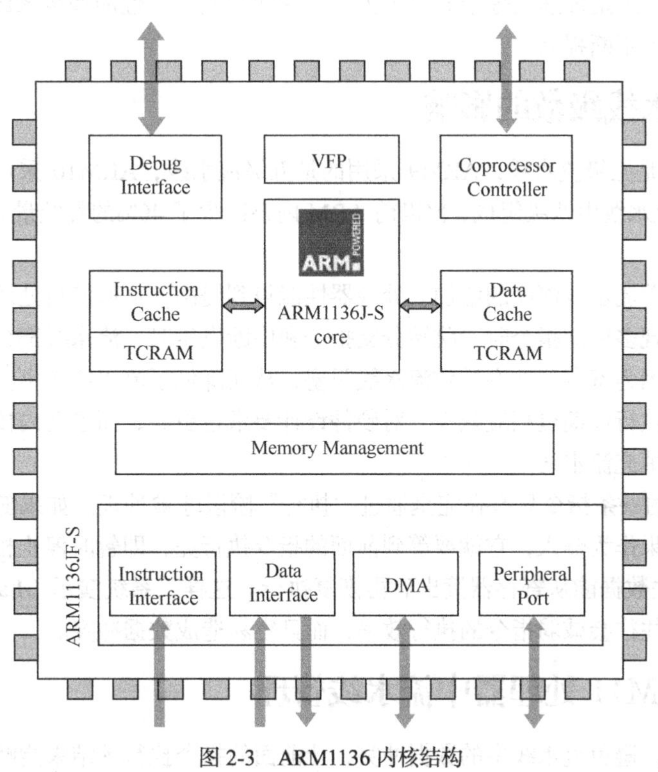

图 2-3　ARM1136 内核结构

现有产品：高通 MSM7225（HTC G8）、MSM7227（HTC G6、三星 S5830、索尼爱立信 X8 等）、Tegra APX 2500、博通 BCM2727（诺基亚 N8）、博通 BCM2763（诺基亚 PureView 808）、Telechip 8902（平板电脑）。

2.4　ARM11 流水线

流水线是 RISC 执行指令时采用的一种重要机制。在流水线既要能达到更高的性能，还要让客户更加方便的实现流程。ARM11 系列处理器是目前最流行的嵌入式处理器，广泛的应用于通信等嵌入式领域。ARM11 处理器正是采用了易于综合的流水线技术，保证了数据流程高效，迅速地时序收敛。随着流水线级数的增加，系统性能越来越高，进一步提高了执行效率。

2.4.1　流水线结构的性能

系统处理数据时，1 个指令周期含有 4～6 个时钟脉冲，每个脉冲周期由不同的部件完成不同的操作。流水线结构，是指每个时钟脉冲都接收下一条处理数据的指令，只是不同部件做不同的事情，流水线处理器一般把一条指令的执行分成几个级（Stages），每一级在一个时钟周期内完成。

如果处理器的流水线有 k 级，则同时可执行的指令条数为 k，每条指令处于不同的执行阶段。

设 Tk 为流水线所用的时间，Ts 为不同流水线所用的时间，流水线各段时间相等为 Δt，当一条流水线完成 n 个连续任务时，实际加速比 S=Tk/Ts=$nk/k+n$-1，在理想情况下加速比为 Smax = limS = k (n>>k)。

那么，得出的结果是加速比等于 k（级数）。从中可以看出，性能和级数成正比，随着级数的增加，处理器性能也不断提高。

2.4.2 流水线级数的影响

ARM7 采用的是三级流水线，ARM9 采用的是五级流水线，ARM10 采用的是六级流水线，ARM11 处理器的流水线由八级组成，比以前 ARM 内核减少了 40%的吞吐量。八级流水线可以同时执行八条指令。

一般来说，随着流水线深度的增加，处理器性能得到提高，从而使得处理指令的吞吐量也提高了。但是，当出现多周期指令时，跳转分支指令和中断发生时，流水线都会发生阻塞，而且相邻指令之间也可能因为寄存器冲突导致流水线阻塞，从而降低了流水线效率。同时随着系统时钟频率的增加，指令执行周期也相应减少，对硬件设计要求也更高，而且在内核执行一条指令前，需要更多的周期来填充流水线。

ARM 流水线的一条指令只有在完全通过“执行”阶段才被处理。如果随后的指令需要用到前面指令的执行结果作为输入，它就要等到前面的指令执行完，即暂时停止相关指令的执行（跳转指令），等到相关数据能从寄存器读出后再恢复执行。这样，系统演示（Latency）也增加了。流水线级数的增加往往会减弱指令的执行效率，而且容易造成数据冲突。

2.4.3 ARM11 处理器中流水线管理

为了解决延迟，避免流水线中的数据冲突，让前面的指令执行的结果能够快速进入到后面指令的流水线中，ARM11 处理器采用了预测技术、存储管理、并行机制等技术来保证最佳的流水线效率。

1. 对跳转做出预测与管理

对跳转的预测分为两种：动态预测和静态预测。

动态预测，在 ARM11 处理器中包含了 64 个 4 状态（采用 2b 转移预测）跳转地址缓存器来保存最近使用过的转换地址。通过对这些转换地址记录的查询，处理器就可以预测当前的跳转指令是否会被执行。

静态预测，当采用动态转换预测机制而无法在寻址缓冲内找到正确的地址时，ARM11 处理器就会从跳转的方式来判断是否执行。静态预测检查分支是向前跳转还是向后跳转，如果是向前跳转，处理器会假设这条指令不被执行；如果是向后跳转，处理器会假设这条指令被执行。

在实际的测试中，单纯采用动态预测的准确率为 88%，单纯采用静态预测机制的准确率只有 77%，而 ARM11 采用的静态和动态预测组合机制可实现 92%的高准确率。对于每一个正确的预测，能给指令执行减少 6 个时钟周期的等待时间。

从动态到静态的预测，ARM11 通过对跳转的方式的分析，进行逻辑判断，对未来做出预测，使有限的资源得到优化配置和利用。

2. 存储管理

在 ARM11 处理器中，指令和数据可以更长时间的被保存在 Cache 中。由于物理地址 Cache

本身的存在，使数据交换避免了反复重载 Cache。而且，当数据的访问引起了 Cache Miss 时，Cache 将进行预取到存储器相应的块中读取需要的数据。只要后面的指令没有用到 Cache Miss 读回来的数据，ARM11 处理器流水线会继续执行下去。即使下一条指令还在存储器访问指令，只要数据放在 Cache 中，ARM11 就会允许这条指令被执行。

3. 流水线的并行机制

在流水线的后端使用了 3 个并行部件结构，ALU、MAC（乘加）和 LS（存取）。LS 流水线是专门用于处理存取操作指令，把数据的存取操作与数据的算术操作的耦合性分隔开来，可以更有效地执行指令。

一旦指令被解码，将根据操作类型的不同发射到不同的执行单元中。考虑到不同的指令需要不同的执行时间，当 3 类指令先后被发射到流水线中，ALU 或者 MAC 指令不会由于 LS 指令的等待而停下来，他们可以同时被执行，即取址、译码和执行等操作可以重叠执行。而且 ARM11 处理器指令的乱序完成，如果在指令之间没有数据的相关性，所有指令都可以不必等待前面的指令完成而结束自己的执行。

通过技术和机制上的改进，ARM11 处理器改善了因为级数的增加带来的影响，使系统能在保证优化到更高的流水线吞吐量的同时，还能保持与以前版本处理器中的流水线同样的有效性。

2.5 ARM 工作模式及寄存器组

2.5.1 ARM 核工作模式

常规 CPU 工作核心模块都是由寄存器组和 ALU 两大模块组成，ALU 完成数据的加工处理，寄存器则用来保存数据，这些数据直接参与 ALU 运算。ARM 的处理器也不例外，ARM 处理器的寄存器分成许多组，不同的组完成不同环境下的工作，不过它们都共用一套 ALU 数据处理模块。ARM 一般有 37 个寄存器，Cortex A8 的 ARM 核的寄存器则多达 40 个。

在学习 ARM 寄存器分组工作模式之前，先来看一个很特殊的寄存器——程序状态寄存器（Program State Register，PSR）。

程序状态寄存器是一个 32bits 的寄存器，它记录和指示出当前程序的运行状态。

其格式如下：

31	30	29	28	27	26-25	24	23-20	19-16	15-10	9	8	7	6	5	4-0
N	Z	C	V	Q	IT[1:0]	J	DNM	GE[3:0]	IT[7:2]	E	A	I	F	T	M[4:0]

条件状态位：

N：Negative/Less than，负数/小于 0，置 1。

Z：Zero，为 0 时该位置 1。

C：Carry/Borrow/Extend，发生了进位/借位/扩伸，该位将置 1。

V：Overflow，溢出时该位置 1。

它们之间的关系如表 2-2 所示。

表 2-2　　　　　　　　　　条件状态位及其意义

指令中的条件编码	记助符	PSR 中标志位	意义
0000	EQ	Z=1	相等
0001	NE	Z=0	不相等
0010	CS	C=1	>=（无符号数）
0011	CC	C=1	<（无符号数）
0100	MI	N=1	负数
0101	PL	N=0	正数或为零
0110	VS	V=1	溢出
0111	VC	V=0	未溢出
1000	HI	C=1，且 Z=0	>（无符号数）
1001	LS	C=0，且 Z=1	<=（无符号数）
1010	GE	N=V	>=（带符号数）
1011	LT	N！=V	<（带符号数）
1100	GT	Z=0，且 Z==V	>（带符号数）
1101	LE	Z=1，或 N！=V	<=（带符号数）
1110	AL	忽略	无条件执行

Q：Sticky Overflow，饱和计算溢出标志。（有符号数运算，确保数的极性不会翻转）发生溢出时，该位置 1。例如：假设 8bits 符号数据，125+9=127，133 超过 127 成为负数，而 Q 算法保持 127 最大数，确保不会变成负数。

IT[7:0]：[7：2]用于 IF…ELSE…条件执行状态位。

GE[3:0]：用于 SIMD 指令，大于或等于。

使能控制位：

A：A=1 时，禁止不确定数据异常。

I：IRQ 中断使能位，当其置 1 时，禁止 IRQ 发生。

F：FIQ 中断使能位，当其置 1 时，禁止 FIQ 中断。

指令类别状态位：

J：Java state bit，当 T 为 1 时，J=0，表示执行 Thumb 指令状态，J=1 表示执行 ThumbEE 指令状态。

T：当 T=1 时，表示执行 Thumb 指令状态（或 ThumbEE，这依赖于 J 为要为 1），当 T=0 时，表示执行 ARM 指令状态。表 2-3 所示为对应的指令类别状态位。

When T=1，J=0 Thumb state，J=1 ThumbEE state

表 2-3　　　　　　　　　　指令类别状态位

J	T	指令状态
0	0	ARM
0	1	Thumb
1	0	Jazelle
1	1	ThumbEE

工作模式位：用来指示不同组寄存器与 ALU 协同工作。

M[4:0]：工作模式；

B10000（0x10）用户模式（User）；

B10001（0x11）快速中断模式（FIQ）；

B10010（0x12）向量中断模式（IRQ）；

B10011（0x13）管理模式（Supervisor）；

B10111（0x17）异常模式（Abort），取数据失败时发生；

B11011（0x1B）未定义模式（Undefined），指令解码出错时发生；

B11111（0x1F）系统模式（System）；

B10110（0x16）安全监视模式（Secure Monitor），主要用于安全交易。

E：大端和小端标志，0 为小端存储，1 为大端存储。因为 ARM 总线都是 32bits（4 个字节）以上的，而数据的存取常规以 8bits（字节）为单位，这样就会出现如何放置数据问题。规定数据高位放在高字节，低位的放在低字节的称为小端存取；反之，称为大端存取。

2.5.2　ARM 寄存器分组

ARM 芯片将寄存器分成很多组，来运行不同模式下的程序，让 CPU 程序运行得更加稳定。如图 2-4 所示。

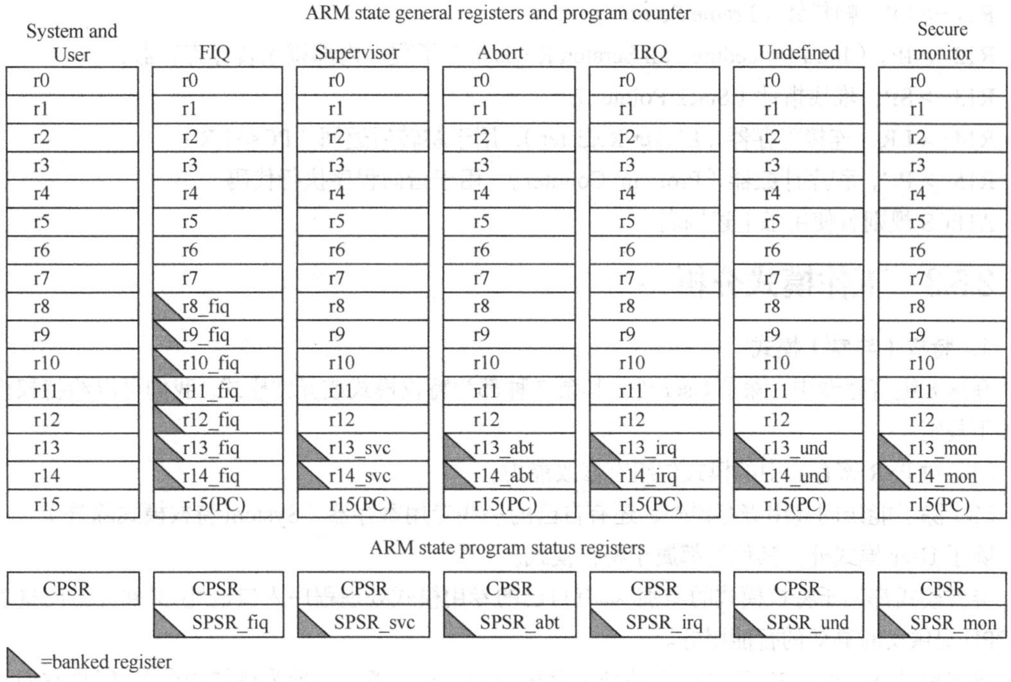

ARM state general registers and program counter

System and User	FIQ	Supervisor	Abort	IRQ	Undefined	Secure monitor
r0	r0	r0	r0	r0	r0	r0
r1	r1	r1	r1	r1	r1	r1
r2	r2	r2	r2	r2	r2	r2
r3	r3	r3	r3	r3	r3	r3
r4	r4	r4	r4	r4	r4	r4
r5	r5	r5	r5	r5	r5	r5
r6	r6	r6	r6	r6	r6	r6
r7	r7	r7	r7	r7	r7	r7
r8	r8_fiq	r8	r8	r8	r8	r8
r9	r9_fiq	r9	r9	r9	r9	r9
r10	r10_fiq	r10	r10	r10	r10	r10
r11	r11_fiq	r11	r11	r11	r11	r11
r12	r12_fiq	r12	r12	r12	r12	r12
r13	r13_fiq	r13_svc	r13_abt	r13_irq	r13_und	r13_mon
r14	r14_fiq	r14_svc	r14_abt	r14_irq	r14_und	r14_mon
r15	r15(PC)	r15(PC)	r15(PC)	r15(PC)	r15(PC)	r15(PC)

ARM state program status registers

System and User	FIQ	Supervisor	Abort	IRQ	Undefined	Secure monitor
CPSR	CPSR	CPSR	CPSR	CPSR	CPSR	CPSR
	SPSR_fiq	SPSR_svc	SPSR_abt	SPSR_irq	SPSR_und	SPSR_mon

◣=banked register

图 2-4　ARM 寄存器分组结构

ARM 寄存器分为 User、System、FIQ、Supervisor、Abort、IRQ、Undefined 和 Secure monitor 共 8 个组，如表 2-4 所示。其中 User 和 System 两个组的寄存器完全共用，Secure monitor 是 Cortex A8 的 ARM 核开始追加的模式。

表 2-4　　8 组寄存器各自拥有和可访问的寄存器

组名称	可见寄存器	
	公共部分	私有部分
User	R0---R15,CPSR	无
System	R0---R15,CPSR	无
FIQ	R0---R7,CPSR	R8_fiq---R14_fiq,SPSR_fiq
Supervisor	R0---R12,CPSR	R13_svc---R14_svc,SPSR_svc
Abort	R0---R12,CPSR	R13_abt---R14_abt,SPSR_svc
IRQ	R0---R12,CPSR	R13_irq---R14_irq,SPSR_irq
Undefined	R0---R12,CPSR	R13_und---R14_und,SPSR_und
Secure Monitor	R0---R12,CPSR	R13_mon---R14_mon,SPSR_mon

其中 17 个寄存器是各个组共用，（特别是 R0---R7 是每个组都共用的，R8 和 R14 在 FIQ 模式中不共用，FIQ 有自己的 R8_fiq---R14_fiq 替代它们）；另外，多达 23 个专用的寄存器分散在各种模式组中。

许多寄存器都有专门用途，并且使用别名来操作。例如：

R9 –> SB，静态基地址寄存器；

R10 –> SL，数据堆栈限制指针；

R11 –> FP，帧指针（Frame Pointer）；

R12 –> IP，（Intra-Procedure-call Scratch Register）子程序内部调用暂存寄存器；

R13 –> SP，堆栈指针（Stack Pointer）；

R14 –> LR，连接寄存器（Linker Register），用于跳转后返回（PC<–LR）；

R15 –> PC，程序计数器（Program Counter），用于指向程序执行代码。

ATPCS 规则就使用了上述别名。

2.5.3　工作模式分析

1. 特权（异常）模式

在这 8 组寄存器中，除了 User 外，其余 7 种都为特权模式或异常模式。我们可以给特权模式作如下规定：

（1）对 PSR 寄存器中的模式位组有修改能力；

（2）除了能访问共用寄存器外，还有自己的一些专用寄存器（System 特权模式除外）。

除了 User 模式外，其他的都属于特权模式。

异常模式都属于特权模式的类别。都有自己的专用模式处理程序入口地址（又称异常向量表），为 CPU 提供实时高效的智能服务。

虽然也是 8（8x4=32 字节）个地址（存放指令仅有一条，多数为跳转指令），但是它们与 8 种工作模式不是一一对应的，如表 2-5 所示。

表 2-5

异常地址表名称	工作模式名称
[0x0000_0000]Reset	Supervisor
[0x0000_0004]Undefined instruction	Undefined
[0x0000_0008]Software Interrupt	Supervisor

续表

异常地址表名称	工作模式名称
[0x0000_000C]Abort Prefetch	Abort
[0x0000_0010]Abort Data	Abort
[0x0000_0014]Reserved	在 Cortex A8 中可能属于 Monitor 模式，需确认。
[0x0000_0018]IRQ	IRQ
[0x0000_001C]FIQ	FIQ

在 8 种模式中 Supervisor 和 Abort 各占用了两个表项，而 User、System 和 Monitor 没有任何关联，这是因为：

（1）User 模式是程序正常运行模式，它不需要进行特殊的异常处理，即 User 不是异常模式，所以它没有占任何表项；

（2）System 是特权模式，但它不是异常模式，所以也不需要占用任何表项，System 与 User 完全共用寄存器，同时有能力进行模式切换（修改 PSR 寄存器的模式位），所以它是其他特权模式与 User 模式的交互桥梁；

（3）Secure Monitor 模式是安全模式，需要协处理器来启动该模块，方能进行工作。同时又并在 8 种模式之中，Reserved 可能会留给该异常模式使用，但是需要认证。

2. 中断模式

属于异常模式。ARM 核用来接入核外部的异常事件，称之为中断，分为 FIQ 和 IRQ 两种。

（1）快速中断请求（FIQ）

当处理器的外部快速中断请求引脚有效，而且 CPSR 寄存器的 F 控制位被清除时，处理器产生外部中断请求（FIQ）异常中断。

（2）外部中断请求（IRQ）

当处理器的外部中断请求引脚有效，而且 CPSR 寄存器的 I 控制位被清除时，处理器产生外部中断请求（IRQ）异常中断。系统中各外设通常通过该异常中断请求处理器服务。

2.6　各种模式工作机制

ARM 工作模式切换的两种方式。

（1）程序手动切换。在某种特权模式下，可以切换到另外一个特权模式下，不过 User 用户模式没有这个能力，因为它不是特权模式。

（2）异常切换。异常事件发生，可从 User 模式下切换到异常模式下，或从另外一种异常模式下切换到该异常事件模式下。

2.6.1　CPSR、PC、SPSR_xxx 和 LR_xxx 寄存器工作关系

当发生异常时，LR_xxx 将保存当前 PC 值，SPSR_xxx 将保存 CPSR，因为 PC 会继续存放异常模式下的指令地址，CPSR 将继续反应异常模式下程序运行状态，所以要保存。发生异常时，这些动作硬件自动完成。

同理，当异常程序结束时，CPSR<=SPSR_xxx，PC<=LR_xxx，恢复正常程序运行。

各种 SPSR_xxx，进入模式时备份 CPSR 用，各种 LR_xxx 用来保存 PC。退出异常时，用户

在异常程序的末尾写入一条完成指令 PC<=lr，就自动完成 CPSR<=SPSR_xxx 动作。

其过程为：

CPSR—>SPSR_xxx 和 PC+4—>LR_xxx；

同理，SPSR_xxx—>CPSR 和 LR_xxx—>PC。

2.6.2 R13_xxx 寄存器用途（SP_xxx 堆栈指针）

指示相应异常模式下，私有堆栈空间，该堆栈可以完成异常模式下函数程序的切换参数传递。

2.6.3 FIQ 和 IRQ 特权模式（异常或中断模式）

这两个特权模式为 ARM11 核以外的异常提供了处理接口。如按键、ADC 和 RTC 等，这类相对 ARM11 核来说（虽然所有模块可能与 ARM11 集成在一颗芯片上，如 Cortex A8），是外部打断了 ARM11 核的正常运行，所以又称之为 FIQ 和 IRQ 中断模式。

ARM11 对 FIQ 和 IRQ 中断是否响应，在 CPSR 中有 F 和 I 位来控制，它们值为 0 表示允许响应，为 1 表示禁止响应，即 FIQ 和 IRQ 是可屏蔽中断，但是不能禁止中断事件发生，只是 ARM11 内核不响应而已。

2.6.4 Supervisor 特权模式（异常）

进入 Supervisor 异常模式，一般有两种方式：硬件方式芯片复位（上电复位和复位引脚引发）和软件方式执行 swi 指令。

2.6.5 Abort 特权模式（异常）

Abort 异常模式，由 ARM11 内部硬件自动引发，对内存数据的存取和指令预取失败会引发该异常。

2.6.6 Undefined 特权（异常）模式

Undefined 异常，由 ARM11 内部硬件自动引发，当执行一条无法识别的指令时，将发生该异常。

2.6.7 Secure Monitor 特权（异常）模式

Secure Monitor 异常，当有私密的数据程序（如货币交易）需要执行时，用户软件调用 SMI（SMC 替代 SMI 指令）指令即可进入该模式。

2.6.8 System 特权模式

System 特权模式是 ARM11 的 7 个特权模式中唯一一个没有自己的程序入口地址的模式，所以它不属于异常模式。Systemt 特权模式有如下两个特点。

（1）System 特权模式下的工作寄存器与 User 用户模式下的寄存器完全一样。

（2）System 特权模式能操作 CPSR_mod 权限，也就是说可以切换各种特权模式，访问它们的资源。

上述特点使得 System 特权模式在其他 6 种特权（异常）模式下访问 User 模式下的资源。也就是说，在 6 种异常特权模式下，通过将 CPSR_mod 设置成 System 模式下，来访问 User 模式下资源，完成后，再将 CPSR_mod 改回去就恢复成原有的异常模式。

注意，在该模式下默认嵌套是禁止的。

2.6.9　ARM 中各个异常处理响应优先级

当几个异常中断同时发生时，就必须按照一定的次序来处理这些异常中断。在 ARM 中通过给各异常中断赋予一定的优先级来实现这种处理次序。当然有些异常中断是不可能同时发生的，如指令预取中止异常中断和软件中断（SWI）异常中断是由同一条指令执行触发的。他们是不可能同时发生的。

各异常中断的中断向量地址以及中断的处理优先级如下所示。

Reset（Supervisor），优先级最高。

Data Abort，优先级次之。

FIQ，优先级排到第 3 等级。

IRQ，优先级排到第 4 等级。

Prefetch Abort，优先级排到第 5 等级。

SWI，优先级排到第 6 等级。

Undefined，优先级排到第 7 等级。

Secure Monitor，优先级最低。

2.7　进入和退出异常中断的过程

2.7.1　ARM 处理器对异常中断的响应过程

ARM 处理器对异常中断的响应过程如下。

（1）保存处理器当前状态，中断屏蔽位以及各条件标志位。通过将当前程序状态寄存器 CPSR 的内容保存到将要执行的异常中断对应的 SPSR 寄存器中实现。各异常中断有自己的 SPSR 物理寄存器。

（2）设置当前程序 CPSR 中相应的位。包括设置 CPSR 中的位，使处理器进入相应的执行模式，设置 CPSR 中的位，禁止 IRQ。当进入 FIQ 模式时，禁止 FIQ 中断。

（3）将寄存器 LR_mode（R14）设置成返回地址，R14 从 R15 中得到 PC 的备份。

（4）将程序计数器值 PC 设置成该异常中断的中断向量地址，从而跳转到相应的异常中断处理程序处执行。

下面对异常中断的相应过程进行分析。

1. 响应复位异常中断

当处理器的复位引脚有效时，处理器中止当前指令。当处理器的复位引脚变成无效时，处理器开始执行下面的操作。

```
R14_svc = UNPREDICTABLE value
SPSR_svc = UNPREDICTABLE value
```

```
CPSR[4:0] = 0b10011  //进入特权模式
CPSR[5] = 0          //切换到 ARM 状态
CPSR[6] = 1          //禁止 FIQ 异常中断
CPSR[7] = 1          //禁止 IRQ 中断
If high vectors configured then
PC = 0xffff0000
Else
PC = 0x00000000
```

2. 响应未定义指令异常中断

处理器响应未定义指令异常中断时的处理过程的伪代码如下所示。

```
R14_und = address of next instruction after the undefined instruction
SPSR_und = CPSR
CPSR[4:0] = 0b11011 //进入未定义指令异常中断模式
CPSR[5] = 0         //切换到 ARM 状态
CPSR[6] = 1         //禁止 FIQ 异常中断
CPSR[7] = 1         //禁止 IRQ 中断
If high vectors configured then
PC = 0xffff0004
Else
PC = 0x00000004
```

3. 响应 SWI 异常中断

处理器响应 SWI 异常中断时的处理过程的伪代码如下所示。

```
R14_svc = address of next instruction after the SWI instruction
SPSR_svc = CPSR
CPSR[4:0] = 0b10011 //进入特权模式
CPSR[5] = 0         //切换到 ARM 状态
CPSR[6] = 1         //禁止 FIQ 异常中断
CPSR[7] = 1         //禁止 IRQ 中断
If high vectors configured then
PC = 0xffff0008
Else
PC = 0x00000008
```

4. 响应指令预取中止异常中断

处理器响应指令预取中止异常中断时的处理过程的伪代码如下所示。

```
R14_abt = address of  the aborted instruction + 4
SPSR_abt = CPSR
CPSR[4:0] = 0b10111 //进入指令预取中止模式
CPSR[5] = 0         //切换到 ARM 状态
CPSR[6] = 1         //禁止 FIQ 异常中断
CPSR[7] = 1         //禁止 IRQ 中断
If high vectors configured then
PC = 0xffff000c
Else
PC = 0x0000000c
```

5. 响应数据访问中止异常中断

处理器响应数据访问中止异常中断时的处理过程的伪代码如下所示。

```
R14_abt = address of  the aborted instruction + 8
SPSR_abt = CPSR
CPSR[4:0] = 0b10111  //进入数据访问中止模式
CPSR[5] = 0          //切换到 ARM 状态
CPSR[6] = 1          //禁止 FIQ 异常中断
```

```
CPSR[7] = 1           //禁止 IRQ 中断
If high vectors configured then
PC = 0xffff0010
Else
PC = 0x00000010
```

6. 响应 IRQ 异常中断

处理器响应 IRQ 异常中断时的处理过程的伪代码如下所示。

```
R14_irq = address of next instruction to be executed + 4
SPSR_irq = CPSR
CPSR[4:0] = 0b10010 //进入 IRQ 异常中断模式
CPSR[5] = 0         //切换到 ARM 状态
CPSR[6] = 0         //打开 FIQ 异常中断
CPSR[7] = 1         //禁止 IRQ 中断
If high vectors configured then
PC = 0xffff0018
Else
PC = 0x00000018
```

2.7.2 从异常中断处理程序中返回

基本操作如下：

1. 恢复被中断的程序的处理器状态

即将 SPSR_mode 寄存器内容复制到当前程序状态寄存器 CPSR 中。

2. 返回到发生异常中断的指令的下一条指令处执行

即将 LR_mode 寄存器的内容复制到程序计数器 PC 中。

（1）复位异常中断

不需要返回。整个应用系统是从复位异常中断处理程序开始执行的，因此它不需要返回。

（2）SWI 和未定义指令异常中断处理程序的返回

SWI 和未定义指令异常中断是由当前执行的指令自身产生的，PC 指向了第三条指令，但 PC 的值还没有更新，仍为第二条指令的地址值。

所以返回时，直接 MOV PC, LR 即可。

（3）IRQ 和 FIQ 异常中断处理程序的返回

通常处理器执行完当前指令后，查询 IRQ 中断引脚及 FIQ 中断引脚，并且查看系统是否允许 IRQ 中断及 FIQ 中断。如果由中断引脚有效，并且系统允许该中断产生，处理器将产生 IRQ 异常中断或 FIQ 异常中断。

PC 指向了第三条指令，并且也得到更新。

所以返回时，SUBS PC, LR, #4

（4）指令预取中止异常中断处理程序的返回

当发生指令预取中止异常中断时，程序要返回到有问题的指令处，重新读取并执行该指令。因此指令预取中止异常中断程序应该返回到产生该指令预取中止异常中断的指令处，而不是像前面两种情况下返回到发生中断的指令的下一条指令。

PC 指向第三条指令，还未更新，所以 PC 的值仍为第二条指令的地址。

返回时，SUBS PC, LR, #4

（5）数据访问中止异常中断处理程序的返回

其也要返回发生错误的地址处。当发生中断时，PC 指向第三条指令，且已更新。

所以，返回时，SUBS PC, LR, #8

本章小结

本章对 ARM 微处理器的体系结构、寄存器的组织、处理器的工作状态、运行模式以及处理器异常等内容进行了描述，这些内容也是 ARM 体系结构的基本内容，是系统软、硬件设计的基础。

思考题

1. 简述 ARM 微处理器的特点。
2. 试画出 ARM 体系结构方框图，并说明各部分功能。
3. 试分析 ARM1176 处理器内核结构和 ARM11MPCore 处理器内核结构的差异。
4. 试分析 ARM11MPCore 内核结构特点。
5. 试分析说明 ARM11 流水线的并行机制特点。
6. ARM 微处理器支持哪几种运行模式？各运行模式有什么特点？
7. ARM 处理器有几种工作状态？各工作状态有什么特点？
8. 试分析 ARM 寄存器组织结构图，并说明寄存器分组与功能。
9. 简述程序状态寄存器的位功能。
10. 试分析 Thumb 状态下寄存器组织，并说明寄存器分组与功能。
11. 试分析 Thumb 状态与 ARM 状态的寄存器关系。
12. 简述 ARM 体系结构支持几种类型的异常，并说明其异常处理模式和优先级状态。
13. 简述 ARM 微处理器处理异常的操作过程。

第 3 章 ARM 微处理器的指令系统

本章着重介绍 ARM 指令集、Thumb 指令集、ARM 指令集与 Thumb 指令集的特点与区别，以及各类指令对应的寻址方式。通过对本章内容的学习，读者能够了解和掌握 ARM 微处理器支持的指令集及具体的使用方法。

本章主要内容包括：

- ARM 指令集、Thumb 指令集概述；
- ARM 指令集的分类与具体应用；
- Thumb 指令集简介及应用场合。

3.1 ARM 微处理器的指令集概述

3.1.1 ARM 微处理器的指令的分类与格式

ARM 微处理器的指令集是加载/存储型的，即指令集仅能处理寄存器中的数据，而且处理结果都要放回寄存器中，而对系统存储器的访问则需要通过专门的加载/存储指令来完成。

ARM 微处理器的指令集可以分为跳转指令、数据处理指令、程序状态寄存器（PSR）处理指令、加载/存储指令、协处理器指令和异常产生指令六大类，具体的指令及功能如表 3-1 所示（表中指令为基本 ARM 指令，不包括派生的 ARM 指令）。

表 3-1 ARM 指令及功能描述

助记符	指令功能描述
ADC	带进位加法指令
ADD	加法指令
AND	逻辑与指令
B	跳转指令
BIC	位清零指令
BL	带返回的跳转指令
BLX	带返回和状态切换的跳转指令
BX	带状态切换的跳转指令
CDP	协处理器数据操作指令

续表

助记符	指令功能描述
CMN	比较反值指令
CMP	比较指令
EOR	异或指令
LDC	存储器到协处理器的数据传输指令
LDM	加载多个寄存器指令
LDR	存储器到寄存器的数据传输指令
MCR	从 ARM 寄存器到协处理器寄存器的数据传输指令
MLA	乘加运算指令
MOV	数据传送指令
MRC	从协处理器寄存器到 ARM 寄存器的数据传输指令
MRS	传送 CPSR 或 SPSR 的内容到通用寄存器指令
MSR	传送通用寄存器到 CPSR 或 SPSR 的指令
MUL	32 位乘法指令
MLA	32 位乘加指令
MVN	数据取反传送指令
ORR	逻辑或指令
RSB	逆向减法指令
RSC	带借位的逆向减法指令
SBC	带借位减法指令
STC	协处理器寄存器写入存储器指令
STM	批量内存字写入指令
STR	寄存器到存储器的数据传输指令
SUB	减法指令
SWI	软件中断指令
SWP	交换指令
TEQ	相等测试指令
TST	位测试指令

3.1.2 指令的条件域

当处理器工作在 ARM 状态时，几乎所有的指令均根据 CPSR 中条件码的状态和指令的条件域有条件的执行。当指令的执行条件满足时，指令被执行，否则指令被忽略。

每一条 ARM 指令包含 4 位的条件码，位于指令的最高 4 位[31:28]。条件码共有 16 种，每种条件码可用两个字符表示，这两个字符可以添加在指令助记符的后面和指令同时使用。例如，跳转指令 B 可以加上后缀 EQ 变为 BEQ 表示“相等则跳转”，即当 CPSR 中的 Z 标志置位时发生跳转。

在 16 种条件标志码中，只有 15 种可以使用，如表 3-2 所示，第 16 种（1111）为系统保留，暂时不能使用。

表 3-2　　指令的条件码

条件码	助记符后缀	标志	含义
0000	EQ	Z 置位	相等
0001	NE	Z 清零	不相等
0010	CS	C 置位	无符号数大于或等于
0011	CC	C 清零	无符号数小于
0100	MI	N 置位	负数
0101	PL	N 清零	正数或零
0110	VS	V 置位	溢出
0111	VC	V 清零	未溢出
1000	HI	C 置位 Z 清零	无符号数大于
1001	LS	C 清零 Z 置位	无符号数小于或等于
1010	GE	N 等于 V	带符号数大于或等于
1011	LT	N 不等于 V	带符号数小于
1100	GT	Z 清零且（N 等于 V）	带符号数大于
1101	LE	Z 置位或（N 不等于 V）	带符号数小于或等于
1110	AL	忽略	无条件执行

3.2　ARM 指令的寻址方式

寻址方式就是处理器根据指令中给出的地址信息来寻找物理地址的方式。目前 ARM 指令系统支持如下几种常见的寻址方式。

3.2.1　立即寻址

立即寻址也叫立即数寻址，这是一种特殊的寻址方式，操作数本身就在指令中给出，只要取出指令也就取到了操作数。这个操作数被称为立即数，对应的寻址方式也就叫做立即寻址。例如以下指令：

```
ADD    R0, R0, #1         ; R0←R0+1
ADD    R0, R0, #0x3f      ; R0←R0+0x3f
```

在以上两条指令中，第二个源操作数即为立即数，要求以“#”为前缀，对于以十六进制表示的立即数，还要求在“#”后加上“0x”或“&”。

3.2.2　寄存器寻址

寄存器寻址就是利用寄存器中的数值作为操作数，这种寻址方式是各类微处理器经常采用的一种方式，也是一种执行效率较高的寻址方式。以下指令：

```
ADD    R0, R1, R2        ; R0←R1+R2
```

该指令的执行效果是将寄存器 R1 和 R2 的内容相加，其结果存放在寄存器 R0 中。

3.2.3　寄存器间接寻址

寄存器间接寻址就是以寄存器中的值作为操作数的地址，而操作数本身存放在存储器中。例如以下指令：

```
ADD  R0, R1, [R2]          ; R0←R1+[R2]
LDR    R0, [R1]            ; R0←[R1]
STR  R0, [R1]              ; [R1]←R0
```

在第一条指令中，以寄存器 R2 的值作为操作数的地址，在存储器中取得一个操作数后与 R1 相加，结果存入寄存器 R0 中。

第二条指令将以 R1 的值为地址的存储器中的数据传送到 R0 中。

第三条指令将 R0 的值传送到以 R1 的值为地址的存储器中。

3.2.4　基址变址寻址

基址变址寻址就是将寄存器（该寄存器一般称作基址寄存器）的内容与指令中给出的地址偏移量相加，从而得到一个操作数的有效地址。变址寻址方式常用于访问某基地址附近的地址单元。采用变址寻址方式的指令常见有以下几种形式，如下所示：

```
LDR R0, [R1, #4]           ; R0←[R1+4]
LDR R0, [R1, #4]!          ; R0←[R1+4]、R1←R1+4
LDR R0, [R1] , #4          ; R0←[R1]、R1←R1+4
LDR R0, [R1, R2]           ; R0←[R1+R2]
```

在第一条指令中，将寄存器 R1 的内容加上 4 形成操作数的有效地址，从而取得操作数存入寄存器 R0 中。

在第二条指令中，将寄存器 R1 的内容加上 4 形成操作数的有效地址，从而取得操作数存入寄存器 R0 中，然后，R1 的内容自增 4 个字节。

在第三条指令中，以寄存器 R1 的内容作为操作数的有效地址，从而取得操作数存入寄存器 R0 中，然后，R1 的内容自增 4 个字节。

在第四条指令中，将寄存器 R1 的内容加上寄存器 R2 的内容形成操作数的有效地址，从而取得操作数存入寄存器 R0 中。

3.2.5　多寄存器寻址

采用多寄存器寻址方式，一条指令可以完成多个寄存器值的传送，最多可传送 16 个。指令如下所示：

```
LDMIA R0, {R1, R2, R3, R4}       ; R1←[R0]
                                 ; R2←[R0+4]
                                 ; R3←[R0+8]
                                 ; R4←[R0+12]
```

该指令的后缀 IA 表示在每次执行完加载/存储操作后，R0 按字长度增加。因此，指令可将连续存储单元的值传送到 R1～R4。

3.2.6　相对寻址

与基址变址寻址方式类似，相对寻址以程序计数器 PC 的当前值为基地址，以指令中的地址标号作为偏移量，将两者相加之后得到操作数的有效地址。以下程序段完成子程序的调用和返回，跳转指令 BL 采用了相对寻址方式：

```
BL     NEXT                     ; 跳转到子程序 NEXT 处执行
......
```

```
NEXT
……
MOV      PC, LR                         ; 从子程序返回
```

3.2.7　堆栈寻址

堆栈是一种数据结构，按先进后出（First In Last Out，FILO）的方式工作，使用一个称作堆栈指针的专用寄存器指示当前的操作位置，堆栈指针总是指向栈顶。

当堆栈指针指向最后压入堆栈的数据时，称为满堆栈（Full Stack），而当堆栈指针指向下一个将要放入数据的空位置时，称为空堆栈（Empty Stack）。

同时，根据堆栈的生成方式，又可以分为递增堆栈（Ascending Stack）和递减堆栈（Decending Stack），当堆栈由低地址向高地址生成时，称为递增堆栈，当堆栈由高地址向低地址生成时，称为递减堆栈。这样就有四种类型的堆栈工作方式，ARM 微处理器支持这 4 种类型的堆栈工作方式，即：

- 满递增堆栈：堆栈指针指向最后压入的数据，且由低地址向高地址生成；
- 满递减堆栈：堆栈指针指向最后压入的数据，且由高地址向低地址生成；
- 空递增堆栈：堆栈指针指向下一个将要放入数据的空位置，且由低地址向高地址生成；
- 空递减堆栈：堆栈指针指向下一个将要放入数据的空位置，且由高地址向低地址生成。

3.3　ARM 指令集

本节对 ARM 指令集的六大类指令进行详细的描述。

3.3.1　跳转指令

跳转指令用于实现程序流程的跳转，在 ARM 程序中有以下两种方法可以实现程序流程的跳转。

（1）使用专门的跳转指令。

（2）直接向程序计数器 PC 写入跳转地址值。

通过向程序计数器 PC 写入跳转地址值，可以实现在 4GB 的地址空间中的任意跳转，在跳转之前结合使用，例如：

```
MOV      LR, PC
```

等类似指令，可以保存将来的返回地址值，从而实现在 4GB 连续的线性地址空间的子程序调用。

ARM 指令集中的跳转指令可以完成从当前指令向前或向后的 32MB 的地址空间的跳转，包括以下 4 条指令：

- B 跳转指令；
- BL 带返回的跳转指令；
- BLX 带返回和状态切换的跳转指令；
- BX 带状态切换的跳转指令。

1. B 指令

B 指令的格式为：

```
B{条件}        目标地址
```

B 指令是最简单的跳转指令。一旦接收到 B 指令，ARM 处理器将立即跳转到给定的目标地址，从那里继续执行指令。注意存储在跳转指令中的实际值是相对当前 PC 值的一个偏移量，而不是一个绝对地址，它的值由汇编器来计算（参考寻址方式中的相对寻址）。它是 24 位有符号数，左移两位后有符号扩展为 32 位，表示的有效偏移为 26 位（前后 32MB 的地址空间）。以下指令：

```
B       Label          ；程序无条件跳转到标号 Label 处执行
CMP     R1, #0         ；当 CPSR 寄存器中的 Z 条件码置位时，程序跳转到标号 Label 处执行
BEQ     Label
```

2. BL 指令

BL 指令的格式为：

```
BL{条件}    目标地址
```

BL 是另一个跳转指令，但跳转之前，会在寄存器 R14 中保存 PC 的当前内容，因此，可以通过将 R14 的内容重新加载到 PC 中，来返回到跳转指令之后的那个指令处执行。该指令是实现子程序调用的一个基本但常用的手段。具体指令如下：

```
BL    Label    ；当程序无条件跳转到标号 Label 处执行时，同时将当前的 PC 值保存到 R14 中
```

3. BLX 指令

BLX 指令的格式为：

```
BLX  目标地址
```

BLX 指令从 ARM 指令集跳转到指令中指定的目标地址，并将处理器的工作状态由 ARM 状态切换到 Thumb 状态，该指令同时将 PC 的当前内容保存到寄存器 R14 中。因此，当子程序使用 Thumb 指令集，而调用者使用 ARM 指令集时，可以通过 BLX 指令实现子程序的调用和处理器工作状态的切换。同时，子程序的返回可以通过将寄存器 R14 中的值复制到 PC 中来完成。

4. BX 指令

BX 指令的格式为：

```
BX{条件}   目标地址
```

BX 指令跳转到指令中所指定的目标地址，目标地址处的指令既可以是 ARM 指令，也可以是 Thumb 指令。

3.3.2 数据处理指令

数据处理指令可分为数据传送指令、算术逻辑运算指令和比较指令等。

数据传送指令用于在寄存器和存储器之间进行数据的双向传输。

算术逻辑运算指令完成常用的算术与逻辑的运算，该类指令不但将运算结果保存在目的寄存器中，同时更新 CPSR 中的相应条件标志位。

比较指令不保存运算结果，只更新 CPSR 中相应的条件标志位。

数据处理指令包括：

- MOV 数据传送指令；
- MVN 数据取反传送指令；
- CMP 比较指令；
- CMN 反值比较指令；
- TST 位测试指令；
- TEQ 相等测试指令；
- ADD 加法指令；

- ADC 带进位加法指令；
- SUB 减法指令；
- SBC 带借位减法指令；
- RSB 逆向减法指令；
- RSC 带借位的逆向减法指令；
- AND 逻辑与指令；
- ORR 逻辑或指令；
- EOR 逻辑异或指令；
- BIC 位清除指令。

1. MOV 指令

MOV 指令的格式为：

```
MOV{条件}{S}    目的寄存器，源操作数
```

MOV 指令可完成将数据从另一个寄存器、被移位的寄存器或将一个立即数传送到目的寄存器。其中 S 选项决定指令的操作是否影响 CPSR 中条件标志位的值，当没有 S 时指令不更新 CPSR 中条件标志位的值。

指令示例：

```
MOV     R1, R0              ；将寄存器 R0 的值传送到寄存器 R1
MOV     PC, R14             ；将寄存器 R14 的值传送到 PC，常用于子程序返回
MOV     R1, R0, LSL#3       ；将寄存器 R0 的值左移 3 位后传送到 R1
```

2. MVN 指令

MVN 指令的格式为：

```
MVN{条件}{S}    目的寄存器，源操作数
```

MVN 指令可完成从另一个寄存器、被移位的寄存器或将一个立即数加载到目的寄存器。与 MOV 指令不同之处是，操作数在传送之前被按位取反了，即把一个被取反的值传送到目的寄存器中。其中 S 决定指令的操作是否影响 CPSR 中条件标志位的值，当没有 S 时指令不更新 CPSR 中条件标志位的值。

指令示例：

```
MVN     R0, #0              ；将立即数 0 取反传送到寄存器 R0 中，完成后 R0=-1
```

3. CMP 指令

CMP 指令的格式为：

```
CMP{条件} 操作数 1，操作数 2
```

CMP 指令用于把一个寄存器的内容和另一个寄存器的内容或立即数进行比较，同时更新 CPSR 中条件标志位的值。该指令进行一次减法运算，但不存储结果，只更改条件标志位。标志位表示的是操作数 1 与操作数 2 的关系（大、小、相等）。例如，当操作数 1 大于操作操作数 2，则此后的有 GT 后缀的指令将可以执行。

指令示例：

```
CMP     R1, R0              ；将寄存器 R1 的值与寄存器 R0 的值相减，并根据结果设置 CPSR 的标志位
CMP     R1, #100            ；将寄存器 R1 的值与立即数 100 相减，并根据结果设置 CPSR 的标志位
```

4. CMN 指令

CMN 指令的格式为：

```
CMN{条件} 操作数 1，操作数 2
```

CMN 指令用于把一个寄存器的内容和另一个寄存器的内容或立即数取反后进行比较，同时更新 CPSR 中条件标志位的值。该指令实际完成操作数 1 和操作数 2 相加，并根据结果更改条件标志位。

指令示例：

```
CMN    R1, R0          ; 将寄存器 R1 的值与寄存器 R0 的值相加，并根据结果设置 CPSR 的标志位
CMN    R1, #100        ; 将寄存器 R1 的值与立即数 100 相加，并根据结果设置 CPSR 的标志位
```

5. TST 指令

TST 指令的格式为：

```
TST{条件} 操作数 1, 操作数 2
```

TST 指令用于把一个寄存器的内容和另一个寄存器的内容或立即数进行按位与运算，并根据运算结果更新 CPSR 中条件标志位的值。操作数 1 是要测试的数据，而操作数 2 是一个位掩码，该指令一般用来检测是否设置了特定的位。

指令示例：

```
TST    R1, #%1         ; 用于测试在寄存器 R1 中是否设置了最低位（%表示二进制数）
TST    R1, #0xffe      ; 将寄存器 R1 的值与立即数 0xffe 按位与，并根据结果设置 CPSR 的标志位
```

6. TEQ 指令

TEQ 指令的格式为：

```
TEQ{条件} 操作数 1, 操作数 2
```

TEQ 指令用于把一个寄存器的内容与另一个寄存器的内容或立即数进行按位异或运算，并根据运算结果更新 CPSR 中条件标志位的值。该指令通常用于比较操作数 1 和操作数 2 是否相等。

指令示例：

```
TEQ    R1, R2          ; 将寄存器 R1 的值与寄存器 R2 的值按位异或，并根据结果设置 CPSR 的标志位
```

7. ADD 指令

ADD 指令的格式为：

```
ADD{条件}{S} 目的寄存器, 操作数 1, 操作数 2
```

ADD 指令用于把两个操作数相加，并将结果存放到目的寄存器中。操作数 1 应是一个寄存器，操作数 2 可以是一个寄存器、被移位的寄存器或一个立即数。

指令示例：

```
ADD    R0, R1, R2          ; R0 = R1 + R2
ADD    R0, R1, #256        ; R0 = R1 + 256
ADD    R0, R2, R3, LSL#1   ; R0 = R2 + (R3 << 1)
```

8. ADC 指令

ADC 指令的格式为：

```
ADC{条件}{S} 目的寄存器, 操作数 1, 操作数 2
```

ADC 指令用于把两个操作数相加，再加上 CPSR 中的 C 条件标志位的值，并将结果存放到目的寄存器中。它使用一个进位标志位，可以做比 32 位大的数的加法。需要注意的是，不要忘记设置 S 后缀来更改进位标志。操作数 1 应是一个寄存器，操作数 2 可以是一个寄存器、被移位的寄存器或一个立即数。

以下指令序列完成两个 128 位数的加法，第一个数由高到低存放在寄存器 R7～R4，第二个数由高到低存放在寄存器 R11～R8，运算结果由高到低存放在寄存器 R3～R0：

```
ADDS    R0, R4, R8      ; 加低端的字
ADCS    R1, R5, R9      ; 加第二个字，带进位
```

```
ADCS     R2, R6, R10          ; 加第三个字，带进位
ADC      R3, R7, R11          ; 加第四个字，带进位
```

9. SUB 指令

SUB 指令的格式为：

```
SUB{条件}{S} 目的寄存器，操作数 1，操作数 2
```

SUB 指令用于把操作数 1 减去操作数 2，并将结果存放到目的寄存器中。操作数 1 应是一个寄存器，操作数 2 可以是一个寄存器、被移位的寄存器或一个立即数。该指令可用于有符号数或无符号数的减法运算。

指令示例：

```
SUB      R0, R1, R2           ; R0 = R1 - R2
SUB      R0, R1, #256         ; R0 = R1 - 256
SUB      R0, R2, R3, LSL#1    ; R0 = R2 - (R3 << 1)
```

10. SBC 指令

SBC 指令的格式为：

```
SBC{条件}{S} 目的寄存器，操作数 1，操作数 2
```

SBC 指令用于把操作数 1 减去操作数 2，再减去 CPSR 中的 C 条件标志位的反码，并将结果存放到目的寄存器中。操作数 1 应是一个寄存器，操作数 2 可以是一个寄存器、被移位的寄存器或一个立即数。该指令使用进位标志来表示借位，这样就可以做大于 32 位的减法，注意不要忘记设置 S 后缀来更改进位标志。该指令可用于有符号数或无符号数的减法运算。

指令示例：

```
SUBS     R0, R1, R2       ; R0 = R1 - R2 - ！C，并根据结果设置 CPSR 的进位标志位
```

11. RSB 指令

RSB 指令的格式为：

```
RSB{条件}{S} 目的寄存器，操作数 1，操作数 2
```

RSB 指令又被称为逆向减法指令，用于把操作数 2 减去操作数 1，并将结果存放到目的寄存器中。操作数 1 应是一个寄存器，操作数 2 可以是一个寄存器被移位的寄存器或一个立即数。该指令可用于有符号数或无符号数的减法运算。

指令示例：

```
RSB      R0, R1, R2           ; R0 = R2 - R1
RSB      R0, R1, #256         ; R0 = 256 - R1
RSB      R0, R2, R3, LSL#1    ; R0 = (R3 << 1) - R2
```

12. RSC 指令

RSC 指令的格式为：

```
RSC{条件}{S} 目的寄存器，操作数 1，操作数 2
```

RSC 指令用于把操作数 2 减去操作数 1，再减去 CPSR 中的 C 条件标志位的反码，并将结果存放到目的寄存器中。操作数 1 应是一个寄存器，操作数 2 可以是一个寄存器、被移位的寄存器或一个立即数。该指令使用进位标志来表示借位，可以做大于 32 位的减法，注意不要忘记设置 S 后缀来更改进位标志。该指令可用于有符号数或无符号数的减法运算。

指令示例：

```
RSC      R0, R1, R2          ; R0 = R2 - R1 - ！C
```

13. AND 指令

AND 指令的格式为：

```
AND{条件}{S} 目的寄存器，操作数 1，操作数 2
```

AND 指令用于在两个操作数上进行逻辑与运算，并把结果放置到目的寄存器中。操作数 1 应是一个寄存器，操作数 2 可以是一个寄存器、被移位的寄存器或一个立即数。该指令常用于屏蔽操作数 1 的某些位。

指令示例：

```
AND     R0，R0，#3              ；该指令保持 R0 的 0、1 位，其余位清零。
```

14. ORR 指令

ORR 指令的格式为：

```
ORR{条件}{S} 目的寄存器，操作数 1，操作数 2
```

ORR 指令用于在两个操作数上进行逻辑或运算，并把结果放置到目的寄存器中。操作数 1 应是一个寄存器，操作数 2 可以是一个寄存器、被移位的寄存器或一个立即数。该指令常用于设置操作数 1 的某些位。

指令示例：

```
ORR     R0，R0，#3              ；该指令设置 R0 的 0、1 位，其余位保持不变。
```

15. EOR 指令

EOR 指令的格式为：

```
EOR{条件}{S} 目的寄存器，操作数 1，操作数 2
```

EOR 指令用于在两个操作数上进行逻辑异或运算，并把结果放置到目的寄存器中。操作数 1 应是一个寄存器，操作数 2 可以是一个寄存器、被移位的寄存器或一个立即数。该指令常用于反转操作数 1 的某些位。

指令示例：

```
EOR     R0，R0，#3              ；该指令反转 R0 的 0、1 位，其余位保持不变。
```

16. BIC 指令

BIC 指令的格式为：

```
BIC{条件}{S} 目的寄存器，操作数 1，操作数 2
```

BIC 指令用于清除操作数 1 的某些位，并把结果放置到目的寄存器中。操作数 1 应是一个寄存器，操作数 2 可以是一个寄存器、被移位的寄存器或一个立即数。操作数 2 为 32 位的掩码，如果在掩码中设置了某一位，则清除这一位。未设置的掩码位保持不变。

指令示例：

```
BIC     R0，R0，#%1011          ；该指令清除 R0 中的位 0、1 和 3，其余的位保持不变。
```

3.3.3 乘法指令与乘加指令

ARM 微处理器支持的乘法指令与乘加指令共有 6 条，按运算结果可分为 32 位和 64 位两类，与前面的数据处理指令不同，指令中的所有操作数、目的寄存器必须为通用寄存器，操作数不能是立即数或被移位的寄存器。同时，目的寄存器和操作数 1 必须是不同的寄存器。

乘法指令与乘加指令共有以下 6 条：

- MUL　　32 位乘法指令；
- MLA　　32 位乘加指令；
- SMULL　64 位有符号数乘法指令；
- SMLAL　64 位有符号数乘加指令；
- UMULL　64 位无符号数乘法指令；

● UMLAL 64位无符号数乘加指令。

1. MUL指令

MUL指令的格式为：

```
MUL{条件}{S}    目的寄存器，操作数1，操作数2
```

MUL指令完成操作数1与操作数2的乘法运算，并把运算结果放置到目的寄存器中，同时可以根据运算结果设置CPSR中相应的条件标志位。其中，操作数1和操作数2均为32位的有符号数或无符号数。

指令示例：

```
MUL     R0，R1，R2          ；R0 = R1 × R2
MULS    R0，R1，R2          ；R0 = R1 × R2，同时设置CPSR中的相关条件标志位
```

2. MLA指令

MLA指令的格式为：

```
MLA{条件}{S}    目的寄存器，操作数1，操作数2，操作数3
```

MLA指令完成操作数1与操作数2的乘法运算，再将乘积加上操作数3，并把运算结果放置到目的寄存器中，同时可以根据运算结果设置CPSR中相应的条件标志位。其中，操作数1和操作数2均为32位的有符号数或无符号数。

指令示例：

```
MLA     R0，R1，R2，R3        ；R0 = R1 × R2 + R3
MLAS    R0，R1，R2，R3        ；R0 = R1 × R2 + R3，同时设置CPSR中的相关条件标志位
```

3. SMULL指令

SMULL指令的格式为：

```
SMULL{条件}{S}    目的寄存器Low，目的寄存器High，操作数1，操作数2
```

SMULL指令完成将操作数1与操作数2的乘法运算，并把运算结果的低32位放置到目的寄存器Low中，运算结果的高32位放置到目的寄存器High中。同时，还可以根据运算结果设置CPSR中相应的条件标志位。其中，操作数1和操作数2均为32位的有符号数。

指令示例：

```
SMULL     R0，R1，R2，R3        ；R0 = （R2 × R3）的低32位
                               ；R1 = （R2 × R3）的高32位
```

4. SMLAL指令

SMLAL指令的格式为：

```
SMLAL{条件}{S}    目的寄存器Low，目的寄存器High，操作数1，操作数2
```

SMLAL指令完成操作数1与操作数2的乘法运算，并把运算结果的低32位同目的寄存器Low中的值相加后，再放置到目的寄存器Low中，运算结果的高32位同目的寄存器High中的值相加后，再放置到目的寄存器High中。同时，还可以根据运算结果设置CPSR中相应的条件标志位。其中，操作数1和操作数2均为32位的有符号数。

对于目的寄存器Low，在指令执行前存放64位加数的低32位，指令执行后存放运算结果的低32位。

对于目的寄存器High，在指令执行前存放64位加数的高32位，指令执行后存放运算结果的高32位。

指令示例：

```
SMLAL     R0，R1，R2，R3          ；R0 = （R2 × R3）的低32位 + R0
```

```
                              ; R1 = (R2 × R3)的高 32 位 + R1
```

5. UMULL 指令

UMULL 指令的格式为：

UMULL{条件}{S} 目的寄存器 Low，目的寄存器 High，操作数 1，操作数 2

UMULL 指令完成操作数 1 与操作数 2 的乘法运算，并把运算结果的低 32 位放置到目的寄存器 Low 中，运算结果的高 32 位放置到目的寄存器 High 中。同时，还可以根据运算结果设置 CPSR 中相应的条件标志位。其中，操作数 1 和操作数 2 均为 32 位的无符号数。

指令示例：

```
UMULL    R0, R1, R2, R3      ; R0 = (R2 × R3)的低 32 位
                             ; R1 = (R2 × R3)的高 32 位
```

6. UMLAL 指令

UMLAL 指令的格式为：

```
UMLAL{条件}{S}    目的寄存器 Low，目的寄存器 High，操作数 1，操作数 2
```

UMLAL 指令完成操作数 1 与操作数 2 的乘法运算，并把运算结果的低 32 位同目的寄存器 Low 中的值相加后又放置到目的寄存器 Low 中，运算结果的高 32 位同目的寄存器 High 中的值相加后又放置到目的寄存器 High 中。同时，还可以根据运算结果设置 CPSR 中相应的条件标志位。其中，操作数 1 和操作数 2 均为 32 位的无符号数。

对于目的寄存器 Low，在指令执行前存放 64 位加数的低 32 位，指令执行后存放运算结果的低 32 位。

对于目的寄存器 High，在指令执行前存放 64 位加数的高 32 位，指令执行后存放运算结果的高 32 位。

指令示例：

```
UMLAL    R0, R1, R2, R3      ; R0 = (R2 × R3)的低 32 位 + R0
                             ; R1 = (R2 × R3)的高 32 位 + R1
```

3.3.4 程序状态寄存器访问指令

ARM 微处理器支持程序状态寄存器访问指令，可实现在程序状态寄存器和通用寄存器之间传送数据，程序状态寄存器访问指令包括以下两条：

- MRS 程序状态寄存器到通用寄存器的数据传送指令；
- MSR 通用寄存器到程序状态寄存器的数据传送指令。

1. MRS 指令

MRS 指令的格式为：

```
MRS{条件}    通用寄存器，程序状态寄存器（CPSR 或 SPSR）
```

MRS 指令用于将程序状态寄存器的内容传送到通用寄存器中。该指令一般用在以下几种情况：

（1）当需要改变程序状态寄存器的内容时，可用 MRS 指令将程序状态寄存器的内容读入通用寄存器，修改后再写回程序状态寄存器；

（2）当在异常处理或进程切换时，需要保存程序状态寄存器的值，可先用该指令读出程序状态寄存器的值，然后保存。

指令示例：

```
MRS    R0, CPSR           ; 传送 CPSR 的内容到 R0
MRS    R0, SPSR           ; 传送 SPSR 的内容到 R0
```

2. MSR 指令

MSR 指令的格式为：

```
MSR{条件}        程序状态寄存器（CPSR 或 SPSR）_<域>，操作数
```

MSR 指令用于将操作数的内容传送到程序状态寄存器的特定域中。其中，操作数可以为通用寄存器或立即数。<域>用于设置程序状态寄存器中需要操作的位，32 位的程序状态寄存器可分为 4 个域：

位[31：24]为条件标志位域，用 f 表示；

位[23：16]为状态位域，用 s 表示；

位[15：8]为扩展位域，用 x 表示；

位[7：0]为控制位域，用 c 表示；

该指令通常用于恢复或改变程序状态寄存器的内容，在使用时，一般要在 MSR 指令中指明将要操作的域。

指令示例：

```
MSR     CPSR，R0              ；传送 R0 的内容到 CPSR
MSR     SPSR，R0              ；传送 R0 的内容到 SPSR
MSR     CPSR_c，R0            ；传送 R0 的内容到 SPSR，但仅仅修改 CPSR 中的控制位域
```

3.3.5　加载/存储指令

ARM 微处理器支持加载/存储指令，实现寄存器和存储器之间的数据传送，加载指令是将存储器中的数据传送到寄存器，存储指令则完成相反的操作。常用的加载/存储指令如下：

- LDR　　字数据加载指令；
- LDRB　　字节数据加载指令；
- LDRH　　半字数据加载指令；
- STR　　字数据存储指令；
- STRB　　字节数据存储指令；
- STRH　　半字数据存储指令。

1. LDR 指令

LDR 指令的格式为：

```
LDR{条件} 目的寄存器，<存储器地址>
```

LDR 指令用于从存储器中将一个 32 位的字数据传送到目的寄存器中。该指令通常用于从存储器中读取 32 位的字数据到通用寄存器，然后对数据进行处理。当程序计数器 PC 作为目的寄存器时，指令从存储器中读取的字数据被当作目的地址，从而可以实现程序流程的跳转。该指令常用于程序设计中，且寻址方式灵活多样，请读者认真掌握。

指令示例：

```
LDR     R0，[R1]              ；将存储器地址为 R1 的字数据读入寄存器 R0。
LDR     R0，[R1，R2]          ；将存储器地址为 R1+R2 的字数据读入寄存器 R0。
LDR     R0，[R1，#8]          ；将存储器地址为 R1+8 的字数据读入寄存器 R0。
LDR     R0，[R1，R2]！        ；将存储器地址为 R1+R2 的字数据读入寄存器 R0，并将新地址 R1+R2 写入 R1。
LDR     R0，[R1，#8]！        ；将存储器地址为 R1+8 的字数据读入寄存器 R0，并将新地址 R1+8 写入 R1。
LDR     R0，[R1]，R2          ；将存储器地址为 R1 的字数据读入寄存器 R0，并将新地址 R1+R2 写入 R1。
LDR     R0，[R1，R2，LSL#2]！；将存储器地址为 R1+R2×4 的字数据读入寄存器 R0，并将新地址 R1+R2×
                              4 写入 R1。
```

```
LDR    R0, [R1], R2, LSL #2; 将存储器地址为R1的字数据读入寄存器R0，并将新地址R1+R2×4写入R1。
```

2. LDRB 指令

LDRB 指令的格式为：

LDR{条件}B 目的寄存器，<存储器地址>

LDRB 指令用于从存储器中将一个 8 位的字节数据传送到目的寄存器中，同时将寄存器的高 24 位清零。该指令通常用于从存储器中读取 8 位的字节数据到通用寄存器，然后对数据进行处理。当程序计数器 PC 作为目的寄存器时，指令从存储器中读取的字数据被当作目的地址，从而实现程序流程的跳转。

指令示例：

```
LDRB    R0, [R1]        ; 将存储器地址为R1的字节数据读入寄存器R0，并将R0的高24位清零。
LDRB    R0, [R1, #8]    ; 将存储器地址为R1+8的字节数据读入寄存器R0，并将R0的高24位清零。
```

3. LDRH 指令

LDRH 指令的格式为：

LDR{条件}H 目的寄存器，<存储器地址>

LDRH 指令用于从存储器中将一个 16 位的半字数据传送到目的寄存器中，同时将寄存器的高 16 位清零。该指令通常用于从存储器中读取 16 位的半字数据到通用寄存器，然后对数据进行处理。当程序计数器 PC 作为目的寄存器时，指令从存储器中读取的字数据被当作目的地址，从而实现程序流程的跳转。

指令示例：

```
LDRH    R0, [R1]        ; 将存储器地址为R1的半字数据读入寄存器R0，并将R0的高16位清零。
LDRH    R0, [R1, #8]    ; 将存储器地址为R1+8的半字数据读入寄存器R0，并将R0的高16位清零。
LDRH    R0, [R1, R2]    ; 将存储器地址为R1+R2的半字数据读入寄存器R0，并将R0的高16位清零。
```

4. STR 指令

STR 指令的格式为：

STR{条件} 源寄存器，<存储器地址>

STR 指令用于从源寄存器中将一个 32 位的字数据传送到存储器中。该指令在程序设计中比较常用，且寻址方式灵活多样，使用方式可参考 LDR 指令。

指令示例：

```
STR    R0, [R1], #8    ; 将R0中的字数据写入以R1为地址的存储器中，并将新地址R1+8写入R1。
STR    R0, [R1, #8]    ; 将R0中的字数据写入以R1+8为地址的存储器中。
```

5. STRB 指令

STRB 指令的格式为：

STR{条件}B 源寄存器，<存储器地址>

STRB 指令用于从源寄存器中将一个 8 位的字节数据传送到存储器中。该字节数据为源寄存器中的低 8 位。

指令示例：

```
STRB    R0, [R1]        ; 将寄存器R0中的字节数据写入以R1为地址的存储器中。
STRB    R0, [R1, #8]    ; 将寄存器R0中的字节数据写入以R1+8为地址的存储器中。
```

6. STRH 指令

STRH 指令的格式为：

STR{条件}H 源寄存器，<存储器地址>

STRH 指令用于从源寄存器中将一个 16 位的半字数据传送到存储器中。该半字数据为源寄存器中的低 16 位。

指令示例：

```
STRH    R0, [R1]          ; 将寄存器 R0 中的半字数据写入以 R1 为地址的存储器中。
STRH    R0, [R1, #8]      ; 将寄存器 R0 中的半字数据写入以 R1 + 8 为地址的存储器中。
```

3.3.6　批量数据加载/存储指令

ARM 微处理器支持的批量数据加载/存储指令可以一次在一片连续的存储器单元和多个寄存器之间传送数据。批量加载指令用于将一片连续的存储器中的数据传送到多个寄存器中，批量数据存储指令则完成相反的操作。常用的加载存储指令如下：

- LDM　　批量数据加载指令；
- STM　　批量数据存储指令。

LDM（或 STM）指令的格式为：

```
LDM（或 STM）{条件}{类型} 基址寄存器{! }，寄存器列表{^}
```

LDM（或 STM）指令用于从由基址寄存器指示的一片连续存储器到寄存器列表所指示的多个寄存器之间传送数据，该指令常用于将多个寄存器的内容入栈或出栈。其中，{类型}为以下几种情况：

（1）IA 每次传送后地址加 1；

（2）IB 每次传送前地址加 1；

（3）DA 每次传送后地址减 1；

（4）DB 每次传送前地址减 1；

（5）FD 满递减堆栈；

（6）ED 空递减堆栈；

（7）FA 满递增堆栈；

（8）EA 空递增堆栈。

{! }为可选后缀，若选用该后缀，则当数据传送完毕之后，将最后的地址写入基址寄存器，否则基址寄存器的内容不改变。

基址寄存器不允许为 R15，寄存器列表可以为 R0～R15 的任意组合。

{∧}为可选后缀，当指令为 LDM 且寄存器列表中包含 R15，选用该后缀时表示：除了正常的数据传送之外，还将 SPSR 复制到 CPSR。同时，该后缀还表示传入或传出的是用户模式下的寄存器，而不是当前模式下的寄存器。

指令示例：

```
STMFD  R13!, {R0, R4-R12, LR}        ; 将寄存器列表中的寄存器（R0, R4 到 R12, LR）存入堆栈。
LDMFD  R13!, {R0, R4-R12, PC}        ; 将堆栈内容恢复到寄存器（R0, R4 到 R12, LR）。
```

3.3.7　数据交换指令

ARM 微处理器支持的数据交换指令能在存储器和寄存器之间交换数据。数据交换指令有如下两条：

- SWP　　字数据交换指令；
- SWPB　　字节数据交换指令。

1. SWP 指令

SWP 指令的格式为：

```
SWP{条件} 目的寄存器，源寄存器 1，[源寄存器 2]
```

SWP 指令用于将源寄存器 2 所指向的存储器中的字数据传送到目的寄存器中，同时将源寄存器 1 中的字数据传送到源寄存器 2 所指向的存储器中。显然，当源寄存器 1 和目的寄存器为同一个寄存器时，指令交换该寄存器和存储器的内容。

指令示例：

```
SWP    R0, R1, [R2]          ；将 R2 所指向的存储器中的字数据传送到 R0，同时将 R1 中的字数据传送到 R2 所指向的存储单元。
SWP    R0, R0, [R1]          ；将 R1 所指向的存储器中的字数据与 R0 中的字数据交换。
```

2. SWPB 指令

SWPB 指令的格式为：

```
SWP{条件}B 目的寄存器，源寄存器 1，[源寄存器 2]
```

SWPB 指令用于将源寄存器 2 指向的存储器中的字节数据传送到目的寄存器中，将把目的寄存器的高 24 清零，同时将源寄存器 1 中的字节数据传送到源寄存器 2 所指向的存储器中。显然，当源寄存器 1 和目的寄存器为同一个寄存器时，指令交换该寄存器和存储器的内容。

指令示例：

```
SWPB    R0, R1, [R2]          ；将 R2 所指向的存储器中的字节数据传送到 R0，R0 的高 24 位清零，同时将 R1 中的低 8 位数据传送到 R2 所指向的存储单元。
SWPB    R0, R0, [R1]          ；将 R1 所指向的存储器中的字节数据与 R0 中的低 8 位数据交换。
```

3.3.8 移位指令（操作）

ARM 微处理器内嵌的桶型移位器（Barrel Shifter），支持数据的各种移位操作，移位操作在 ARM 指令集中不作为单独的指令使用，它只能作为指令格式中是一个字段，在汇编语言中表示为指令中的选项。例如，数据处理指令的第二个操作数为寄存器时，就可以加入移位操作选项对数据进行各种移位操作。移位操作包括如下 6 条，其中，ASL 和 LSL 是等价的，可以自由互换：

- LSL 逻辑左移；
- ASL 算术左移；
- LSR 逻辑右移；
- ASR 算术右移；
- ROR 循环右移；
- RRX 带扩展的循环右移。

1. LSL（ASL）操作

LSL（ASL）操作的格式为：

```
通用寄存器，LSL（ASL）操作数
```

LSL（ASL）可完成对通用寄存器中的内容进行逻辑（或算术）的左移操作，按操作数指定的数量向左移位，低位用 0 来填充。其中，操作数可以是通用寄存器，也可以是立即数（0～31）。

操作示例：

```
MOVR0, R1, LSL#2          ；将 R1 中的内容左移两位后传送到 R0 中。
```

2. LSR 操作

LSR 操作的格式为：

```
通用寄存器，LSR 操作数
```

LSR 可完成对通用寄存器中的内容进行右移的操作，按操作数所指定的数量向右移位，左端用零来填充。其中，操作数可以是通用寄存器，也可以是立即数（0～31）。

操作示例：

```
MOVR0, R1, LSR#2          ；将 R1 中的内容右移两位后传送到 R0 中，左端用零来填充。
```

3. ASR 操作

ASR 操作的格式为：

```
通用寄存器，ASR 操作数
```

ASR 可完成对通用寄存器中的内容进行右移的操作，按操作数指定的数量向右移位，左端用第 31 位的值来填充。其中，操作数可以是通用寄存器，也可以是立即数（0～31）。

操作示例：

```
MOVR0, R1, ASR#2          ；将 R1 中的内容右移两位后传送到 R0 中，左端用第 31 位的值来填充。
```

4. ROR 操作

ROR 操作的格式为：

```
通用寄存器，ROR 操作数
```

ROR 可完成对通用寄存器中的内容进行循环右移的操作，按操作数指定的数量向右循环移位，左端用右端移出的位来填充。其中，操作数可以是通用寄存器，也可以是立即数（0～31）。显然，当进行 32 位的循环右移操作时，通用寄存器中的值不改变。

操作示例：

```
MOVR0, R1, ROR#2          ；将 R1 中的内容循环右移两位后传送到 R0 中。
```

5. RRX 操作

RRX 操作的格式为：

```
通用寄存器，RRX 操作数
```

RRX 可完成对通用寄存器中的内容进行带扩展的循环右移的操作，按操作数指定的数量向右循环移位，左端用进位标志位 C 来填充。其中，操作数可以是通用寄存器，也可以是立即数（0～31）。

操作示例：

```
MOVR0, R1, RRX#2          ；将 R1 中的内容进行带扩展的循环右移两位后传送到 R0 中。
```

3.3.9　协处理器指令

ARM 微处理器可支持多达 16 个协处理器，用于各种协处理操作，在程序执行的过程中，每个协处理器只执行针对自身的协处理指令，忽略 ARM 处理器和其他协处理器的指令。

ARM 的协处理器指令主要用于 ARM 处理器初始化 ARM 协处理器的数据处理操作，以及在 ARM 处理器的寄存器和协处理器的寄存器之间进行数据传送，和在 ARM 协处理器的寄存器和存储器之间传送数据。ARM 协处理器指令包括以下 5 条：

- CDP　　协处理器数据操作指令；
- LDC　　协处理器数据加载指令；
- STC　　协处理器数据存储指令；
- MCRARM 处理器寄存器到协处理器寄存器的数据传送指令；
- MRC　　协处理器寄存器到 ARM 处理器寄存器的数据传送指令。

1. CDP 指令

CDP 指令的格式为：

```
CDP{条件} 协处理器编码，协处理器操作码 1，目的寄存器，源寄存器 1，源寄存器 2，协处理器操作码 2。
```

CDP 指令用于 ARM 处理器通知 ARM 协处理器执行特定的操作，若协处理器不能成功完成特定的操作，则产生未定义指令异常。其中协处理器操作码 1 和协处理器操作码 2 为协处理器将要执行的操作，目的寄存器和源寄存器均为协处理器的寄存器，指令不涉及 ARM 处理器的寄存器和存储器。

指令示例：

```
CDP     P3, 2, C12, C10, C3, 4      ；该指令完成协处理器 P3 的初始化
```

2. LDC 指令

LDC 指令的格式为：

```
LDC{条件}{L} 协处理器编码,目的寄存器，[源寄存器]
```

LDC 指令用于将源寄存器指向的存储器中的字数据传送到目的寄存器中，若协处理器不能成功完成传送操作，则产生未定义指令异常。其中，{L}选项表示指令为长读取操作，如双精度数据的传输。

指令示例：

```
LDC     P3, C4, [R0] ；将 ARM 处理器的寄存器 R0 指向的存储器中的字数据传送到协处理器 P3 的寄存器 C4 中。
```

3. STC 指令

STC 指令的格式为：

```
STC{条件}{L} 协处理器编码,源寄存器，[目的寄存器]
```

STC 指令用于将源寄存器中的字数据传送到目的寄存器所指向的存储器中，若协处理器不能成功完成传送操作，则产生未定义指令异常。其中，{L}选项表示指令为长读取操作，如双精度数据的传输。

指令示例：

```
STC     P3, C4, [R0] ；将协处理器 P3 的寄存器 C4 中的字数据传送到 ARM 处理器的寄存器 R0 所指向的存储器中。
```

4. MCR 指令

MCR 指令的格式为：

```
MCR{条件} 协处理器编码，协处理器操作码 1，源寄存器，目的寄存器 1，目的寄存器 2，协处理器操作码 2。
```

MCR 指令用于将 ARM 处理器寄存器中的数据传送到协处理器寄存器中，若协处理器不能成功完成操作，则产生未定义指令异常。其中协处理器操作码 1 和协处理器操作码 2 为协处理器将要执行的操作，源寄存器为 ARM 处理器的寄存器，目的寄存器 1 和目的寄存器 2 均为协处理器的寄存器。

指令示例：

```
MCR P3, 3, R0, C4, C5, 6；将 ARM 处理器寄存器 R0 中的数据传送到协处理器 P3 的寄存器 C4 和 C5 中。
```

5. MRC 指令

MRC 指令的格式为：

```
MRC{条件} 协处理器编码，协处理器操作码 1，目的寄存器，源寄存器 1，源寄存器 2，协处理器操作码 2。
```

MRC 指令用于将协处理器寄存器中的数据传送到 ARM 处理器寄存器中，若协处理器不能成功完成操作，则产生未定义指令异常。其中协处理器操作码 1 和协处理器操作码 2 为协处理器将要执行的操作，目的寄存器为 ARM 处理器的寄存器，源寄存器 1 和源寄存器 2 均为协处理器的寄存器。

指令示例：

```
MRC P3, 3, R0, C4, C5, 6；该指令将协处理器 P3 的寄存器中的数据传送到 ARM 处理器寄存器中。
```

3.3.10　异常产生指令

ARM 微处理器支持的异常产生指令有如下两条：

- SWI　　软件中断指令；
- BKPT　断点中断指令。

1. SWI 指令

SWI 指令的格式为：

```
SWI{条件} 24 位的立即数
```

SWI 指令用于产生软件中断，以便用户程序能调用操作系统的系统例程。操作系统在 SWI 的异常处理程序中提供相应的系统服务，指令中 24 位的立即数指定用户程序调用系统例程的类型，相关参数通过通用寄存器传递。当指令中 24 位的立即数被忽略时，用户程序调用系统例程的类型由通用寄存器 R0 的内容决定，同时，参数通过其他通用寄存器传递。

指令示例：

```
SWI      0x02            ；调用操作系统编号为 02 的系统例程。
```

2. BKPT 指令

BKPT 指令的格式为：

```
BKPT  16 位的立即数
```

BKPT 指令产生软件断点中断，多用于程序的调试。

3.4　Thumb 指令及应用

为兼容数据总线宽度为 16 位的应用系统，ARM 体系结构除了支持执行效率高的 32 位 ARM 指令集以外，同时还支持 16 位的 Thumb 指令集。Thumb 指令集是 ARM 指令集的一个子集，允许指令编码为 16 位的长度。与等价的 32 位代码相比，Thumb 指令集在保留了 32 位代码优势的同时，大大的节省了系统的存储空间。

所有的 Thumb 指令都有对应的 ARM 指令，而且 Thumb 的编程模型也对应于 ARM 的编程模型，在应用程序的编写过程中，只要遵循一定的调用规则，Thumb 子程序和 ARM 子程序就可以互相调用。当处理器在执行 ARM 程序段时，称 ARM 处理器处于 ARM 工作状态；当处理器在执行 Thumb 程序段时，称 ARM 处理器处于 Thumb 工作状态。

与 ARM 指令集相比较，Thumb 指令集中的数据处理指令的操作数仍然是 32 位，指令地址也为 32 位。但 Thumb 指令集为实现 16 位的指令长度，舍弃了 ARM 指令集的一些特性，如大多数的 Thumb 指令是无条件执行的，而几乎所有的 ARM 指令都是有条件执行的；大多数的 Thumb 数据处理指令的目的寄存器与其中一个源寄存器相同。

由于 Thumb 指令的长度为 16 位，即只用 ARM 指令一半的位数来实现同样的功能，所以，要实现特定的程序功能，所需的 Thumb 指令的条数较 ARM 指令多。一般来说，Thumb 指令与 ARM 指令的时间效率和空间效率关系为：

（1）Thumb 代码所需的存储空间约为 ARM 代码的 60%～70%；

（2）Thumb 代码使用的指令数比 ARM 代码多约 30%～40%；

（3）若使用 32 位的存储器，ARM 代码比 Thumb 代码快约 40%；

（4）若使用 16 位的存储器，Thumb 代码比 ARM 代码快约 40%～50%

（5）与 ARM 代码相比较，使用 Thumb 代码，存储器的功耗会降低约 30%

显然，ARM 指令集和 Thumb 指令集各有优点，若对系统的性能有较高要求，应使用 32 位的存储系统和 ARM 指令集；若对系统的成本及功耗有较高要求，则应使用 16 位的存储系统和 Thumb 指令集。当然，若将两者结合使用，充分发挥其各自的优点，效果会更好。

本章小结

本章系统地介绍了 ARM 指令集中的基本指令，以及各指令的应用场合及方法。同时由基本指令还可以派生出一些新的指令，其使用方法与基本指令类似。与常见的如 X86 体系结构的汇编指令相比较，ARM 指令系统无论是从指令集本身，还是从寻址方式上，都相对复杂一些。

Thumb 指令集作为 ARM 指令集的一个子集，其使用方法与 ARM 指令集类似，在此不做详细的描述，但这并不意味着 Thumb 指令集不如 ARM 指令集重要，事实上，它们各自有其适用的应用场合。

思考题

1. ARM 处理器有哪几种基本寻址方式？
2. 举例说明寄存器间接寻址的操作过程。
3. 举例说明变址寻址的操作过程。
4. 存储器生长堆栈可分为哪几种？各有什么特点？
5. ARM 微处理器支持这哪几种类型的堆栈工作方式？各有什么特点？
6. 举例说明块复制寻址的操作过程。
7. ARM 指令集包含有哪些类型的指令？
8. 简述 ARM 指令格式及字段的含义。
9. 举例说明 ARM 存储器访问指令功能。
10. 举例说明 ARM 协处理器指令功能。
11. 举例说明 ARM 伪指令功能。
12. Thumb 指令集包含有哪些类型的指令？

第 4 章 S3C6410 处理器

本章主要介绍基于 ARM11 架构的 S3C6410 微处理器，该处理器支持 8 级流水线，采用 ARM1176JZF-S 核，包含 16KB 的指令数据 Cache 和 16KB 的指令数据 TCM，带有 2D/3D 硬件加速模块。通过对本章的学习，读者会对 S3C6410 微处理器的内部结构、工作原理以及相关模块的功能有所了解。

本章主要内容包括：

- S3C6410 体系结构；
- S3C6410 的引脚即功能；
- S3C6410 存储器映射；
- S3C6410 系统控制器；
- S3C6410 内部寄存器；
- S3C6410 VIC 中断控制器。

4.1 S3C6410 处理器概述

S3C6410 是一个 16/32 位 RISC 微处理器，其内部结构如图 4-1 所示，它采用了 64/32 位内部总线架构，该 64/32 位内部总线由 AXI、AHB 和 APB 总线组成。它还集成了强大的硬件加速器，支持视频处理、音频处理、二维图形、显示操作和缩放等功能。还含有一个集成的多格式编解码器（MFC）支持 MPEG4/H.263/H.264 编码、译码以及 VC1 的解码。集成的 H/W 编码器/解码器支持实时视频会议和 NTSC、PAL 模式的 TV 输出。

S3C6410 有一个优化的接口连接到外部存储器。存储器系统具有双重外部存储器端口、DRAM 和 FLASH/ROM/ DRAM 端口。DRAM 的端口可以配置为支持移动 DDR、DDR、移动 SDRAM 和 SDRAM。FLASH/ROM/DRAM 端口支持 NOR-FLASH、NAND-FLASH、ONENAND、CF、ROM 类型外部存储器、移动 DDR、DDR、移动 SDRAM 和 SDRAM。

为减少系统总成本并提高整体功能，S3C6410 还集成了许多硬件外设，如相机接口、TFT 24 位真彩色液晶显示控制器、系统管理器（电源管理等）、4 通道 UART、32 通道 DMA、4 通道定时器、通用的 I/O 端口、IIS 总线接口、IIC 总线接口、USB 主设备、高速（480 MB/S）USB OTG 接口，SD 主设备、高速多媒体卡接口和用于产生时钟的 PLL。

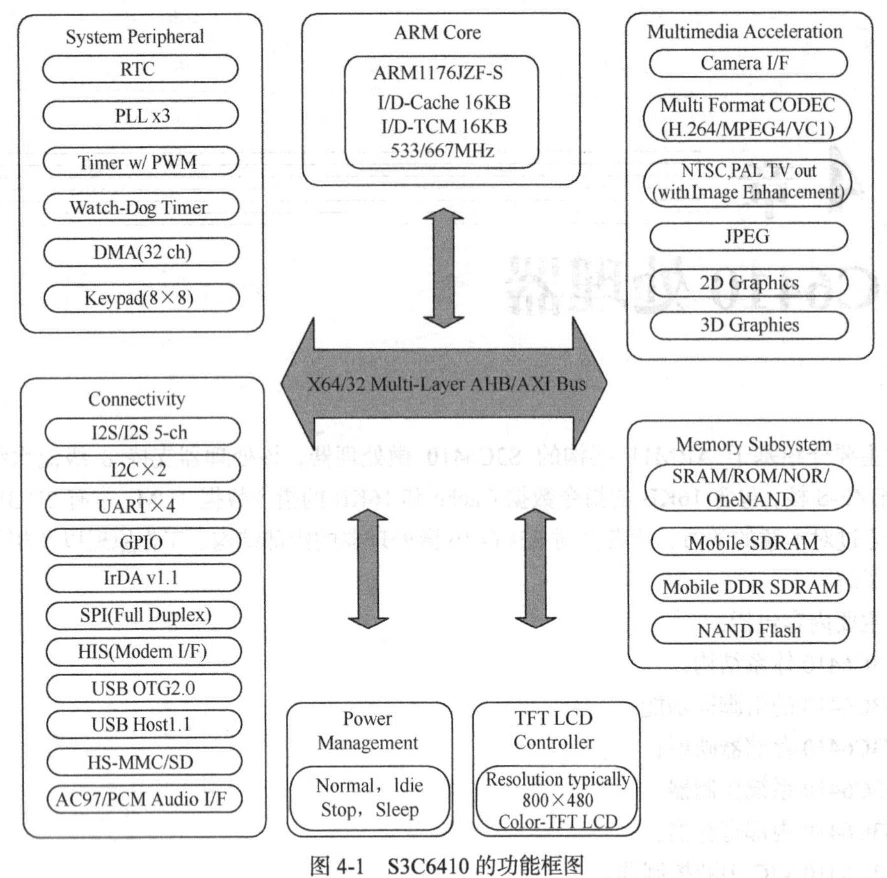

图 4-1　S3C6410 的功能框图

4.2　S3C6410 体系结构

S3C6410 RISC 处理器特性主要包括以下内容。

（1）基于 CPU 的子系统的 ARM1176JZF-S 具有 Java 加速引擎、16KB/16KB I/D 缓存和 16KB/16KB I/D TCM。

（2）对于不同的 TBD V，其对应的操作频率为 400/533/667MHZ。

（3）一个 8 位 ITU 601/656 相机接口，用于缩放的高达 4M 像素，固定的 16M 像素。

（4）多标准编解码器提供的 MPEG-4/H.263/H.264，编码和解码的速度高达 30 帧/每秒，VCi 视频解码速度达到 30 帧/每秒。

（5）具有 BITBLIT 和轮换的 2D 图形加速。

（6）具有 AC-97 音频编解码器接口和 PCM 串行音频接口。

（7）支持 IIS 和 IIC 接口。

（8）具有专用的 IRDA 端口，用于 FIR、MIR 和 SIR。

（9）可灵活配置 GPIO。

（10）端口 USB 2.0 OTG 支持高速（480 MBPS，片上收发器）。

（11）端口 USB 1.1 主设备支持全速（12 MBPS，片上收发器）。

（12）支持高速 MMC / SD 卡。

（13）集成了实时时钟和锁相环，具有 PWM 的定时器和看门狗定时器。

（14）具有 32 通道 DMA 控制器。

（15）支持 8X8 键盘矩阵变换电路。

（16）具有可用于移动应用的先进的电源管理。

（17）集成的存储器子系统包含以下接口。

- 具有 8 倍或 16 倍数据总线的 SRAM/ROM/NOR Flash 接口。
- 具有 16 倍数据总线的 MUXED、ONENAND 接口。
- 具有 8 倍数据总线的 NAND Flash 接口。
- 具有 16 倍或 32 倍数据总线的 SDRAM 接口。
- 具有 16 倍或 32 倍数据总线（133Mb/s/引脚率）的移动 SDRAM 接口。
- 具有 16 倍或 32 倍数据总线（266 Mb/s/引脚 DDR）的移动 DDR 接口。

4.3　S3C6410 引脚定义

为了能清楚地描述 S3C6410 的引脚信号，下面将先根据 S3C6410 的引脚定义图（图 4-2），详细地介绍各个引脚的标号与定义。

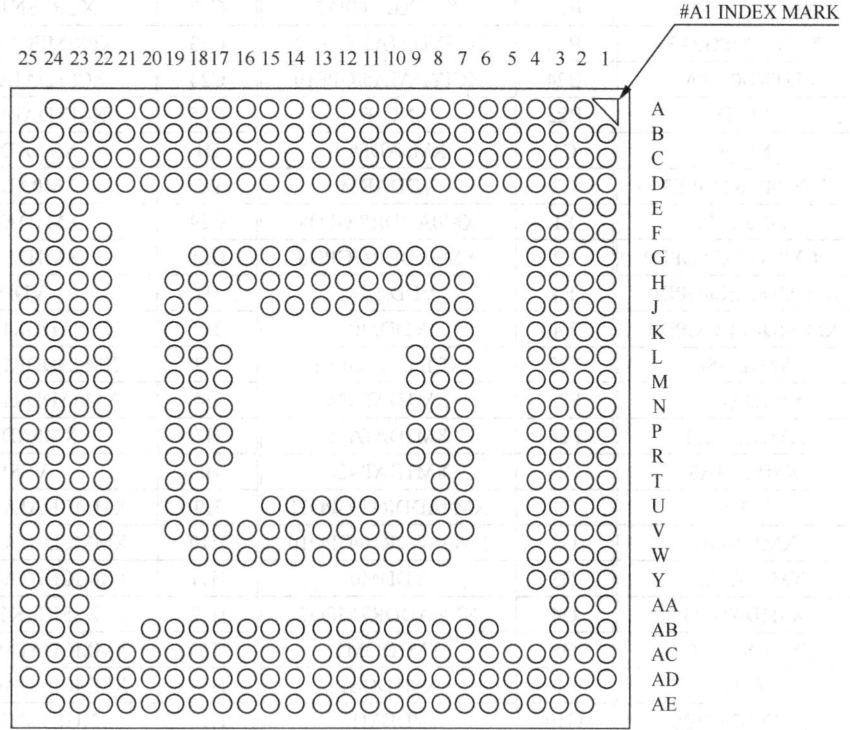

图 4-2　S3C6410 引脚图

按照图 4-2 所示的引脚顺序，各个引脚名称如表 4-1 所示。

表 4-1 引脚名称

引脚号	引脚名称	引脚号	引脚名称	引脚号	引脚名称
A2	NC_C	B3	XPCMETCLK1/GPE1	C3	XPCMSOUT1/GPE4
A3	XPCMSOUT0/GPD4	B4	XPCMSIN0/GPD3	C4	XPGMFSYNC1/GPE2
A4	VDDPCM	B5	XPCMEXTCLK0/GPD1	C5	XPCMDCLK1/GPE0
A5	XM1DQM0	B6	XM1DATA0	C6	XM1DATA4
A6	XM1DATA1	B7	XM1DATA3	C7	XM1DATA2
A7	VDDI	B8	VDDM1	C8	XM1DATA5
A8	VDDARM	B9	VDDM1	C9	XM1DATA7
A9	XM1DATA6	B10	XM1DATA13	C10	VDDARM
A10	XM1DATA9	B11	VDDARM	C11	XM1DATA14
A11	XM1DATA12	B12	XM1DATA12	C12	XM1DATA14
A12	XM1DATA18	B13	XM1DATA17	C13	XM1DATA19
A13	XM1SCLK	B14	XM1DQS2	C14	VDDM1
A14	XM1SCKKN	B15	XM1DATA22	C15	XM1DATA20
A15	XMMCDATA1_4/GHP6	B16	XMMCDATA1_2/GPH4	C16	XMMCDATA1_6/GPH8
A16	XMMCCMD1/GPH1	B17	VDDMMC	C17	XMMCDATA1_1/GPH3
A17	XMMCCMDN0/GPG6	B18	XMMCDATA0_/GPG2	C18	XMMCDATA0_2/GPG4
A18	XMMCCLK0/GPG0	B19	XSPIMISO1/GPC4	C19	XSPIMOSI1/GPC6
A19	XSPIMOSIO/GPC2	B20	XSPIMISQ0/CPC0	C20	XSPICS0/GPC3
A20	X12CSCL/GPC8	B21	XUTXD3/GP83	C21	VDDEXT
A21	XUTXD2/GPB1	B22	XUTXD1/GPA5	C22	XURTSN1/GPA7
A22	XURTSN0/GPA3	B23	XCIYDATA7/GPF12	C23	XPWMECLK/GPF13
A23	XUTXD0/GPA1	B24	XCIYDATA5/GPF10	C24	XCIYDATA2/GPF7
A24	NC_D	B25	NC_F	C25	XCIYDATA0/GPF5
B1	NC_B	C1	XM0ADDR0	D1	XM0ADDR2
B2	XPCMSIN1/GPE3	C2	VDDARM	D2	XM0ADDR3
D3	VDDARM	F1	XM0ADDR8/GPO8	G24	XM1DATA27
D6	XPCMFSYNC0/GPD2	F2	XM0ADDR6/GPO6	G25	XM1DATA30
D7	XPCMDCLK0/GPD0	F3	VDDARM	H1	VDDI
D8	XPCMDCLK0/GPD0	F4	VDDM0	H2	XM0ADDR13/GPO13
D9	XM1DQS0	F22	XCIPCLK/GPF2	H3	XM0ADDR15/GPO15
D10	XM1DATA15	F23	XM1DATA24	H4	XM0ADDR12/GPO12
D11	XM1DATA11	F24	XM1DATA25	H7	XM0ADDR4
D12	XM1DATA8	F25	XM1DATA26	H8	VSSIP
D13	VDDI	G1	XM0ADDR11/GPO11	H9	XMMCDATA1_7.GPH9
D14	XM1DQM2	G2	XM0ADDR10/GPO10	H10	XMMCDATA1_3/GPH5
D15	XM1DATA21	G3	VDDM0	H11	XMMCDATA1_0/GPH2
D16	XM1DATA23	G4	XM0ADDR7/GPO7	H12	XSPICLK1/GPC5
D17	XSPICS1/GPC7	G8	XM1DQM1	H13	XMMCDATA0_1/GPG3
D18	VDDI	G9	XM1DQS1	H14	XMMCDATA0_1/GPG3
D19	XURXD2/GPB0	G10	VDDM1	H15	XUCTSN1/GPA6
D20	XURXD2/GPB0	G11	XMMCDATA1_5	H16	XPWMTOUT0/GPF14
D23	XPWMTOUT1/GPF15	G12	XMMCDATA0_3/GPG5	H17	XCIYDATA4/GPF9
D24	XCIHREF/GPF1	G13	XMMDDMD0/GP1	H18	VSSPERI
D25	XCIHREF/GPF1	G14	XI2CSDA/GPC9	H19	XCIRSTN/GPF3

续表

引脚号	引脚名称	引脚号	引脚名称	引脚号	引脚名称
E1	XM0ADDR5	G15	XIRSDBW/GPB4	H22	XM1DQM3
E2	VDDARM	G16	XUCTSN0/GPA2	H23	XM1DATA31
E3	XM0ADDR1	G17	XCIYDATA6/GPF11	H24	XM1ADDR0
E23	XCIYDATA1/GPF6	G18	XCIYDATA3/GPF8	H25	XM1ADDR3
E24	XM1DATA28	G22	XCICLK/GPF0	J1	XM0AP/GPQ8
E25	XM1DQS3	G23	XM1ADTA29	J2	XM0WEN
J3	VDDARM	K24	XM1ADDR12	M19	XM1WEN
J4	XM0ADDR14/GPO14	K25	XM1ADDR5	M22	VDDI
J7	VSSMEM	L1	XM0DQM0	M23	XM1ADDR10
J8	XM0ADDR9/GPO9	L2	XM0DATA13	M24	XM1CKE1
J11	XMMCCLK1/GPH0	L3	XM0SMCLK/GPP1	M25	XHIDATA17/GPL14
J12	VSSIP	L4	XM0OEN	N1	XM0DATA1
J13	VSSPERI	L7	XM0DATA10	N2	XM0DATA0
J14	XURXD3/GPB2	L8	XM0DATA12	N3	XM0DATA3
J15	XURXD1/GPA4	L9	VSSIP	N4	XM0DATA6
J18	VDDI	L17	VDDI	N7	XM0CSN0
J19	VDDM1	L18	XM1CSN1	N8	XM0CSN5/GPO3
J22	XM1ADDR9	L19	XM1ADDR4	N9	VSSIP
J23	XM1ADDR2	L22	XM1RASN	N17	XHIDATA16/GPL13
J24	XM1ADDR1	L23	XM1CSN0	N18	XHIDATA14/GPK14
J25	XM1ADDR6	L24	XM1CASNA	N19	VDDUH
K1	XM0ADATA15	L25	XM1ADDR15	N22	XUHDP
K2	VDDM0	M1	VDDM0	N23	XH1DATA15/GPK15
K3	VDDARM	M2	XM0DATA8	N24	XHIDATA13/GPK13
K4	XM0DATA14	M3	XM0DATA11	N25	XHIDATA12/GPK12
K7	XM0DQM1	M4	XM0DATA11	N25	XHIDATA12/GPK12
K8	VSSIP	M7	XM0DATA2	P2	XM0DATA5
K18	XM1ADDR7	M8	XM0DATA4	P3	XM0DATA7
K19	XM1ADDR11	M9	VSSMEM	P4	XM0CSN2/GPO0
K22	XM1ADDR13	M17	XM1ADDR14	P7	XM0CSN7/GPO5
K23	XM1ADDR8	M18	XM1CKE0	P8	XM0CASN/GPQ1
P9	VSSMEM	T4	XM0DQS0/GPQ5	U25	XMIADR8/GPL8
P17	VSSIP	T7	XEFVDD	V1	VDDM0
P18	XHIDATA11/GPK11	T8	VSSMPLL	V2	XM0DQS1/GPQ6
P19	XHIDATA9/GPK9	T18	XHIADR7/GPL7	V3	XM0CKE/GPQ4
P22	XUHDN	T19	XHIADR9/GPL9	V4	XM0WEATA/GPP12
P23	XHIDATA10/GPK10	T22	XHIDATA1/GPK1	V7	VSSEPLL
P24	VDDHI	T23	XHIDATA3/GPK3	V8	XOM3
P25	XHIDATA8/GPK8	T24	XHIDATA2GPK2	V9	XNPRSET
R1	VDDM0	T25	XHIDATA0/GPK0	V10	XEINT1/GPN1
R2	XM0CSN3/GPO1	U1	XM0SCLKN/GPQ3	V11	XEINT6/GPN6
R3	XM0CSN1	U2	XM0RASN/GPQ0	V12	XEINT12/GPN12
R4	XM0WAITN/GPP2	U3	XM0WENDMC/GPQ7	V13	XVVD3/GPI3
R7	XM0INTATA/GPP8	U4	XM0INTSM1_FREN/GPP6	V14	XVVD16/GPJ0

续表

引脚号	引脚名称	引脚号	引脚名称	引脚号	引脚名称
R8	VSSI	U7	VSSMEM	V15	XVVD16/GPJ0
R9	VSSIP	U8	VSSMEM	V16	VSSPERI
R17	VSSPERI	U11	VSSPERI	V17	VSSPERI
R18	VDDALIVE	U12	VSSPERI	V18	XHICSN_MAIN/GPM1
R19	XHIADR12/GPL12	U13	VSSIP	V19	XVVCLK/GPJ11
R22	XHIDATA5/GPK5	U14	VSSPERI	V22	XHIOEN/GPM4
R23	XHIDATA4/GPK4	U15	VDDALIVE	V23	XHIADR6/GPL6
R24	XHIDATA6/GPK6	U18	XHIADR2/GPL2	V24	VDDHI
R25	XHIDATA7/GPK7	U19	XHIADR0/GPL0	V25	XHIADR5/GPL5
T1	XM0CSN6/GPO4	U22	XHIADR4/GPL4	W2	XM0RDY1_CLE/GPP4
T2	XM0CSN6/GPO4	U23	XHIADR11/GPL11	W3	XM0RESETATA/GPP9
T3	XM0CSN4/GPO2	U24	XHIADR10/GPL10	W3	XM0RESETATA/GPP9
W4	VSSAPLL	AA2	XM0INPACKATA/GPP10	AB25	XVVD20/GPJ4
W8	VSSMEM	AA3	XM0REGATA/GPP11	AC1	XADCAI0
W9	XOM1	AA23	XHICSN/GPM0	AC2	XADCAIN1
W10	VDDALIVE	AA24	XVDEN/GPJ10	AC3	XADCAIN7
W11	VDDALIVE	AA24	XVDEN/GPJ10	AC3	XADCAIN7
W12	XEINT8/GPN8	AB1	VDDEPLL	AC5	VDDDAC
W13	XEINT14/GPN14	AB2	VDDMPLL	AC6	XDACOUT0
W14	XVVD1/GPI1	AB3	XM0OEATA/GPP13	AC7	XDACCOMP
W15	XVDD6/GPI6	AB6	VDDMEM	AC8	XUSBREXT
W16	XVVD22/GPJ6	AB9	XRTCXTI	AC11	VDDRTC
W22	XVVSYNC/GPJ9	AB10	XJTRSTN	AC12	XJTDO
W23	XHIADR3/GPL3	AB11	XJTCK	AC13	XOM2
W24	XHIADR1/GPL1	AB12	XJTDI	AC14	VSSPERI
W25	XHIRQN/GPM5	AB13	XJDBGSEL	AC15	VDDSYS
Y1	XM0RPN_RNB/GPP7	AB14	XXTO27	AC16	XXTI
Y2	XM0ADRVALID/GPP0	AB15	XXTI27	AC17	XXTO
Y22	XVVD18/GPJ2	AB18	XEINT10/GPN10	AC20	VDDI
Y23	XHIWEN/GPM3	AB19	VDDALIVE	AC21	XVVD9/GPI9
Y24	XHICSN_SUB/GPM2	AB20	XVVD5/GPI5	AC22	XVVD10/GPI10
Y25	VDDI	AB23	XVVD23/GPJ7	AC23	VDDLCD
AA1	VDDAPLL	AB24	XVVD21/GPJ5	AC24	XVVD15/GPI15
AC25	XVVD19/GPJ3	AD25	NC_I		
AD1	NC_G	AE2	NC_H		
AD2	XADCAIN2	AE3	XADCAIN4		
AD3	XADCAIN3	AE4	XADCAIN6		
AD4	XADCAIN5	AE5	XDACOUT1		
AD5	VSSADC	AE6	XDACIREF		
AD6	VDDDAC	AE7	XDACVREF		
AD7	XUSBXTI	AE8	VDDOTG		
AD8	XUSBXTO	AE9	XUSBDM		
AD9	XUSBVBUS	AE10	XUSBDP		
AD10	XUSBID	AE11	XUSBDRVVBUS		

续表

引脚号	引脚名称	引脚号	引脚名称	引脚号	引脚名称
AD11	VDDOTG	AD20	XEINT15/GPN15	AE16	VDD
AD12	XRTCXTO	AD21	XVVD4/GPI4	AE17	XEINT0/GPN0
AD13	XOM0	AD22	VDDLCD	AE18	XEINT4/GPN4
AD14	XPWRRGTON	AD23	XVVD13/GPI13	AE19	XEINT9/GPN9
AD15	XNWRESET	AD24	XVVD17/GPJ1	AE20	XEIT13/GPN13
AD16	XNRSTOUT	AE12	XJTMS	AE21	XVVD0/GPI0
AD17	XEINT2/GPN2	AE13	XJRTCK	AE22	XVVD2/GPI2
AD18	VDDSYS	AE14	XOM4	AE23	XVVD7/GPI7
AD19	XEINT11/GPN11	AE15	XNBATF	AE24	NC_J

4.4　S3C6410 引脚信号描述

下面根据 S3C6410 引脚所能实现的不同功能来进行分类描述。

4.4.1　外部存储器接口

S3C6410 共享存储器端口（SROMC/OneNAND/NAND/ATA/DRAM0）的具体信号描述如表 4-2 所示。

表 4-2　　S3C6410 共享存储器端口信号

信号	I/O	描述
ADDR[15:0]	O	存储器端口 0 共同地址总线
DATA[15:0]	O	存储器端口 0 共同数据总线
nCS[7:6]	O	存储器端口 0DRAM 片选支持高达两个存储页
nCS[5:4]	O	存储器端口 0SROM/CF 片选支持高达两个存储页
nCS[3:2]	O	存储器端口 0SROM 片选支持高达两个存储页
nCS[1:0]	O	存储器端口 0SROM 片选支持高达两个存储页
nBE[1:0]	O	存储器端口 0SROM 字节有效
WAITn	I	存储器端口 0SROM 字节有效
n0E	O	存储器端口 0SROM/OneNAND 输出有效
new	O	存储器端口 0SROM/OneNAND 写入有效
ADDRVALID	O	存储器端口 0OneNAND 地址有效
SMCLK	O	存储器端口 0OneNAND 时钟
RDY[0]	I	存储器端口 0OneNAND 组件 0 准备
RDY[1]	I	存储器端口 0OneNAND 组件 1 准备
INT[0]	I	存储器端口 0OneNAND 组件 0 准备
INT[1]	I	存储器端口 0OneNAND 组件 1 准备
RP	O	存储器端口 0OneNAND 复位
ALE	O	存储器 0NAND FLash 地址锁存有效

续表

信号	I/O	描述
CLE	O	存储器端口 0 NAND Flash 命令锁存有效
FWEn	O	存储器端口 0 NAND Flash 写入有效
FREn	O	存储器端口 0 NAND Flash 读有效
RnB	I	存储器端口 0 NAND Flash 准备/忙
n10RD_CF	O	存储器端口 0 CF 读选通作为 I/O 模式
N10WR_CF	O	存储器 0 CF 写选通作为 I/O 模式
10RDY	I	存储器端口 0 CF 从 CF 卡等待信号
INT	I	存储器端口 0 CF 从 ATAPI 控制器中断请求
RESET	O	存储器端口 0 CF 卡复位
INPACK	I	存储器端口 0 CF 输入确认在 I/O 模式
REG	O	存储器端口 0 CF 卡中断请求
WEn	O	存储器端口 0 CF 写入有效选通
OEn	O	存储器端口 0 CF 输出有效选通
CDn	I	存储器端口 0 CF 卡检测
DQM[1:0]	O	存储器端口 0 RAM 数据屏蔽
RAS	O	存储器端口 0 DRAM 行地址选通
CAS	O	存储器端口 0 DRAM 列地址选通
SCLK	O	存储器端口 0 DRAM 时钟
SCLKn	O	存储器端口 0 DRAM 反转时钟的 Xm0SCLK
DQS[1:0]	IO	存储器端口 0 DRAM 数据选通
WEn	O	存储器端口 0 DRAM 写入有效
AP	O	存储器端口 0 DRAM 自动预充电

S3C6410 共享存储器端口（SROMC/DRAM1）具体信号描述如表 4-3 所示。

表 4-3　　S3C6410 共享存储器端口（SROMC/ DRAM1）信号

信号	I/O	描述
Xm1CKE[1:0]	O	存储器端口 1DRAM 时钟有效
XmlSCLK	O	存储器端口 lDRAM 时钟
XmlSCLKn	O	存储器端口 1DRAM 反转时钟的 XmlSCLK
XmlCSn[1:0]	O	存储器端口 1DRAM 片选支持高达两个存储页
XmlADDR[15:0]	O	存储器端口 lDRAM 地址总线
XmlRASn	O	存储器端口 lDRAM 行地址选通
XmlCASn	O	存储器端口 lDRAM 列地址选通
XmlWEn	O	存储器端口 lDRAM 写入有效
XmlDATA[15:0]	IO	存储器端口 lDRAM 低于半数据总线

续表

信号	I/O	描述
XmlDATA[31:16]	IO	可以作为存储器端口 lDRAM 高于半数据总线使用，通过协同控制器设置
XmlDQM[3:0]	O	存储器端口 lDRAM 数据屏蔽
XmlDQS[3:0]	IO	存储器端口 lDRAM 数据选通

4.4.2　串行通信接口

UART/IrDA/CF 具体信号描述如表 4-4 所示。

表 4-4　UART/IrDA/CF 信号

信号	I/O	描述
XuRXD[0]	I	UART0 接收数据输入
XuTXD[0]	O	UART0 传输数据输出
XuCTSn[0]	I	UART0 清除发送数据信号
XuRTSn[0]	O	UART0 请求发送输出信号
XuRXD[1]	I	UART1 接收数据输入
XuTXD[1]	O	UART1 传输数据输出
XuCTSn[1]	I	UART1 清除发送数据信号
XuRTSn[1]	O	UART1 请求发送输出信号
XuRXD[2]	I	UART2 接收数据输入
XuTXD[2]	O	UART2 传输数据输出
XuRXD[3]	O	UART3 接收数据输入
XuTXD[3]	O	UART3 传输数据输出
XirSDBW	O	IrDA 收发控制信号（关机和带宽控制）
XirRXD	I	IrDA 接收数据
XirTXD	O	IrDA 发送数据
ADDR_CF[2:0]	O	CF 卡地址
EINT1[12:0]	I	外部中断 1

IIC 总线具体信号描述如表 4-5 所示。

表 4-5　IIC 总线信号

信号	I/O	描述
Xi2cSCL	IO IO	IIC 总线时钟
Xi2cSDA	IO	IIC 总线数据
EINT1[14:13]	I	外部中断 1

SPI（2 通道）具体信号描述如表 4-6 所示。

表 4-6 SPI（2 通道）信号

信号	I/O	描述
XspiMISO[0]	IO IO	SPI MIS0[0]。SPI 主设备数据输入线路
XspiCLK[0]	IO	SPI CLK[0]。SPI 时钟为通道 0
XspiMOS[0]	IO	SPI CLK[0]。SPI 主设备数据输出路线
XspiCS[0]	IO	SPI 片选（只对于从模式）
XspiMISO[1]	IO	SPI MISO[1]。SPI 主设备数据输入线路
XspiMOS[1]	IO	SPI MOS[1]。SPI 主设备数据输出线路
XspiCS[1]	IO	SPI 片选（只对于从模式）
ADDR_CF[2:0]	O	CF 卡地址
EINT2[7:2]	I	外部中断 2
XmmcCMD2	IO	命令/响应（SD/SDIO/MMC 卡接口通道 2）
XmmcCLK2	O	时钟（SD/SDIO/MMC 卡接口通道 2）

PCM（2 通道）/ IIS/AC97 具体信号描述如表 4-7 所示。

表 4-7 PCM（2 通道）/ IIS/AC97 信号

信号	I/O	描述
XpcmDCLK[0]	O O	PCM 串行移动时钟
XpcmEXTCLK[0]	I	可选参考时钟
XpcmFSYNC[0]	O	PCM 同步指示字的开始
XpcmSIN[0]	I	PCM 串行数据输入
XpcmSOUT[0]	O	PCM 串行数据输出
XpcmDCLK[1]	O	PCM 串行移动时钟
XpcmEXTCLK[1]	I	可选参考时钟
XpcmFSYNC[1]	O	PCM 同步指示字的开始
XpcmSIN[1]	I	PCM 串行数据输入
XpcmSOUT[1]	O	PCM 串行数据输出
Xi2sLRCK[1:0]	IO	IIS 总线通道选择时钟
Xi2sCDCLK[1;0]	O	IIS 编解码器系统时钟
Xi2sCLK[1:0]	IO	IIS 总线串行时钟
Xi2sDI[1：0]	I	IIS 总线串行数据输入
Xi2sDO[1:0]	O	IIS 总线串行数据输出
X97BITCLK	I	AC-Link 位总线（12.288MHZ）从 AC97 编解码器到 AC97 控制器
X97RESETn	O	AC-Link 复位至编解码器
X97SYNC	O	从 AC97 控制器 AC-Link 帧同步（采样频率 48kHz）
X97 SDI	I	AC-Link 串行数据输入从 AC97 编解码器
X97SD0	O	AC-Link 串行数据输出至 AC97 编解码器
ADDR_CF[2:0]	O	CF 地址
EINT3[4:0]	I	外部中断 3

USB 主设备具体信号描述如表 4-8 所示。

表 4-8 USB 主设备信号

信号	I/O	描述
XusbDP	IO	USB 数据引脚 DATA（+）
XusbDM	IO	USB 数据引脚 DATA（+）

USB OTG 具体信号描述如表 4-9 所示。

表 4-9 USB OTG 信号

信号	I/O	描述
XusbDP	IO	USB 数据引脚 DATA（+）
XusbDM	IO	USB 数据引脚 DATA（+）
XusbXTI	I	晶体振荡器 XI 信号
XusbXTO	I	晶体振荡器 XO 信号
XusbREXT	IO	外部 3.4kΩ，（+/–1%）电阻连接
XusbVBUS	IO	USB 迷你插座 Vbus
XusbID	I	USB 迷你插座标识
XusbDRVVBUS	O	驱动 Vbus 作为芯片外电荷

4.4.3 图像/视频接口

相机接口具体信号描述如表 4-10 所示。

表 4-10 相机接口信号

信号	I/O	描述
XciCLK	O	主时钟相机处理器 A
XciHREF	I	水平同步，通过相机处理器 A 驱动
XciPCLK	I	像素时钟，通过相机处理器 A 驱动
XciVSYNC	I	垂直同步，通过相机处理器 A 驱动
XciRSTn	O	软件复位和相机处理器 A 驱动
XciYDATA[7:0]	I	在 8 位模式下，像素数据为 YCbCr，或在 16 位模式下位 Y，通过相机处理器 A 驱动
EINT4[12:0]	I	外部中断 4

4.4.4 AD/DA 接口

8 通道 ADC 具体信号描述如表 4-11 所示。

表 4-11 ADC 信号

信号	I/O	描述
Xdac_AIN[7:0]	AI	ADC 模拟输入

2 通道 DAC 具体信号描述如表 4-12 所示。

表 4-12　　　　　　　　　　　　　　通道 DAC 信号

信号	I/O	描述
XdacVREF	AI	参考电压输入
XdacIREF	AI	外部寄存器连接
XdacCOMP	AI	外部寄存器连接
XdacOUT_0	AO	DAC 模拟输出
XdacOUT_1	AO	DAC 模拟输出

PLL 具体信号描述如表 4-13 所示。

表 4-13　　　　　　　　　　　　　　PLL 信号

信号	I/O	描述
XpllEFILTER		环路滤波器电容器

4.4.5　移动存储设备接口

MMC 2 通道具体信号描述如表 4-14 所示。

表 4-14　　　　　　　　　　　　　　MMC 2 通道信号

信号	I/O	描述
XmmcCLK0	O	时钟（SD/SDIO/MMC 卡接口通道 0）
XmmcCMD0	IO	命令/响应（SD/SDIO/MMC 卡接口通道 0）
XmmcDAT0[3:0]	IO	数据（SD/SDIO/MMC 卡接口通道 0）
XmmcCDN0	I	卡删除（SD/SDIO/MMC 卡接口通道 0）
XmmcCLK1	O	时钟（SD/SDIO/MMC 卡接口通道 1）
XmmcCMD1	IO	命令/响应（SD/SDIO/MMC 卡接口通道 1）
XmmcDATAll[7:0]	IO	数据（SD/SDIO/MMC 卡接口通道 1）
XmmcCMD2	IO	命令/响应（SD/SDIO/MMC 卡接口通道 2）
XmmcCLK2	O	时钟（SD/SDIO/MMC 卡接口通道 2）
XmmcDAT2[3:0]	IO	数据（SD/SDIO/MMC 卡接口通道 2）
ADDR__CF[2:0]	O	CF 卡地址
EINT5[6:0]	I	外部中断 5
EINT6[9:0]	I	外部中断 6

4.4.6　系统管理器接口

复位具体信号描述如表 4-15 所示。

表 4-15　　　　　　　　　　　　　　复位信号

信号	I/O	描述
XnRESET	I	XnRESET 暂停任何操作在处理模式取代 S3C6410 到一个已知的复位状态，对于复位，XnRESET 必须保持 L 电平至少四个 FCLK，在处理器功率稳定下来之后

续表

信号	I/O	描述
XnWRESET	I	系统热复位，当维护 SDRAM 内容时复位整个系统
XSRSTOUTn	O	外部设备复位控制（sRSTOUTn=nRESET&nWDTRST&SW_RESET）

时钟具体信号描述如表 4-16 所示。

表 4-16　　时钟信号

信号	I/O	描述
XrtcXTI	I	RTC 32kHz 晶体输入
XrtcXTO	O	RTC32kHz 晶体输出
X27mXTI	I	显示器模式 27MHz 晶体输入
X27mXTO	I	显示器模式 27MHz 晶体输出
XXTI	I	内部振荡器电路晶体输入
XXTO	O	内部震荡电路晶体输出
XEXTCLK	I	外部时钟源

JTAG 具体信号描述如表 4-17 所示。

表 4-17　　JTAG 信号

信号	I/O	描述
XjTRSTn	I	XjTRSTn（TAP 控制器复位）在开始复位 TAP 控制器。如果使用调试器，一个 10kΩ上拉电阻必须被接通；如果不使用调试器，XjTRSTn 引脚必须在 L 或低又小脉冲
XjTMS	O	XjTMS（TAP 控制器模式选择）控制 TAP 控制器状态的顺序，TMS 引脚必须连接一个 10kΩ的上拉电阻
XjTCK	I	XjTCK（TAP 控制器时钟）提供 JTAG 逻辑的时钟输入。TMS 引脚必须连接一个 10kΩ的下拉电阻
XjRTCK	O	XjTRCK（TAP 控制器返回的时钟）提供 JTAG 逻辑时钟输出
XjTD1	I	XjTDI（TAP 控制器数据输入）是测试指令和数据的串行输入。TD1 引脚必须连接一个 10kΩ的上拉电阻
XjTD0	O	XjTDO（TAP 控制器数据输出）测试指令和数据的串行输入。它可能通过 GPIO 电阻控制下拉
XjDBGSEL	I	JTAG 选择。1：外设 JTAG，0：ARM1176JZF-S 核心 JTAG

MISC 具体信号描述如表 4-18 所示。

表 4-18　　MISC 信号

信号	I/O	描述
XOM [4:0]	I	操作模式选择
XPWRRGTON	O	功率调节器使能
XSELNAND	I	选择 Flash 存储器。1：OneNAND，1：NAND
XnBATF	I	电池故障指示

4.4.7 电源组接口

VDD 具体信号描述如表 4-19 所示。

表 4-19　　VDD 信号

信号	I/O	描述	电压
VDDALIVE	P	带电组件的内部 VDD	1.0
VDDARM	P	ARM1176 核和缓存的内部 VDD	TBD
VDDINT	P	逻辑的内部 VDD	TBD
VDDMPLL	P	MPLL 核的 VDD	TBD
VDDOTG	P	EPLL 核的 VDD	3.3
VDDEPLL	P	APLL 核的 VDD	TBD
VDDOTGI	P	USB OTG PHY 的 VDD	1.0
VDDMMMC	P	USB OTG PHY 的内部 VDD	2.5～3.3
VDDHI	P	SDMM 的 IOVDD	2.5～3.3
VDDLCD	P	主设备 I/F 的 IO VDD	2.5～3.3

4.5 存储器映射

S3C6410 支持 32 位物理地址域，并且这些地址域分成两部分，一部分用于存储，另一部分用于外设。

4.5.1 存储器系统模块图

通过 SPINE 总线访问主存，主存的地址范围是 0x0000_0000～0x6FFF_FFFF。主存分成四个区域：引导镜像区、内部存储区、静态存储区和动态存储区。

引导镜像区的地址范围是从 0x0000_0000～0x07FF_FFFF，但是没有实际的映射内存。引导镜像区反映一个镜像，这个镜像指向内存的一部分区域或者静态存储区。引导镜像的开始地址是 0x0000_0000。

内部存储区用于启动代码访问内部 ROM 和内部 SRAM，也被称做 Steppingstone。每块内部存储器的起始地址是确定的。内部 ROM 的地址范围是 0x0800_0000～0x0BFF_FFFF，但是实际存储仅 32KB。该区域是只读的，并且当内部 ROM 启动被选择时，该区域能映射到引导镜像区。内部 SRAM 的地址范围是 0x0C00_0000～0x0FFF_FFFF，但是实际存储仅 4KB。该区域能被读和写，当 HAND 闪存启动被选择时能映射到引导镜像区。

静态存储区的地址范围是 0x1000_0000～0x3FFF_FFFF。通过该地址区域能访问 SROM，SRAM、NOR Flash，同步 NOR 接口设备和 Steppingstone。每一块区域代表一个芯片选择，例如，地址范围从 0x1000_0000～0x17FF FFFF 代表 XmOCSn[0]。每一个芯片选择的开始地址是固定的。HAND Flash 和 CF/ATAP 不能通过静态存储区访问，因此任何 XmOCSn[5:2]映射到 NFCON 或 CFCON，相关地址区域应当被访问。但是存在一个例外，如果 XmOCSn[2]用于 HAND Flash，

Steppingstone 映射到存取区从 0x2000_0000～27FF_FFFF。

动态存储区的地址范围是 0x4000_0000～0x6FFF_FFFF。DMCO 有权使用地址 0x4000_ 0000～0x4FFF_FFFF，并且 DMC1 有权使用地址 0x5000_0000～0x6FFF_FFFF。每一块芯片的起始地址都是可以进行配置的。

外设区域可以通过 PERI 总线被访问，它的地址范围是 0x7000_0000～0x7FFF_FFFF。这个地址范围的所有的 SFR 都能被访问。如果数据需要从 NFCON 或 CFCON 传输，那么，这些数据需要通过 PERI 总线进行传输。

存储器系统模块的地址映射图，如图 4-3 所示。

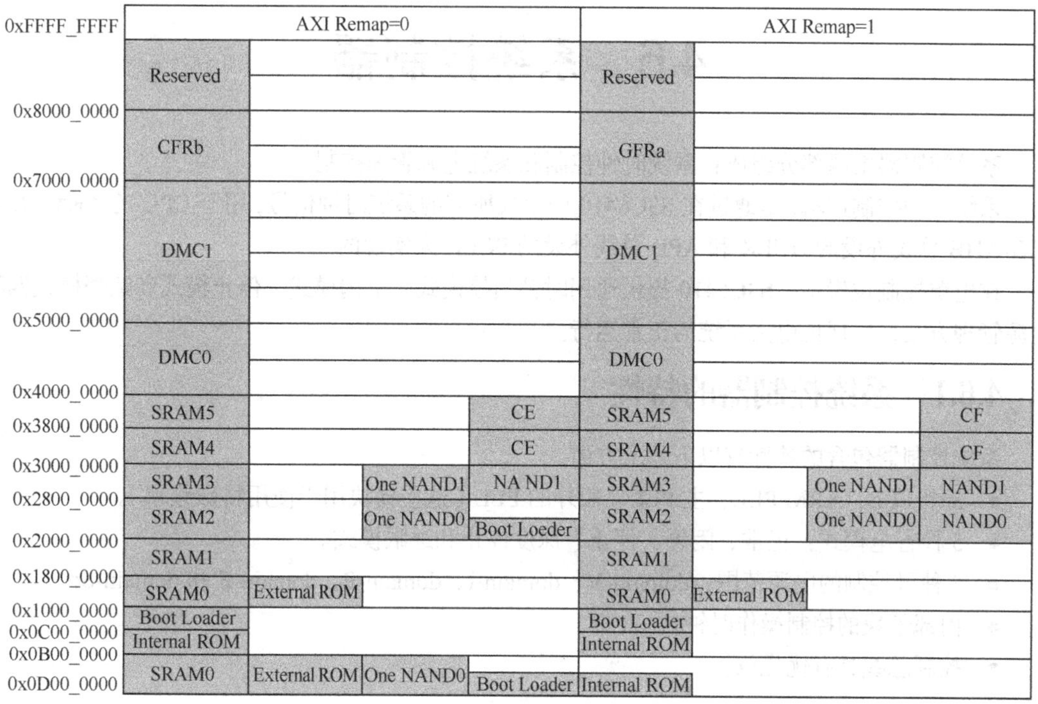

图 4-3　存储器地址映射

4.5.2　特殊设备地址空间

如表 4-20 所示，显示了特殊设备地址空间的描述。

表 4-20　特殊设备地址空间

地址		内存	描述	备注
0x0000_0000	0x07FF_FFFF	128MB	Remap 0：SRAM0 或 Boot Loader Remap1：内部 ROM	被映射区域
0x0800_0000	0x0BFF_FFFF	64MB	内部 ROM	
0x0C00_0000	0x0FFF_FFFF	64MB	Stepping Stone(Boot Loader)	
0x1000_0000	0x17FF_FFFF	128MB	SMC Bank 0	
0x1800_0000	0x1FFF_FFFF	128MB	SMC Bank 1	
0x2000_0000	0x27FF_FFFF	128MB	SMC Bank 2	
0x2800_0000	0x2FFF_FFFF	128MB	SMC Bank 3	

续表

地址		内存	描述	备注
0x3000_0000	0x37FF_FFFF	128MB	SMC Bank 4	
0x3800_0000	0x3FFF_FFFF	128MB	SMC Bank 5	
0x4000_0000	0x47FF_FFFF	128MB	存储器端口 1 DDR/SDRAM Bank0	
0x4800_0000	0x4FFF_FFFF	128MB	存储器端口 1 DDR/SDRAM Bank1	
0x5000_0000	0x5FFF_FFFF	256MB	存储器端口 2DDR/SDRAM Bank0	
0x6000_0000	0x6FFF_FFFF	256MB	存储器端口 2DDR/SDRAM Bank1	

4.6 系统控制器

系统控制器由两部分组成：系统时钟控制和系统电源管理控制。

系统时钟控制逻辑，是通过在 S3C6410 中生成所需的系统时钟信号，用于 CPU 的 ARMCLK，AXI/AHB 总线外设的 HCLK 和 APB 总线外设的 PCLK 来实现的。

在电源控制逻辑中，S3C6410 提供通用时钟门控模式、空闲模式、停止模式和睡眠模式四种电源管理方案，以保证电力系统的正常运行。

4.6.1 系统控制器的特性

系统控制器包含的特性有以下几个方面。

- 3 个 PLL：ARM PLL、主 PLL、额外的 PLL（这些模块用于使用特殊频率）。
- 5 种省电模式：正常、闲置、停止、深度停止和睡眠模式。
- 5 种可控制的电源范围：domain-V、domain-I、domain-P、domain-F 和 domain-So。
- 内部子块的控制操作时钟。
- 控制总线具有优先权。

4.6.2 功能描述

这部分主要介绍 S3C6410 系统控制器的功能。包含时钟的体系结构、复位设计和电源管理模式。

1. 硬件体系结构

图 4-4 所示为 S3C6410 的结构框图。S3C6410 是由 ARM1176 处理器，数个多媒体协处理器和各种外设 IP 组成的。ARM1176 处理器是通过 64 位 AXI 总线连接到几个内存控制器上的，这种连接方式是为了满足带宽需求。多媒体协处理器分为五个电源域，包括 MFC（多格式编解码器）、JPEG、Camera 接口和 TV 译码器。当 IP 没有被应用程序调用时，五个电源域就可以进行独立的控制，以减少功耗。

2. 时钟源

内部时钟会产生作用于外部的时钟源，其说明如表 4-21 所示。当外部复位信号被声明时，OM[4:0]引脚决定了 S3C6410 的操作模式，OM [0]引脚选择外部时钟源。例如，如果 OM[0]是 0，则 XXTIpll（外部晶体）被选择；否则，XEXTCLK 被选择。

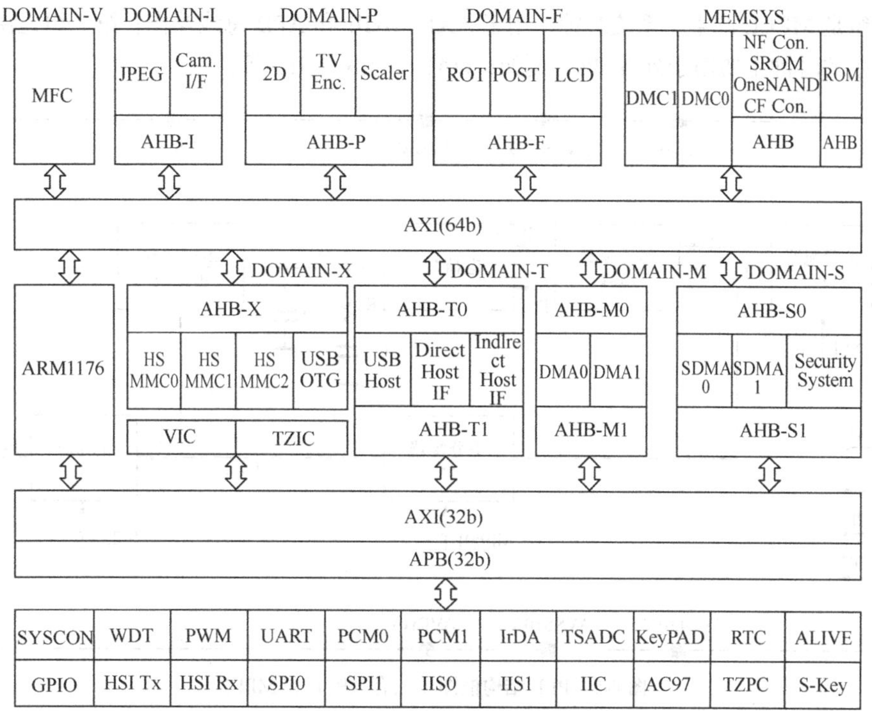

图 4-4　S3C6410 的结构框图

表 4-21　启动时设备操作模式的选择

0M[4:0]	启动设备	功能	时钟源
0000X	NAND	AdvFlash=0，AddrCycle=3	如果 OM[0]是 0，XXTIpll 被选择；如果 OM[0]是 1，XEXTCLK 被选择。
0001X		AdvFlash=0，AddrCycle=4	
0010X		AdvFlash=1，AddrCycle=4	
0011X		AdvFlash=1，AddrCycle=5	
0100X	SROM		
0101X	NOR（26 位）		
01110X	OneNAND		
0111X	MODEM		
RESERVED	保留		
1111X	内部 ROM		

3. 锁相环（PLL）

S3C6410 内部的三个 PLL，分别是 APLL、MPLL 和 EPLL。带有一个参考输入时钟操作频率和相位的同步输出信号。在这个应用中，包括基本模块的说明，如图 4-5 所示。电压控制振荡器（VCO）产生的输出频率与输入控制电压成正比，输入到直流电压。通过 P，前置配器划分输入频率（FIN）。通过 M，主分频器分割 VCO 的输出频率，输入到相位频率检测器（PFD）。通过 S，POST 定标器划分为 VCO 的输出频率。相位差探测器计算相位差和电荷泵的增加/减少输出电压。每个 PLL 的输出时钟频率都是可以计算的。

图 4-6 所示解释了时钟发生器逻辑。S3C6410 有三个 PLL，APLL 用于 ARM 时钟操作，MPLL 用于主时钟操作，EPLL 用于特殊用途。时钟操作被分为三组，第一组是 ARM 时钟，从 APLL 产

生，第二组是 MPLL 产生主系统时钟，用于 AXI，AHB 和 APB 总线操作；第三组是由 EPLL 产生的，产生的时钟主要用于外设 IPs，例如，DART、IIS 和 IIC 等。

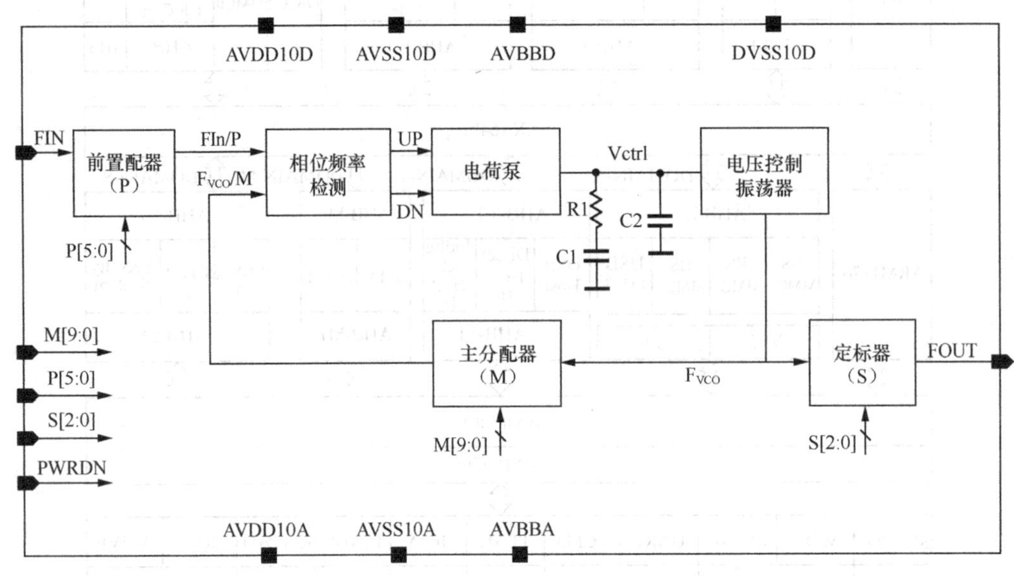

图 4-5　PLL 结构框图（只有 APLL 和 MPI）

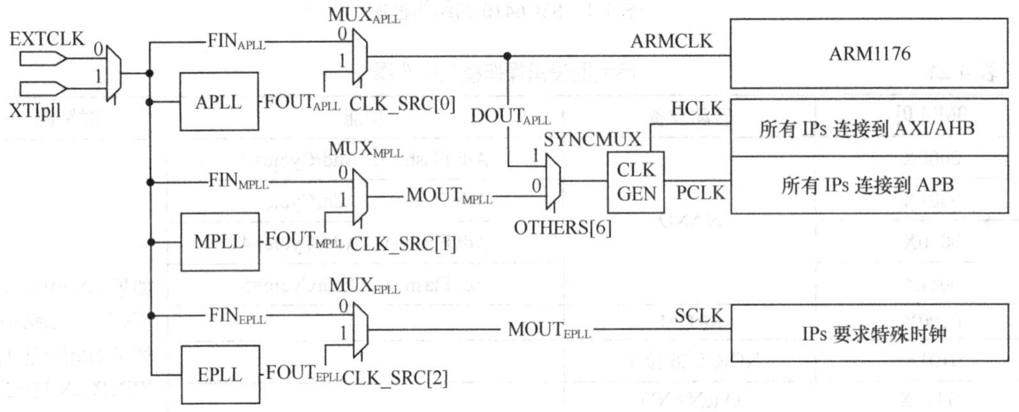

图 4-6　从 PLL 输出时钟发生器

CLK_SRC 寄存器的最低三位控制三组时钟源。当位为 0 时，则输入时钟绕过组；否则，PLL 输出将被应用到组。

4. ARM 和 AXI/AHB/APB 总线时钟发生器

S3C6410 的 ARM1176 处理器运行时，最大操作频率可达 227MHz。操作频率可以通过内部时钟分频器进行控制，DIV ARM 用来改变 PLL 频率。该分频器的比率范围为 1～8。ARM 处理器降低了运行速度，以减少功耗。

S3C6410 由 AXI 总线、AHB 总线和 APB 总线组成，以优化性能。内部的 IPs 连接到适当的总线系统，以满足 I/O 带宽和操作性能的要求。当在 AXI 总线或 AHB 总线上时，操作速度最大可以达到 133MHz。当在 APB 总线上时，最大的操作速度可以达到 66MHz。而且，AHB 和 APB 之间的总线速度高度依赖于同步数据传输。图 4-7 说明了总线时钟发生器部分满足了总线系统时钟的要求。

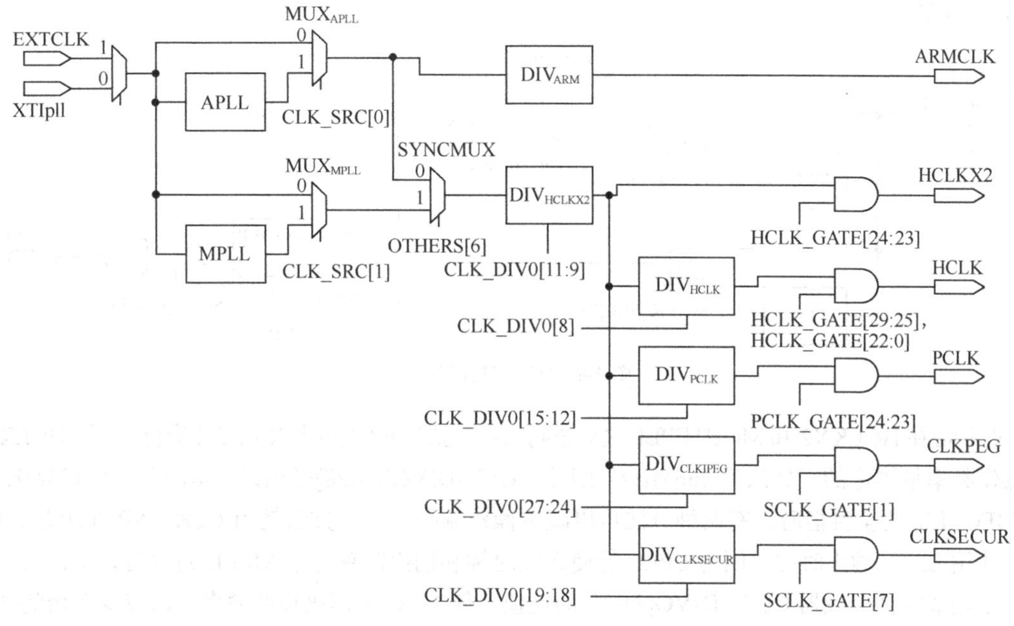

图 4-7　ARM 和总线时钟发生器

S3C6410 的 HCLKX2 时钟提供了两个 DDR 控制器；DDR0 和 DDR1。操作速度最高可以达到 266MHz，通过 DDR 控制器发送和接收数据。当操作没有被请求时，每个 HCLKX2 时钟可被独立地屏蔽，以减少时钟分配网络上的功率。所有的 AHB 总线时钟都是从 DIVHCLK 时钟分频器中产生的。产生的时钟可以独立地屏蔽，以减少功耗。HCLK_GATE 寄存器控制 HCLKX2 和 HCLK 的主机操作。

通过 APB 总线系统，低速互连 IP 传输数据。运行中的 APB 时钟频率高达 66MHz，并且是从 DIVPCLK 时钟分频器产生的。也可以屏蔽使用 PCLK_GATE 寄存器。作为描述，频率比率在 AHB 时钟和 APB 时钟之间必须有一个整数值。例如，如果 DIVHCLK 的 CLK_DIVO [8]位为 1，则 DIVPCLK 的 CLK_DIVO[15:12]必须是 1、3、…否则，APB 总线系统上的 IP 不能正确的传输数据。

在 AHB 总线系统上，JPEG 和安全了系统在 133MHz 时不能运行。AHB 时钟带有 DIVCLKJPEG 和 DIVCLKSECUR 独立地的产生。因此，作为 APB 时钟它们有相同的限制。表 4-22 所示为建议时钟分频器的比例。

表 4-22　时钟分频器典型值的设置（SFR 设置值/输出频率）

APLL	MPLL	DIVARM	DIVHCLKX2	DIVHCLK	DIVPCLK	DIVCLKJPEG	DIVCLKSECUR
266MHz	266MHz	0/266MHz	0/266MHz	1/133MHz	3/66MHz	3/66MHz	3/66MHz
400MHz	266MHz	0/400MHz	1/133MHz	1/133MHz	3/66MHz	3/66MHz	3/66MHz
533MHz	266MHz	0/533MHz	0/266MHz	1/133MHz	3/66MHz	3/66MHz	3/66MHz
667MHz	266MHz	0/667MHz	0/266MHz	1/133MHz	3/66MHz	3/66MHz	3/66MHz

从表 4-22 中可以看出，该分频器在 ARM 中独立地使用 APLL 输出时钟，并没有约束时钟分频器的值。

5. MFC 时钟发生器

除了 HCLK 和 PCLK 外，MFC 时钟发生器还需要一个特殊的时钟。图 4-8 所示为这个特殊时钟的产生过程。

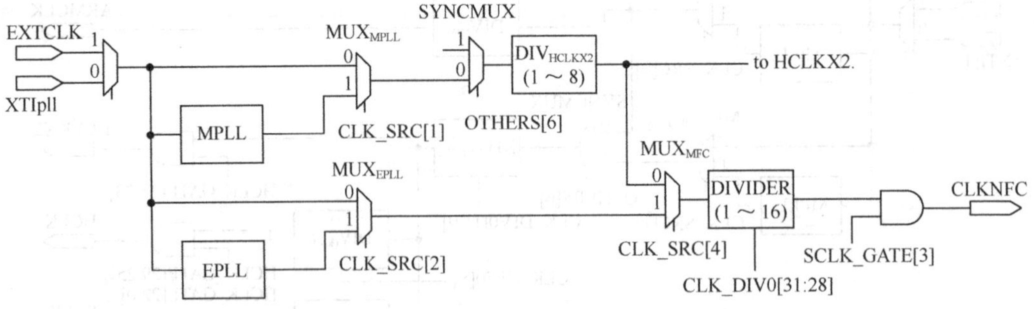

图 4-8　MFC 时钟发生器

时钟源在 HCLKX2 和 MOUTEPLL 之间进行选择。操作时钟使用 HCLKX2 进行分频，HCLKX2 的操作频率是固定的，默认为 266MHz。因此，CLK-DIVO[31:28]必须是 0001 以产生 133MHz。当 MFC 不需要全性能时，有两种方法可以减少操作频率。一种方法是当 CLK_ SRC[4]设置为 1 时，使用 EPLL 输出时钟，因为 EPLL 能使音频时钟和输出时钟低于 MPLL 的输出频率；另一种方法是调节时钟分频器 CLK_ DIVO[31:28]的比值。使 MFC 工作比较低频率，以减少多余的功率耗散。因为 EPLL 的输出频率 HCLKX2 或 HCLK 是独立的。

6. 显示时钟发生器（POST、LCD 和 Scaler）

图 4-9 所示为显示块的时钟发生器。通常 LCD 控制器需要图像后处理器和定标器的逻辑，操作时钟可以独立地控制这个时钟发生器。CLKLCD 和 CLKPOST 被连接到 domain-F 内的 LCD 控制器和后处理器、CLKSCALER 被连接到 domain-P 内的定标器块。

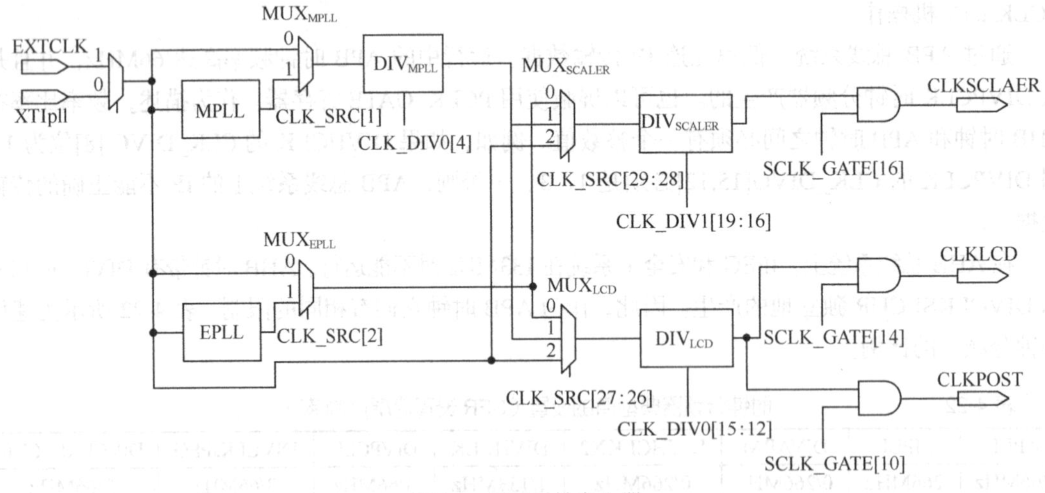

图 4-9　显示时钟发生器

7. UART、SPI 和 MMC 的时钟发生器

图 4-10 所示为 DART，SPI 和 MMC 的时钟发生器。其中，有一个额外的时钟源 CLK27M，它能给予系统更多的灵活性。

8. 时钟开/关控制

HCLK_GATE、PCLK_GATE 和 SCLK_GATE 控制时钟操作。如果一个位被设置，则通过每个时钟分频器相应的时钟将会被提供。否则，将被屏蔽。

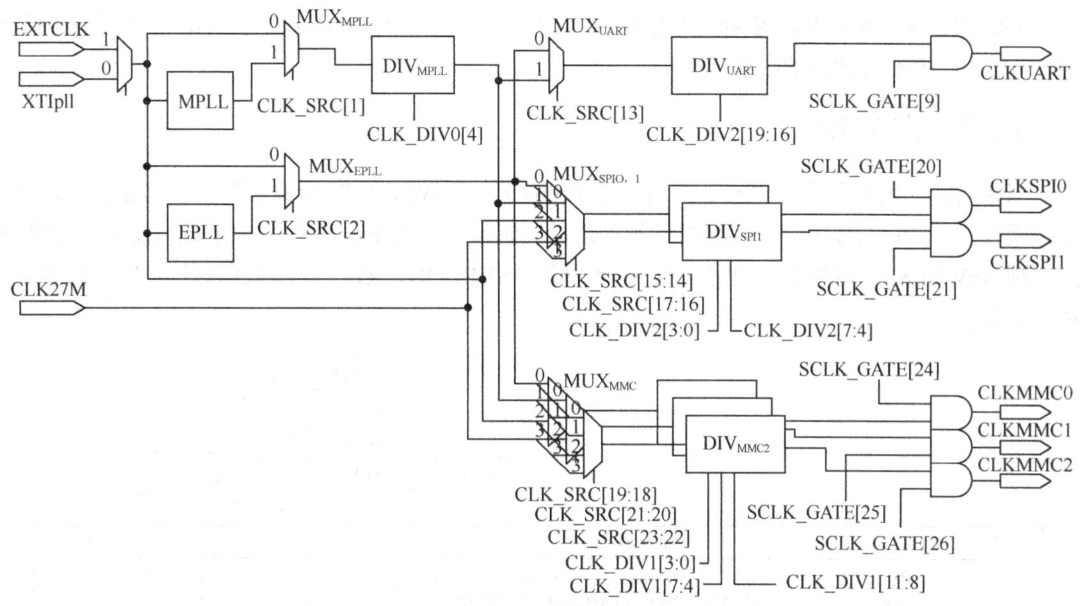

图 4-10　CART/SPI/MMC 时钟发生器

HCLK_GATE 控制 HCLK，用于每个 IP。某些 IP 需要特殊时钟正确的操作，通过 SCLK_GATE 时钟被控制。S3C6410 时钟输出采用输出端口产生，该时钟被用于正常的中断或调试用途。

4.7　S3C6410 复位信号

S3C6410 有 5 种类型的复位信号，SYSCON 可以把系统的五分之一进行复位。

- 硬件复位：它是通过声明 XnRESET 产生的。它可以完全初始化系统的所有内容。
- 温复位：它是通过 XnWRESET 产生的。主要用于初始化 S3C6410 和保存当前硬件状态。
- 看门狗复位：它是通过一个特殊的硬件模块产生的，也就是看门狗定时器。当系统发生一个不可预测的软件错误时，硬件模块监控内部硬件状态，同时产生复位信号来脱离该状态。
- 软件复位：它是通过设置 SW_RESET 产生的。
- 唤醒复位：它是 S3C6410 从睡眠模式被唤醒时产生的。在进入睡眠模式后，内部硬件状态在任何时候都不可用，必须对其进行初始化。

4.7.1　硬件复位

当 XnRESET 引脚被声明，系统内的所有单元（除了 RTC 之外）复位到预先定义好的状态时，硬件复位被调用。在这一过程中，将发生下面的动作：

- 所有内部寄存器和 ARM1176 内核都进入预先定义好的复位状态；
- 所有引脚都得到它们的复位状态；
- 当 XnRESET 被声明时，XnRSTOUT 引脚就被声明了。

XnRESET 是不被屏蔽的，始终保持使能状态。XnRESET 的声明，无论先前为何种模式，S3C6410 都进入复位状态。XnRSET 必须持续足够长的时间保证内部稳定复位和传播。

S3C6410 的电源调节器必须预先稳定到 XnRESET 的 deassertion 状态。否则，它可能会损害 S3C6410，产生不可预测的结果。

4.7.2　温复位

当在正常、闲置和停止模式下，当超过 100ns 时，XnWRESET 引脚被声明，温复位被调用。在睡眠模式下，它是作为一个唤醒事件被处理的。如果 XnBATFLT 保持低电平或系统处于唤醒状态，则 XnWRESET 被忽略。如图 4-11 所示，除了 SYSCON、RTC 和 GPIO 以外的所有寄存器都被初始化。

模块	寄存器	Software	Wakeup from SLEEP	Watchdog	XnWRESET	XnRESET
SYSCON	PWR_CFG,EINT_MASK,NORMAL_CFG,STOP_CFG,SLEEP_CFG, OSC_FREQ,OSC_STABLE,PWR_STABLE,FPC_STABLE, MTC_STABLE,OTHERS,RST_STAT,WAKEUP_STAT, BLK_PWR_STAT,INFORM0,INFORM1,INFORM2,INFORM3	X	X	X	X	O
RTC	RTCCON,TICCNT,RTCALM,ALMSEC,ALMMIN,ALMHOUR, ALMDAY,ALMMON,ALMYEAR,RTCRST	X	X	X	X	O
GPIO	GPICONSLP,GPIPUDSLP,GPJCONSLP,GPJPUDSLP,GPKCON0, GPKCON1,CPKDAT,GPKPUD,GPLCON0,GPLCON1,GPLDAT, GPLPUD,GPMCON,GPMDAT,GPMPUD,GPNCON, GPNDAT,GPNPUD,GPOCON,GPOPUD,GPPCON,GPPPUD, GPQCON,GPQPUD,EINT0CON0,EINT0CON1,EINT0FLTCON0, EINT0FLTCON1,EINT0FLTON2,EINT0FLTCON3,EINT0MASK, EINT0PEND,SPCONSLP,SKPEN	X	X	X	X	O
其他	-	O	O	O	O	O

图 4-11　寄存器初始化的各种复位

在温复位期间，系统内部发生以下的动作：

- 除了 ALIVE 和 RTC 模块之外的所有模块，都进入预先定义好的复位状态；
- 所有引脚进入复位状态；
- 在看门狗复位期间，nRSTOUT 引脚被声明。

当 XnWRESET 信号被声明为“0”时，下列动作依次发生：

（1）SYSCON 请求 AHB 总线控制器，以完成当前 AHB 总线的处理；

（2）在当前总线处理完成之后，AHB 总线控制器发送确认信息到 SYSCON；

（3）SYSCON 请求 DOMAIN-V，以完成当前 AXI 总线处理；

（4）在当前总线处理完成后，AX 工总线控制器发送确认信息到 SYSCON；

（5）SYSCON 请求外部存储控制器进入到自刷新模式，当温复位被声明时，外部内存的内容必须被保存；

（6）当自刷新模式时，存储控制器发送确认信息；

（7）SYSCON 声明内部复位信号和 XnRSTOUT。

4.7.3　软件复位

当利用软件将 0x6410 写入 SW_RST 时，软件复位被调用，与温复位的情况相同。

4.7.4　看门狗复位

当软件挂起时，看门狗复位被调用。因此，在看门狗复位的 WDT 和 WDT 超时信号里，软件不能初始化寄存器。在看门狗复位期间，系统内部发生以下动作：

（1）除了 ALIVE 和 RTC 模块以外，所有模块进入预先定义好的复位状态；

（2）所有引脚都进入复位状态；

（3）在看门狗复位期间，nRSTOUT 引脚被声明。

在正常模式和闲置模式下，看门狗可被激活，并产生超时信号。当看门狗定时器和复位使能时，其被调用。因此，下列动作依次发生：

（1）WDT 产生超时信号；

（2）SYSCON 调用复位信号，初始化内部 IP；

（3）包括 nRSTOUT 的复位被声明，直到复位计数器 RST STABLE 被终止。

4.8　寄存器描述

系统控制器控制 PLL、时钟发生器、电源管理部分和其他系统部分，本节主要介绍在系统控制器内，如何使用 SFR（特殊功能寄存器）来控制这些部分。

4.8.1　部分 SFR 寄存器

表 4-23 所示为系统控制器内的 36 个寄存器。

表 4-23　SFR 寄存器

寄存器	地址	读/写	描述	复位值
APLL_LOCK	0x7E00_F000	读/写	控制 PLL 锁定期 APll	0x0000_FFFF
MPLL_LOCK	0x7E00_F004	读/写	控制 PLL 锁定期 MPLL	0x0000_FFFF
EPLL_LOCK	0x7E00_F008	读/写	控制 PLL 锁定期 EPLL	0x0000_FFFF
APLL_CON	0x7E00_F00c	读/写	控制 PLL 输出频率 APLL	0x0190_0302
MPLL_CON	0x7E00_F010	读/写	控制 PLL 输出频率 MPLL	0x0214_0603
EPLL_CON0	0x7E00_F014	读/写	控制 PLL 输出频率 EPLL	0x0020_0102
EPLL_CON1	0x7E00_F018	读/写	控制 PLL 输出频率 EPLL	0x0000_9111
CLK_SRC	0x7E00_F01C	读/写	选择时钟源	0x0000_0000
CLK_DIVO	0x7E00_F020	读/写	设置时钟分频器的比例	0x0105_1000
CLK_DIV1	0x7E00_F024	读/写	设置时钟分频器的比例	0x0000_0000
CLK_DIV2	0x7E00_F028	读/写	设置时钟分屏器的比例	0x0000_0000
CLK_OUT	0x7E00_F02C	读/写	选择时钟输出	0x0000_0000
HCLK_GATE	0x7E00_F030	读/写	控制 HCLK 时钟选通	0xFFFF_FFFF
PCLK_GATE	0x7E00_F034	读/写	控制 PCLK 时钟选通	0xFFFF_FFFF
SCLK_GATE	0x7E00_F038	读/写	控制 SCLK 时钟选通	0xFFFF_FFFF
RESERVED	0x7E00_F03C～0x7E00_F0FC	—	保留	-

续表

寄存器	地址	读/写	描述	复位值
AHB_C0N0	0x7E00_F100	读/写	配置 AHB I/P/X/F 总线	0x0400_0000
AHB_CON1	0x7E00_F104	读/写	配置 AHB M1/M0/T1/T0 总线	0x0000_0000
AHB_CON2	0x7E00_F108	读/写	配置 AHB R/S1/S0 总线	0x0000_0000
RESERVED	0x7E00_F10C	—	保留	—
NORMAL_CFG	0x7E00_F810	读/写	在常规模式下，配置电源管理	0x2012_0100
SLEEP_CFG	0x7E00_F818	读/写	在睡眠模式下，配置电源管理	0x0000_0000
RESERVED	0x7E00_F81C	—	保留	—
OSC_FREQ	0x7E00_F820	读/写	振荡器频率刻度计数器	0x0000_000F
PWR_STABLE	0x7E00_F828	读/写	电源稳定计数器	0x0000_0001
RESERVED	0x7E00_F82C	—	保留	—
MTC_STABLE	0x7E00_F830	读/写	MTC 稳定计数器	0xFFFF_FFFF
RESERVED	0x7E00_F834～ 0x7E00_F8FC	—	保留	—
OTHERS	0x7E00_F900	读/写	其他控制寄存器	0x0000_801E
RST_STAT	0x7E00_F904	读	复位状态寄存器	0x0000_0001
WAKEUP_STAT	0x7E00_F908	读/写	唤醒状态寄存器	0x0000_0000
BLK_PWR_STAT	0x7E00_F90C	读	块电源寄存器	0x0000_007F
INFORM0	0x7E00_FA00	读/写	信息寄存器 0	0x0000_0000
INFORM1	0x7E00_FA08	读/写	信息寄存器 1	0x0000_0000
INFORM2	0x7E00_FA08	读/写	信息寄存器 2	0x0000_0000
INFORM3	0x7E00_FAOC	读/写	信息寄存器 3	0x0000_0000

SFR 由五部分组成。SFR 的地址为 0x7E00_F000，控制 PLL 和时钟发生器，控制三个 PLL 的输出频率，时钟源选择和时钟分频器的比例。SFR 的地址为 0x7E00_F1XX，控制总线系统、内存系统和软件复位。SFRs 的地址为 0x7E00_FBXX，控制电源管理模块。SFR 的地址为 0x7E00_F9XX，显示内部状态。消息寄存器的地址为 0x7E00_FA0X，保留用户信息，直到硬件复位信号（XnRESET）被声明。

4.8.2 PLL 控制寄存器

S3C6410 有 3 个内部 PLL，分别是 APLL、MPLL 和 EPLL。它们通表 4-24 所示的七个特殊寄存器进行控制。

表 4-24　　PLL 控制寄存器

寄存器	地址	读/写	描述	复位值
APLL_LOCK	0x7E00_F000	读/写	控制 PLL 锁定 APLL	0x0000_FFFF
MPLL_LOCK	0x7E00_F004	读/写	控制 PLL 锁定 MPLL	0x0000_FFFF
EPLL_LOCK	0x7E00_F008	读/写	控制 PLL 锁定 EPLL	0x0000_FFFF
APLL_CON	0x7E00_F00C	读/写	控制 PLL 输出频率 APLL	0x0190_0302
MPLL_CON	0x7E00_F010	读/写	控制 PLL 输出频率 MPLL	0x0214_0603
EPLL_CON0	0x7E00_F014	读/写	控制 PLL 输出频率 EPLL	0x0020_0102
EPLL_CON1	0x7E00_F018	读/写	控制 PLL 输出频率 EPLL	0x0000_9111

当输入频率或分频值被改变时，PLL 就会锁周期。PLL_LOCK 寄存器指定的锁周期是基于 PLL 的时钟源的。在这个锁周期内，输出将被屏蔽为‘0’。PLL_LOCK 寄存器状态如表 4-25 所示。

表 4-25　　PLL_LOCK 寄存器之工作状态

APLL_LOCK/ MPLL_LOCK/ EPLL_LOCK	位	描述	初始状态
RESERVED	[31:16]	保留	0x0000
PLL_LOCKTIME	[15:0]	在规定时间内产生一个稳定的时钟输出	0xFFFF

PLL_CON 寄存器控制每个 PLL 的操作。如果 ENABLE 位被设置，相应的 PLL 在发生输出后锁定周期。PLL 的输出频率是通过设定置 MDIV、PDIV、SDIV 和 KDIV 的值进行控制的。PLL_CON 寄存器工作状态如表 4-26 所示。

表 4-26　　PLL_CON 寄存器工作状态

APLL_LOCK/ MPLL_LOCK/	位	描述	初始状态
ENABLE	[31]	PLL 使能控制（0：禁用，1：使能）	0
RESERVED	[30:26]	保留	0x00
MDIV	[25:16]	PLL 的 M 分频值	0x190/0x214
RESERVED	[15:14]	保留	0x0
PDIV	[13:8]	PLL 上的 P 分频值	0x3/0x6
RESERVED	[7:3]	保留	0x00
SDIV	[2:0]	PLL 的 S 分频值	0x2/0x3

例如，若输入时钟频率是 12MHz，则 APLL CON 和 MPLL CON 的复位值分别产生 400MHz 和 133MHz 的输出时钟。

使用以下公式计算输出频率：

$$FOUT=MDIV \times FIN/(PDIV \times 2SDIV)$$

在这里，APLL 和 MPLL 中的 MDIV、PDIV 和 SDIV 必须符合以下条件：

MDIV：56≤MDIV≤1023；

PDIV：1≤PDIV≤63；

SDIV：0≤SDIV≤5；

FVCO = (MDIV × FIN/PDIV) :1000MHz≤FVCO≤1600MHz；

FOUT：31.25MHz≤FVCO≤1600MHz。

EPLL_CON0，EPLL_CON1 寄存器的工作状态如表 4-27 和表 4-28 所示。

表 4-27　　EPLL_CON0 寄存器工作状态

EPLL_CON0	位	描述	初始状态
ENABLE	[31]	PLL 使能控制（0：禁用，1：使能）	0
RESERVED	[30:24]	保留	0x00
MDIV	[23:16]	PLL 的 M 分频值	0x20
RESERVED	[15:14]	保留	0x0
PDIV	[13:8]	PLL 的 P 分频值	0x1

续表

EPLL_CON0	位	描述	初始状态
RESERVED	[7:3]	保留	0x00
SDIV	[2:0]	PLL 的 S 分频值	0x2

表 4-28　　EPLL_CON1 寄存器工作状态

EPLL_CON1	位	描述	初始状态
RESERVED	[31:16]	保留	0x0000
KDIV	[15:0]	PLL 的 K 分频值	0x9111

例如，若输入时钟频率为 12MHz，则 EPLL_CON0 和 EPLL_CON1 的复位值分别产生 97.70MHz 的输出时钟。

使用以下公式计算输出频率：

$$FOUT = (MDIV + KDIV / 2^{16}) \times FIN / (PDIV \times 2^{SDIV})$$

在这里，APLL 和 MPLL 中的 MDIV、PDIV 和 SDIV 必须符合以下条件：

MDIV：13≤MDIV≤255；

PDIV：1≤PDIV≤63；

KDIV：0≤KDIV≤65535；

SDIV：0≤SDIV≤5；

FVCO = (MDIV × FIN) / PDIV：250MHz≤FVCO≤600MHz；

FOUT：16MHz≤FOUT≤600MHz。

4.8.3　时钟源控制寄存器

S3C6410 有很多时钟源，从它的 GPIO 配置中可以看出，它包括 3 个 PLL 输出、外部振荡器、外部时钟和其他时钟源。CLK_SRC 寄存器控制每个时钟分频器的时钟源。如表 4-29 和表 4-30 所示。

表 4-29　　CLK_SRC 寄存器 1

寄存器	地址	读/写	描述	复位值
CLK_SRC	0x7E00_F01C	读/写	选择时钟源	0x0000_0000

表 4-30　　CLK_SRC 寄存器 2

CLK_SRC	位	描述	初始状态
TV27_SEL	[31]	控制 MUXTV27，它是 TV27MHz 的时钟源。（0:27MHz，1:FINEPLL）	0
DAC27_SEL	[30]	控制 MUXDAC27，它是 DAC27MHz 的时钟源。（0:27MHz，1：FINEPLL）	0
SCALER_SEL	[29:28]	控制 MUXSCALER，它是 TVSCALER 的时钟源。（00：MOUTEPLL，01：DOUTMPLL，10：FINEPLL）	0x0
LCD_SEL	[27:26]	控制 MUXLCD，它是 LCD 的时钟源。（00：MOUTEPLL，01：DOUTMPLL，10：FINEPLL）	0x0
IRDA_SEL	[25:24]	控制 MUXIRDA，它是 IRDA 的时钟源。（00：MOUTEPLL，01：DOUTMPLL，10：FINEPLL）	0x0
MMC2_SEL	[23:22]	控制 MUXMMC2，它是 MMC2 的时钟源	0x0

续表

CLK_SRC	位	描述	初始状态
MMC1_SEL	[21:20]	控制 MUXMMC1，它是 MMC1 的时钟源。 （00：MOUTEPLL，01：DOUTMPLL，10：FINEPLL，11：27MHz）	0x
MMC0_SEL	[19:18]	控制 MUXMMC0，它是 MMC0 的时钟源。 （00：MOUTEPLL，01：DOUTMPLL，10：FINEPLL，11:27MHz）	0x0
SP11_SEL	[17:16]	控制 MUXSP11，它是 SP11 的时钟源。 （00：MOUTEPLL，01：DOUTMPLL，10：FINEPLL，11:27MHz）	0x0
SP10_SEL	[15:14]	控制 MUXSPI0，它是 SP10 的时钟源 （00：MOUTEPLL，01：DOUTMPLL，10：FINEPLL，11:27MHz）	0x0
UART_SEL	[13]	控制 MUXUART0，它是 UART 的时钟源。 （0：MOUTEPLL，1：DOUTMPLL）	0
AUDI01_SEL	[12:10]	控制 MUXAUDI101，它是 IIS1，PCM1 和 AC971 的时钟源 （000：mOUTEPLL，001：DOUTMPLL，010：FINEPLL，011：IISCDCLK0，10x：PCMCDCLK）	0x0
AUDIO0_SEL	[9:7]	控制 MUXAUDI00，它是 IIS0，PCM0 和 AC970 的时钟源。 （000：MOUTEPLL，001：DOUTMPLL，010：FINEPLL，011：IISCDCLK0,10x:PCMCDCLK）	0x0
UHOST_SEL	[6:5]	控制 MUXUHOST，它是 USB Host 的时钟源。 （00:48MHz，01：MOUTEPLL，10：DOUTMPLL，11：FINEPLL）	0x0
MFCCLK_SEL	[4]	控制 MUXMFC,它是 MFC 的时钟源	0
RESERVED	[3]	保留	0
EPLL_SEL	[2]	控制 MUXEPLL（0：FINEPLL，1：FOUTEPLL）	0
MPLL_SEL	[1]	控制 MUXMPLL（0：FINMPLL，1：FOUTMPLL）	0
APLL_SEL	[0]	控制 MUXAPLL（0：FINAPLL，1：FOUTAPLL）	0

4.9　VIC 中断控制器

S3C6410 中断控制器由两个 VIC（矢量中断控制器，ARM PrimeCell PL192）和 2 个 TZIC（TrustZone 中断控制器，SP890）组成。两个矢量中断控制器和两个 TrustZone 中断控制器连接在一起支持 64 位中断源。

S3C6410 向量中断控制器的特性如下：

（1）每个 VIC 支持 32 位的矢量 IRP 中断；

（2）支持固定硬件中断优先级和可编程中断优先级；

（3）支持硬件中断优先级屏蔽和可编程中断优先级屏蔽；

（4）产生 IRQ 和 FIQ 中断；

（5）产生软件中断；

（6）raw 中断状态；

（7）中断请求状态；

（8）支持限制访问的特权模式。

图 4-12 所示为 S3C6410X 的中断控制器。

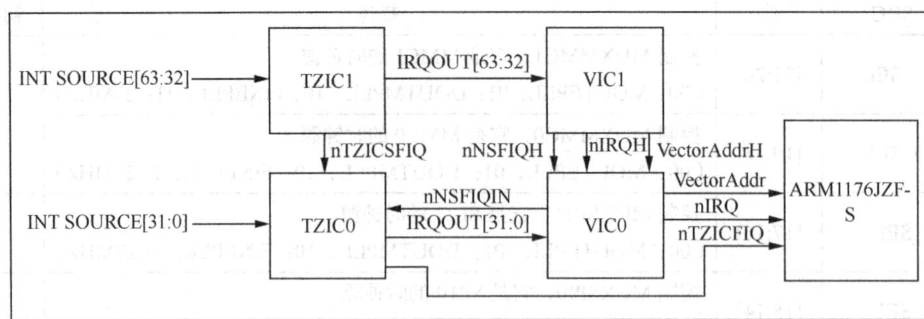

图 4-12 S3C6410X 的中断控制器

4.9.1 S3C6410 中断源

S3C6410 支持 64 位中断源，不支持 ARM 1176HZF-S 镜像的中断运行。目前，6410 中断的 vicport 模式在各个芯片中已成为主流，表 4-31 列出了 S3C6410 中断源的具体描述。

表 4-31 S3C6410 中断源

中断号	中断源	描述	组
63	INT_ADC	ADC EOC 中断	VIC1
62	INT_PENDNUP	ADC 笔向下/向上中断 中断	VIC1
61	INT_SEC	安全中断	VIC1
60	INT_RTC_ALARM	RTC 警告中断	VIC1
59	INT_IrDA	IrDA 中断	VIC1
58	INT_OTG	USB OTG 中断	VIC1
57	INT_HSMMC1	HSMMC1 中断	VIC1
56	INT_HSMMC0	HSMMC0 中断	VIC1
55	INT_HOSTIF	主机接口中断	VIC1
54	INT_MSM	MSM 调制解调器 I/F 中断	VIC1
53	INT_EINT4	外部中断组 1～组 9	VIC1
52	INT_HSIrx	HS Rx 中断	VIC1
51	INT_HSItx	HS Tx 中断	VIC 1
50	INT_I2C0	I2C 0 中断	VIC1
49	INT_SPI/INT_HSMMC2	SPI 中断 或 HSMMC2 中断	VIC1
48	INT_SPI0	SPI0 中断	VIC1
47	INT_UHOST	USB 主机中断	VIC1
46	INT_CFC	CFCON 中断	VIC1
45	INT_NFC	NFCON 中断	VIC1
44	INT_ONENAND1	板块 1 的 ONENANE 中断	VIC1
43	INT_ONENAND0	板块 0 的 ONENAND 中断	VIC1
42	INT_DMA1	DMA1 中断	VIC1
41	INT_DMA0	DMA0 中断	VIC1

续表

中断号	中断源	描述	组
40	INT_UART3	UART3 中断	VIC1
39	INT_UART2	UART2 中断	VIC1
38	INT_USRT1	UART1 中断	VIC1
37	INT_UART0	UART0 中断	VIC1
36	INT_AC97	AC 中断	VIC1
35	INT_PCM1	PCM1 中断	VIC1
34	INT_PCM0	PCM0 中断	VIC1
33	INT_EINT3	外部中断 20～27	VIC1
32	INT_EINT2	外部中断 12～19	VIC1
31	INT_LCD[2]	LCD 中断.系统 I/F 完成	VIC0
30	INT_LCD[1]	LCD 中断.VSYNC 中断	VIC0
29	INT_LCD[0]	LCD 中断.FIF0 不足	VIC0
28	INT_TIMER4	定时器 4 中断	VIC0
27	INT_TIMER3	定时器 3 中断	VIC0
26	INT_WDT	看门狗定时器中断	VIC0
25	INT_TIMER2	定时器 2 中断	VIC0
24	INT_TIMER1	定时器 1 中断	VIC0
23	INT_TIMER0	定时器 0 中断	VIC0
22	INT_KEYPAD	键盘中断	VIC0
21	INT_ARM_DMAS	ARM DMAS 中断	VIC0
20	INT_ARM_DMA	ARM DMA 中断	VIC0
19	INT_ARM_DMAERR	ARM DMA 错误中断	VIC0
18	INT_SDMA1	安全 DMA1 中断	VIC0
17	INT_SDMA0	安全 DMA0 中断	VIC0
16	INT_MFC	MFC 中断	VIC0
15	INT_JPEG	JPEG 中断	VIC0
14	INT_BATF	电池故障中断	VIC0
13	INT_SCALER	TV 转码器中断	VIC0
12	INT_TVENC	TV 编码器中断	VIC0
11	INT_2D	2D 中断	VIC0
10	INT_ROTATOR	旋转器中断	VIC0
9	INT_POSTO	后处理器中断	VIC0
8	INT_3D	3D 图像控制器中	VIC0
7	Reserved	保留	VIC0
6	INT_I2S0\INT_I2S1 \INT_I2SV40	I2S0 中断 或 I2S1 中断 或 I2SV40 中断	VIC0
5	INT_I2C1	I2C1 中断	VIC0
4	INT_CAMIF_P	照相机接口中断	VIC0

续表

中断号	中断源	描述	组
3	INT_CAMIF_C	照相机接口中断	VIC0
2	INT_RTC_TIC	RTC TIC 中断	VIC0
1	INT_EINT1	外部中断 4～11	VIC0
0	INT_EINT0	外部中断 0～3	VIC0

4.9.2 VIC 寄存器

VIC 模式将 64 个中断源分成了两组：第一组是 VIC0，0-31 中断源，基址是 0x71200000；第二组是 VIC1，32-64 中断源，基址是 0x71300000。如表 4-32 所示。

控制寄存器地址 = 基础地址 + 补偿区

表 4-32 VIC 寄存器

寄存器	补偿区	类型	描述	复位值
VICxIRQSTATUS	0x000	读	IRQ 状态寄存器	0x00000000
VICxFIQSTATUS	0x004	读	FIQ 状态寄存器	0x00000000
VICxIRAWINTER	0x008	读	原始中断状态寄存器	0x00000000
VICxINTSELECT	0x00C	读写	中断选择寄存器	0x00000000
VICxINTENABLE	0x010	读写	中断使能寄存器	0x00000000
VICxINTENCLEAR	0x014	写	中断使能清除寄存器	--
VICxSOFTINT	0x018	读写	软件中断寄存器	0x00000000
VICxISOFTINTCLEAR	0x01C	写	软件中断清除寄存器	--
VICxPROTECTION	0x020	读写	保 P 使能寄存器	0x0
VICxSWPRI0RITYMASK	0x024	读写	软件优先屏蔽寄存器	0x0FFFF
VICxPRIORITYDAISY	0x028	读写	菊花链的矢量优先寄存器	0xF
VICxVECTADDRO	0x100	读写	矢量地址 0 寄存器	0x00000000
VICxVECTADDR1	0x104	读写	矢量地址 1 寄存器	0x00000000
VICxVECTADDR2	0x108	读写	矢量地址 2 寄存器	0x00000000
VICxVECTADDR3	0x10C	读写	矢量地址 3 寄存器	0x00000000
VICxVECTADDR4	0x110	读写	矢量地址 4 寄存器	0x00000000
VICxVECTADDR5	0x114	读写	矢量地址 5 寄存器	0x00000000
VICxVECTADDR6	0x118	读写	矢量地址 6 寄存器	0x00000000
VICxVECTADDR7	0x11C	读写	矢量地址 7 寄存器	0x00000000
VICxVECTADDR8	0x120	读写	矢量地址 8 寄存器	0x00000000
VICxVECTADDR9	0x124	读写	矢量地址 9 寄存器	0x00000000
VICxVECTADDR10	0x128	读写	矢量地址 10 寄存器	0x00000000
VICxVECTADDR11	0x12C	读写	矢量地址 11 寄存器	0x00000000
VICxVECTADDR12	0x130	读写	矢量地址 12 寄存器	0x00000000
VICxVECTADDR13	0x134	读写	矢量地址 13 寄存器	0x00000000
VICxVECTADDR14	0x138	读写	矢量地址 14 寄存器	0x00000000

续表

寄存器	补偿区	类型	描述	复位值
VICxVECTADDR15	0x13C	读写	矢量地址 15 寄存器	0x00000000
VICxVECTADDR16	0x140	读写	矢量地址 16 寄存器	0x00000000
VICxVECTADDR17	0x144	读写	矢量地址 17 寄存器	0x00000000
VICxVECTADDR18	0x1408	读写	矢量地址 18 寄存器	0x00000000
VICxVECTADDR19	0x14C	读写	矢量地址 19 寄存器	0x00000000
VICxVECTADDR20	0x150	读写	矢量地址 20 寄存器	0x00000000
VICxVECTADDR21	0x154	读写	矢量地址 21 寄存器	0x00000000
VICxVECTADDR22	0x158	读写	矢量地址 22 寄存器	0x00000000
VICxVECTADDR23	0x15C	读写	矢量地址 23 寄存器	0x00000000
VICxVECTADDR24	0x160	读写	矢量地址 24 寄存器	0x00000000
VICxVECTADDR25	0x164	读写	矢量地址 25 寄存器	0x00000000
VICxVECTADDR26	0x168	读写	矢量地址 26 寄存器	0x00000000
VICxVECTADDR27	0x16C	读写	矢量地址 27 寄存器	0x00000000
VICxVECTADDR28	0x170	读写	矢量地址 28 寄存器	0x00000000
VICxVECTADDR29	0x174	读写	矢量地址 29 寄存器	0x00000000
VICxVECTADDR30	0x178	读写	矢量地址 30 寄存器	0x00000000
VICxVECTADDR31	0x17C	读写	矢量地址 31 寄存器	0x00000000
VICxVECPRIORITY0	0x200	读写	矢量优先 0 寄存器	0xF
VICxVECPRIORITY0	0x204	读写	矢量优先 1 寄存器	0xF
VICxVECPRIORITY2	0x208	读写	矢量优先 2 寄存器	0xF
VICxVECPRIORITY3	0x20C	读写	矢量优先 3 寄存器	0xF
VICxVECPRIORITY4	0x210	读写	矢量优先 4 寄存器	0xF
VICxVECPRIORITY5	0x214	读写	矢量优先 5 寄存器	0xF
VICxVECPRIORITY6	0x218	读写	矢量优先 6 寄存器	0xF
VICxVECPRIORITY7	0x21C	读写	矢量优先 7 寄存器	0xF
VICxVECPRIORITY8	0x220	读写	矢量优先 8 寄存器	0xF
VICxVECPRIORITY9	0x224	读写	矢量优先 9 寄存器	0xF
VICxVECPRIORITY10	0x228	读写	矢量优先 10 寄存器	0xF
VICxVECPRIORITY11	0x22C	读写	矢量优先 11 寄存器	0xF
VICxVECPRIORITY12	0x230	读写	矢量优先 12 寄存器	0xF
VICxVECPRIORITY13	0x234	读写	矢量优先 13 寄存器	0xF
VICxVECPRIORITY14	0x238	读写	矢量优先 14 寄存器	0xF
VICxVECPRIORITY15	0x23C	读写	矢量优先 15 寄存器	0xF
VICxVECPRIORITY16	0x240	读写	矢量优先 16 寄存器	0xF
VICxVECPRIORITY17	0x244	读写	矢量优先 17 寄存器	0xF
VICxVECPRIORITY18	0x2408	读写	矢量优先 18 寄存器	0xF

续表

寄存器	补偿区	类型	描述	复位值
VICxVECPRIORITY19	0x24C	读写	矢量优先 19 寄存器	0xF
VICxVECPRIORITY20	0x250	读写	矢量优先 20 寄存器	0xF
VICxVECPRIORITY21	0x254	读写	矢量优先 21 寄存器	0xF
VICxVECPRIORITY22	0x258	读写	矢量优先 22 寄存器	0xF
VICxVECPRIORITY23	0x25C	读写	矢量优先 23 寄存器	0xF
VICxVECPRIORITY24	0x260	读写	矢量优先 24 寄存器	0xF
VICxVECPRIORITY25	0x264	读写	矢量优先 25 寄存器	0xF
VICxVECPRIORITY26	0x268	读写	矢量优先 26 寄存器	0xF
VICxVECPRIORITY27	0x26C	读写	矢量优先 27 寄存器	0xF
VICxVECPRIORITY28	0x270	读写	矢量优先 28 寄存器	0xF
VICxVECPRIORITY29	0x274	读写	矢量优先 29 寄存器	0xF
VICxVECPRIORITY30	0x278	读写	矢量优先 30 寄存器	0xF
VICxVECPRIORITY31	0x27C	读写	矢量优先 31 寄存器	0xF
VICxADDRESS	0xf00	读写	矢量地址寄存器	0x00000000

1. 中断状态寄存器

当使能对应中断及选择了其中断类型为一般中断时，该寄存器表示对应中断状态，表示是否有中断产生。具体描述如表 4-33 所示。状态寄存器的控制如表 4-34 所示。

表 4-33　　中断状态寄存器

寄存器	补偿区	类型	描述	复位值
VIC0IRQSTATUS	0x7120_0000	读	IRQ 状态寄存器（VIC0）	0x0000_0000
VIC1IRQSTATUS	0x7130_0000	读	IRQ 状态寄存器（VIC1）	0x0000_0000

表 4-34　　中断状态寄存器控制

名称	位	描述	复位值
IRQStatus	[31:0]	在屏蔽之后，通过 VIBxINTENABLE 和 VICxINTSELECT 寄存器显示中断状态： 0=中断不被激活（复位）； 1=中断被激活。 每个中断源都有一个寄存器位	0x0

2. 快速中断状态寄存器

当使能对应中断及选择了其快速中断类型时，该寄存器表示对应中断状态，表示有无快中断产生。具体描述如表 4-35 所示。快速中断状态寄存器的控制如表 4-36 所示。

表 4-35　　快速中断状态寄存器

寄存器	补偿区	类型	描述	复位值
VIC0IRQSTATUS	0x7120_0004	读	IRQ 状态寄存器（VIC0）	0x0000_0000
VIC1IRQSTATUS	0x7130_0004	读	IRQ 状态寄存器（VIC1）	0x0000_0000

表 4-36　　快速中断状态寄存器控制

名称	位	描述	复位值
FIQStatus	[31:0]	在屏蔽之后，通过 VICINTENABLE 和 VICINTSELECT 寄存器显示 FIQ 中断状态： 0=中断不被激活（复位）； 1=中断被激活。 每个中断源都有一个寄存器位	0x0

3. 原始中断状态寄存器

原始中断状态寄存器具体描述如表 4-37 所示。原始中断状态寄存器的控制如表 4-38 所示。

表 4-37　　原始中断状态寄存器

寄存器	地址	类型	描述	复位值
VIC0IRAWINTR	0x7120_0008	读	原始中断状态寄存器（VIC0）	0x0000_0000
VIC1IRAWINTR	0x7130_0008	读	原始中断状态寄存器（VIC1）	0x0000_0000

表 4-38　　原始中断状态寄存器控制

名称	位	描述	复位值
RawInterrupt	[31:0]	在屏蔽之后，通过 VICINTENABLE 和 VICINTSELECT 寄存器显示 FIQ 中断状态： 0=屏蔽之前中断不被激活（复位）； 1=屏蔽之前中断被激活。 因为原始寄存器可以直接看到原始的输入中断，所以不知道复位值。每个中断源都有一个寄存器位	0x0

4. 中断选择寄存器

选择对应的中断信号类型为一般中断还是快速中断。具体描述如表 4-39 所示。中断选择寄存器的控制如表 4-40 所示。

表 4-39　　中断选择寄存器

寄存器	地址	类型	描述	复位值
VIC0INETSELECT	0x7120_000C	读/写	中断选择寄存器（VIC0）	0x0000_0000
VIC1 INETSELECT	0x7130_000C	读/写	中断选择寄存器（VIC1）	0x0000_0000

表 4-40　　中断选择寄存器控制

名称	位	描述	复位值
IntSelect	[31:0]	为中断请求选择中断的状态： 0=IRQ 中断（复位）； 1=FIQ 中断。 每个中断源都有一个寄存器位	0x0

5. 中断使能寄存器

使能对应的中断信号——使能中断信号只能通过该寄存器。如果禁用中断，使用 VICxINTENCLEAR 寄存器，在系统重置后，所有中断都默认被禁用。具体描述如表 4-41 所示。中断使能寄存器控制如表 4-42 所示。

表 4-41　　中断使能寄存器

寄存器	地址	类型	描述	复位值
VIC0INETENABLE	0x7120_0010	读/写	中断选择寄存器（VIC0）	0x0000_0000
VIC1 INETENABLE	0x7130_0010	读/写	中断选择寄存器（VIC1）	0x0000_0000

表 4-42　　中断使能寄存器控制

名称	位	描述	复位值
IntEnable	[31:0]	使能中断请求，允许中断到达处理器。 读： 0=中断禁止（复位）； 1=中断使能。 中断使能只能用寄存器设置。VICINTENCLEAR 寄存器能用来清除中断使能。 写： 0=没有影响； 1=中断使能。 每个中断源都有一个寄存器位	0x0

6．中断使能清除寄存器

该寄存器能清除 VICxINTENABLE 寄存器启用的中断信号。具体描述如表 4-43 所示。中断使能清除控制如表 4-44 所示。

表 4-43　　中断使能清除寄存器

寄存器	地址	类型	描述	复位值
VIC0INTENCLEAR	0x7120_0014	写	中断使能清除寄存器（VIC0）	—
VIC1 INTENCLEAR	0x7130_0014	写	中断使能清除寄存器（VIC1）	—

表 4-44　　中断使能清除寄存器控制

名称	位	描述	复位值
IntEnable Clear	[31:0]	在 VICINTENABLE 寄存器内清除相应的位。 0=没有影响（复位）； 1=在 VICINTENABLE 寄存器内中断 disabled 每个中断源都有一个寄存器位	—

7．软件中断寄存器

该寄存器用于软件中断编程时，软件中断的触发。具体描述如表 4-45 所示。软件中断寄存器控制如表 4-46 所示。

表 4-45　　软件中断寄存器

寄存器	地址	类型	描述	复位值
VIC0SOFTINT	0x7120_0018	读/写	软件中断寄存器（VIC0）	0x0000_0000
VIC1SOFTINT	0x7130_0018	读/写	软件中断寄存器（VIC1）	0x0000_0000

表 4-46 软件中断寄存器控制

名称	位	描述	复位值
IntEnable	[31:0]	在中断屏蔽之前设置 HIGH 位对选择的源产生软件中断。 读： 0=软件中断不被激活（复位）； 1=软件中断被激活。 写： 0=没有影响； 1=软件中断使能。 每个中断源都有一个寄存器位	0x0

8. 软件中断清除寄存器

该寄存器用于软件中断编程时，软件中断的退出。具体描述如表 4-47 所示。软件中断清除寄存器控制如表 4-48 所示。

表 4-47 软件中断清除寄存器

寄存器	地址	类型	描述	复位值
VIC0SOFTINTENCLEAR	0x7120_001C	写	软件中断清除寄存器（VIC0）	—
VIC1SOFTINTENCLEAR	0x7130_001C	写	软件中断清除寄存器（VIC1）	—

表 4-48 软件中断清除寄存器控制

名称	位	描述	复位值
SoftInt Clear	[31:0]	在 VICSOFTINT 寄存器内清除相应的位： 0=没有影响（复位）； 1=在 VICSOFTINT 寄存器内中断 disabled。 每个中断源都有一个寄存器位	—

9. 保护使能寄存器

默认禁用保护模式，通过写入 1 开启了保护模式，只有在特权模式下才可以访问所有的中断寄存器。具体描述如表 4-49 所示。保护使能寄存器控制如表 4-50 所示。

表 4-49 保护使能寄存器

寄存器	地址	类型	描述	复位值
VIC0PROTECTION	0x7120_0020	读/写	保护使能寄存器（VIC0）	0x0000_0000
VIC1 PROTECTION	0x7130_0020	读/写	保护使能寄存器（VIC1）	0x0000_0000

表 4-50 保护使能寄存器控制

名称	位	描述	复位值
Reserved	[31:0]	保留，作为 0 读取，不要修改	0x0
IntEnabler	[0]	使能或禁止保护寄存器访问： 0=保护模式禁止（复位）； 1=保护模式使能。 当保护模式使能时，只有特权模式可以访问（进行读和写）中断控制寄存器。当保护模式禁止时，用户模式和特权模式都可以访问寄存器	0

10. 软件优先级屏蔽寄存器

该寄存器用于是否开启软件中断优先级。具体描述如表 4-51 所示，软件优先级屏蔽寄存器控制如表 4-52 所示。

表 4-51　　软件优先级屏蔽寄存器

寄存器	地址	类型	描述	复位值
VIC0SWPRIORITYMASK	0x7120_0024	读/写	软件优先级屏蔽寄存器（VIC0）	0x0000_FFFF
VIC1SWPRIORITYMASK	0x7130_0024	读/写	软件优先级屏蔽寄存器（VIC1）	0x0000_FFFF

表 4-52　　软件优先级屏蔽寄存器控制

名称	位	描述	复位值
Reserved	[31:16]	保留，作为 0 读取，不要修改	0x0
SWPriorityMask	[15:0]	控制 16 位中断信号优先级软件屏蔽： 0=中断优先级被屏蔽； 1=中断优先级未被屏蔽。 寄存器的位于 16 位中断优先级相适应	0xFFFF

11. 链式向量优先级寄存器

该寄存器用于链式向量优先级的设置和读取。具体描述如表 4-53 所示。链式向量优先级寄存器控制如表 4-54 所示。

表 4-53　　链式向量优先级寄存器

寄存器	地址	类型	描述	复位值
VIC0PRIORITYDAISY	0x7120_0028	读/写	菊花链矢量优先寄存器（VIC0）	0x0000_000F
VIC1PRIORITYDAISY	0x7130_0028	读/写	菊花链矢量优先寄存器（VIC1）	0x0000_000F

表 4-54　　链式向量优先级寄存器控制

名称	位	描述	复位值
Reserved	[31:16]	保留，作为 0 读取，不要修改	0x0
IntEnabler	[15:0]	选择矢量中断优先级。可以选择 16 进制数 0～15 范围内的任何一个矢量中断优先级值运行寄存器	0xF

12. 向量地址寄存器

该寄存器用于设置中断向量的地址。具体描述如表 4-55 所示。向量地址寄存器的控制如表 4-56 所示。

表 4-55　　向量地址寄存器

寄存器	地址	类型	描述	复位值
VIC0VECTADDR[31:0]	0x7120_0100 ~0x7120_017C	读/写	矢量地址[31:0]寄存器（VIC0）	0x0000_0000
VIC1VECTADDR[31:0]	0x7120_0100 ~0x7120_017C	读/写	矢量地址[31:0]寄存器（VIC1）	0x0000_0000

表 4-56　　向量地址寄存器控制

名称	位	描述	复位值
VectorAddr	[31:0]	包含 ISR 矢量地址	0x0000_0000

13. 向量中断优先寄存器

该寄存器用于设置中断向量的优先级。具体描述如表 4-57 所示。向量优先级寄存器控制如表 4-58 所示。

表 4-57 向量中断优先级寄存器

寄存器	地址	类型	描述	复位值
VIC0VECTPRIORITY[31:0]	0x7120_0200 ~0x7120_027C	读/写	矢量地址[31:0]寄存器（VIC0）	0x0000_000F
VIC1VECTPRIORITY[31:0]	0x7120_0200 ~0x7120_027C	读/写	矢量地址[31:0]寄存器（VIC1）	0x0000_000F

表 4-58 向量优先级寄存器控制

名称	位	描述	复位值
Reserved	[31:4]	保留，作为 0 读取，不要修改	0x0
VectorAddr	[3:0]	选择矢量中断优先级。可以选择 16 进制数 0～15 范围内的任何一个矢量中断优先级值运行寄存器	0x0000_0000

14. 当前向量地址寄存器

该寄存器里存放的是当前正在处理的 ISR 中断服务例程的地址。具体描述如表 4-59 所示。当正在处理中断时，只能从该寄存器里读取其值，在处理完中断后，向该寄存器里写入任何值都可以清除其值。具体操作如表 4-60 所示。

表 4-59 当前向量地址寄存器

寄存器	地址	类型	描述	复位值
VIC0ADDRESS	0x7120_0F00	读/写	矢量地址寄存器（VIC0）	0x0000_0000
VIC1 ADDRESS	0x7120_0F00	读/写	矢量地址寄存器（VIC1）	0x0000_0000

表 4-60 当前向量地址寄存器控制

名称	位	描述	复位值
VectorAddr	[31:0]	包含当前激活的 ISR 地址复位值 0x00000000 寄存器的读取操作可以返回 ISR 的地址,设置当前中断的位置处于正在服务状态。只有当有激活中断 的时候可以进行读操作。 向寄存器写入任何值都可以清除当前中断。只有在终端服务快要结束的时候才可以进行写入操作	0x0

4.9.3 中断处理过程

在嵌入式软件里除了中断的初始化，就是中断处理函数。中断处理函数的主要作用就是编写 ISR。6410 的中断处理流程：

（1）设置中断工作在 VIC 模式下；

（2）设置中断模式——是 IRQ 模式还是 FIQ 模式；

（3）中断初始化；

（4）设置某个管脚来触发中断（设置管脚的工作模式为特殊模式）；

（5）设置中断触发方式——低电平触发，还是跳变沿触发；

（6）使能使用的中断源；

（7）解除对应中断屏蔽；

（8）清中断标志位。

程序举例：6410 按键控制 LED 中断。

由图 4-13 可知，当按下按键时，相当于接地，即低电平，从而产生一个由高电平到低电平的跳变。并设：EINT0 接 GPN0；EINT1 接 GPN1；EINT2 接 GPN2；ENIT3 接 GPN3；EINT4 接 GPN4；EINT5 接 GPN5；EINT19 接 GPL11；EINT20 接 GPL12。

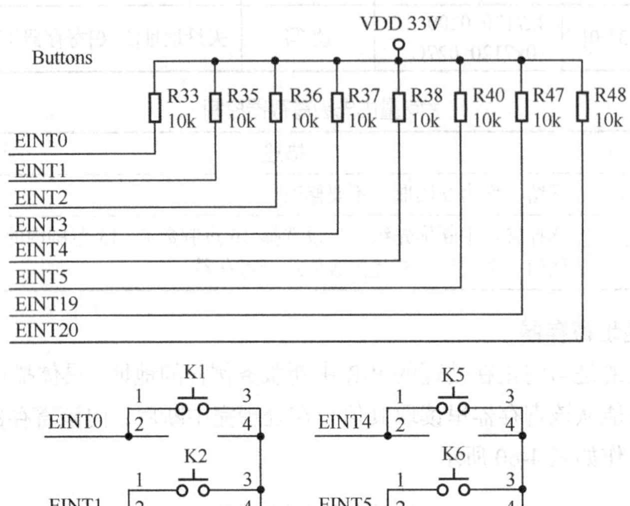

图 4-13

```
/********初始化代码********/
void INTC_Init(void)
{
#if (VIC_MODE==0)
u32 i;
for(i=0;i<32;i++)
Outp32(rVIC0VECTADDR+4*i, i);                //初始化矢量地址寄存器
for(i=0;i<32;i++)
Outp32(rVIC1VECTADDR+4*i, i+32);             //初始化矢量地址寄存器
#endif
Outp32(rVIC0INTENCLEAR, 0xffffffff);         //disable 所有的中断
Outp32(rVIC1INTENCLEAR, 0xffffffff);
Outp32(rVIC0INTSELECT, 0x0);                 //自己使用的中断模式选择为 IRQ
Outp32(rVIC1INTSELECT, 0x0);
INTC_ClearVectAddr();                        //清空自己要使用的矢量地址寄存器
return;
}

//////////
// Function Name : INTC_ClearVectAddr
```

```
// Function Description : This function clears the vector address register
// Input : NONE
// Output : NONE
// Version :
void INTC_ClearVectAddr(void)
{
Outp32(rVIC0ADDR, 0);
Outp32(rVIC1ADDR, 0);
return;
}

/**************主代码部分*********************/
* 6410 按键中断服务程序
* 6410 中断原理
* 功能描述：按键点亮 LED
*
* 6410 按键资源如下
* KEYINT1  --  XEINT0  --- GPN0
* KEYINT2  --  XEINT1  --- GPN1
* KEYINT3  --  XEINT2  --- GPN2
* KEYINT4  --  XEINT3  --- GPN3
* KEYINT5  --  XEINT4  --- GPN4
* KEYINT6  --  XEINT5  --- GPN5
* KEYINT7  --  XEINT19  --- GPL11
* KEYINT8  --  XEINT20  --- GPL12
*
#include"gpio.h"
#include"def.h"
#include"system.h"
#include"intc.h"

//给指定地址赋整数值
#define Outp32(addr,data)   (*(volatile u32 *)(addr) = (data))//这个就是指针的操作


//读取指定地址中存储的值
#define Inp32(addr)   (*(volatile u32 *)(addr))

//GPIO
#define GPIO_BASE   (0x7F008000)                              //GPIO 的起始地址


//oGPIO_REGS 结构体类型在 gpio.h 中定义
#define GPIO ((volatile oGPIO_REGS *)GPIO_BASE)           //这样就可以操作其中的寄存器了

//设置 LED 的点亮和熄灭
#define LED_ON  ~(1<<4)
#define LED_OFF  (1<<4)

#define LED_ALL_OFF  (0xf<<4)                                  //熄灭所有的 LED 灯
void delay(int ms);
void LedPortInit(void);
void KeyIntPortInit(u32 uKey,u32 uType);
void EintClrPend(u32 uEint_no);
void EintDisMask(u32 uEINT_no);
void KeyEintInit(void);
void __irq Isr_Eint1(void);
```

```
void __irq Isr_Eint6(void);

int main()
{
SYSTEM_EnableVIC();                //初始化矢量中断寄存器

SYSTEM_EnableIRQ();                //使能中断
INTC_Init();                       //中断初始化

LedPortInit();
KeyEintInit();

while(1);
}

//延时函数
void delay(int ms)
{
int i;
for(;ms>0;ms-)
for(i=1000;i>0;i-);
}

//LED——gpio 设置为输出 ——注意管脚的工作模式可以设置为输入、输出和中断
void LedPortInit(void)
{
u32 uConValue;
uConValue = GPIO->rGPIOKCON0;     //注意每个管脚的设置由 4 位构成
uConValue &= ~(0xffff<<16);       //要想设置最高的 16 位为 1111，首先要做的是将这 16 位全部设置
为 0000xxxx
-----然后再和 11110000 相或
uConValue |= (0x1111<<16);        //和 11110000 相或

GPIO->rGPIOKCON0 = uConValue;     //LED 管脚的输出模式设置完毕，工作模式为输出
GPIO->rGPIOKDAT |= LED_ALL_OFF;
}

//设置按键对应的管脚工作模式为中断模式，还要设置工作的电平，是低电平，还是下降沿/上升沿
void KeyIntPortInit(u32 uKey,u32 uType)
{
u32 uConValue;
if(uKey==0||uKey>6)
return;
//设置按键管脚为中断工作模式
uConValue = GPIO->rGPIONCON;          //设置 IO 管脚工作的模式为特殊功能模式（中断模式）
uConValue &= ~(0x3<<((uKey-1)<<1));//记住要设置某位为 1，则先将这位设为 0，再和 1 或，即可设置为 1
uConValue |=(0x2<<((uKey-1)<<1)); //由于控制管脚工作方式的是两位，切 10 为特殊工作模式
GPIO->rGPIONCON = uConValue;

//因为管脚工作在中断模式 所以必须把上拉下拉电阻给屏蔽掉
uConValue = GPIO->rGPIONPUD;
uConValue &= ~(0x3<<((uKey-1)<<1));
GPIO->rGPIONPUD = uConValue;

//设置对应中断的工作类型，是上升沿还是下降沿触发中断
uConValue = GPIO->rEINT0CON0;
```

```
uConValue &= ~(0x7<<(((uKey-1)/2)<<2));
uConValue |= uType<<(((uKey-1)/2)<<2);
GPIO->rEINT0CON0 = uConValue;
}
//清除中断悬起位
void EintClrPend(u32 uEint_no)
{

GPIO→rEINT0PEND= 1<<uEint_no;

}

//使能中断屏蔽位，0 使能中断，1 屏蔽
void EintDisMask(u32 uEINT_no)
{
u32 uConValue;
uConValue = GPIO->rEINT0MASK;          //中断屏蔽寄存器
uConValue &= ~(0x1<<uEINT_no);         //使能中断
GPIO→rEINT0MASK = uConValue;
}

//
void KeyEintInit(void)
{
u32 uConValue;

//初始化各 Key 对应的端口
KeyIntPortInit(1,Falling_Edge);
KeyIntPortInit(6,Rising_Edge);

//清除中断悬起位
EintClrPend(0);
EintClrPend(5);

//向 rVIC0VECTADDR 中写入对应的中断服务程序的地址，写入两次，表明有两个中断服务子程序
Outp32(rVIC0VECTADDR,(unsigned)Isr_Eint1);
Outp32(rVIC0VECTADDR+4,(unsigned)Isr_Eint6);

//使能中断源
uConValue = Inp32(rVIC0INTENABLE);
uConValue |=(1<<NUM_EINT0)|(1<<NUM_EINT1);
Outp32(rVIC0INTENABLE,uConValue);

//解除中断屏蔽
EintDisMask(0);
EintDisMask(5);
}

void _irq Isr_Eint1(void)
{
//进入的第一件事就是清除中断标志位
// EintClrPend(0);
GPIO->rGPIOKDAT |= LED_ALL_OFF;
GPIO->rGPIOKDAT &=LED_ON;

//清除 rVIC0ADDR，该寄存器按位记录了哪个 VIC0 中断源发生了中断
```

```
Outp32(rVIC0ADDR,0);
}

void __irq Isr_Eint6(void)
{
//进入后的第一个操作就是清除中断标志位
// EintClrPend(5);
GPIO->rGPIOKDAT |= LED_ALL_OFF;
GPIO->rGPIOKDAT &=LED_OFF;
Outp32(rVIC0ADDR,0);
}
```

本章小结

S3C6410 是基于 ARM11 架构，由 ARM1176 核、多媒体协处理器（Co-Processors）、多种外设 IPs 组成的微处理器。采用 8 级流水线哈佛结构，增加流水线的设计提高了时钟频率和并行处理能力。ARM1176 核是通过 64 位 AXI 总线与存储控制器相连的，这是为了满足增加带宽的需要。多媒体协处理（MFC 多格式编码器、JPEG、Camera 接口、TV 译码器、3D 加速器等）器被分为五个电源域，这五个电源域可被单独控制以降低功耗。

S3C6410 处理器的中断是一个非常重要的概念，处理器可以依靠中断和外设进行通信等操作。发生中断时，处理器先保存现场，然后进入中断处理程序。当中断处理程序完成时，恢复中断之前保存的状态，继续下面的操作。为了保证系统的实时性，中断处理程序最好设计得少一些，以便快速处理完毕中断，使得处理器可以继续执其他的任务。

思考题

1. 简述 S3C6410 其内部结构组成与功能。
2. 简述 S3C6410 存储器控制器的特性。
3. 画出 S3C6410 复位后的存储器映射图，并分析不同存储器的地址范围。
4. 试分析复位电路的工作过程。
5. 简述 S3C6410 时钟电路的特点。
6. S3C6410 的电源管理模块具有哪几种工作模式？各有什么特点？
7. S3C6410 内部有几个 PLL？分别由哪几个特殊寄存器进行控制？
8. 简述 ARM 系统中的中断处理过程。
9. S3C6410 与中断控制有关的寄存器有哪些？各自具有什么功能？
10. 试按功能对 S3C6410 的中断源进行分类。
11. 简述 S3C6410 中断控制器的特殊寄存器功能。

第 5 章 GPIO 接口

本章主要介绍 S3C6410 微处理器的通用输入/输出端口——GPIO。S3C6410 的 GPIO 端口可以根据需要设置为输入或输出 I/O 口。它具有功耗低、封装小、成本低的特点，应用十分广泛，可用来驱动 LED、键盘、LCD 等。通过对本章的学习，读者可以掌握 S3C6410 微处理器 GPIO 端口的相关设置以及具体应用。

本章主要内容如下：

- 介绍 GPIO 接口的结构；
- 介绍 GPIO 接口的主要寄存器；
- 给出 GPIO 接口的操作实例，包括硬件设计和软件设计。

5.1 GPIO 接口概述

GPIO 接口是 S3C6410 最常用的接口，一共有 17 个端口。这 17 个端口为复用端口，在使用时可根据需要，通过软件来控制相应端口的控制寄存器，以实现其特定的功能。

5.2 GPIO 结构

GPIO 有以下特性：

（1）可以控制 127 个外部中断；

（2）有 187 个多功能输入/输出端口；

（3）控制管脚的睡眠模式状态（除了 GPK、GPL、GPM 和 GPN 管脚以外）。

GPIO 包含两部分，分别是 alive 部分和 off 部分。alive 部分的电源由睡眠模式提供，off 部分则与它不同。因此，寄存器可以在睡眠模式下保持原值。图 5-1 为 GPIO 的模块结构图。

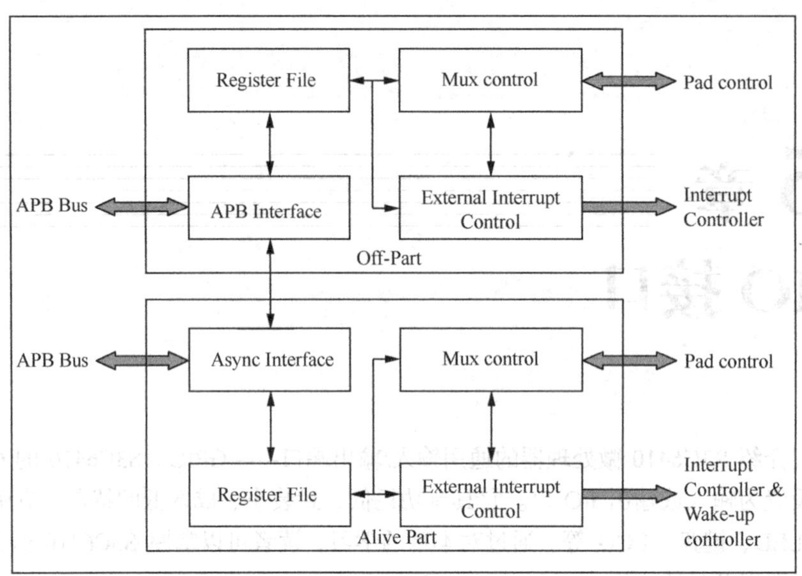

图 5-1 GPIO 的模块结构

5.3 GPIO 端口

S3C6410 中包含了 187 个多功能输入/输出端口管脚，表 5-1 列出了 S3C6410 的 17 个端口。

表 5-1 GPIO 端口说明

端口名称	管脚数	混合引脚	电压
GPA port	8	UART/EINT	1.8～3.3V
GPB port	7	UART/IrDA/I2C/CF/Ext.DMA/EINT	1.8～3.3V
GPC port	8	SPI/SDMMC/12S_V40/EINT	1.8～3.3V
GPD port	5	PCM/12S/AC97/EINT	1.8～3.3V
GPE port	5	PCM/12S/AC97	1.8～3.3V
GPF port	16	CAMIF/PWM/EINT	1.8～3.3V
GPG port	7	SDMMC/EINT	1.8～3.3V
GPH port	10	SDMMC/KEYPAD/CF/12S_V40/EINT	1.8～3.3V
GPI port	16	LCD	1.8～3.3V
GPJ port	12	LCD	1.8～3.3V
GPK port	16	Host IF/HIS/KEYPAD/CF	1.8～3.3V
GPL port	15	Host IF/KEYPAD/CF/OTG/EINT	1.8～3.3V
GPM port	6	Host IF/CF/EINT	1.8～3.3V
GPNport	16	EINT/KEYPADE	1.8～3.3V
GPO port	16	MemoryPortO/EINT	1.8～3.3V
GPO port	15	MemoryPortO/EINT	1.8～3.3V
GPQ port	16	MemoryPortO/EINT	1.8～3.3V

GPTO 的 17 个端口命名为 GPx，x 为字母 A～Q。每个端口包含配置寄存器、数据寄存器、

上拉/下拉寄存器、睡眠模式配置寄存器和睡眠模式上拉/下拉寄存器。其中 GPK、GPL、GPM 和 GPN 没有睡眠模式的控制。其他寄存器主要有特殊端口配置、存储器端口配置、外部中断、优先级控制等，如表 5-2 所示。

表 5-2　GPIO 端口寄存器功能

寄存器	读/写	功能	端口 x 范围
GPxCON	读/写	端口 x 配置寄存器	A～Q
GPxDAT	读/写	端口 x 数据寄存器	A～Q
GPxPUD	读/写	端口 x 上拉/下拉寄存器	A～Q
GPxCONSLP	读/写	端口 x 睡眠模式配置寄存器	A～J、O～Q
GPxPUDSLP	读/写	端口 x 睡眠模式上拉/下拉寄存器	A～J、O～Q

5.4　GPIO 寄存器

5.4.1　端口 A 控制寄存器

端口 A 控制寄存器包括五个控制寄存器，分别是 GPACON、GPADAT、GPAPUD、GPACONSLP 和 GPAPUDSLP，如表 5-3 所示。具体描述如表 5-4～表 5-8 所示。

表 5-3　端口 A 控制寄存器

寄存器	地址	读/写	描述	复位值
GPACON	0xF008000	读/写	端口 A 配置寄存器	0x00000
GPADAT	0xF008004	读/写	端口 A 数据寄存器	未定义
GPAPUD	0xF008008	读/写	端口 A 上拉寄存器	0x00055555
GPACONSLP	0xF00800C	读/写	端口 A 睡眠模式配置寄存器	0x0
GPAPUDSLP	0xF008010	读/写	端口 A 睡眠模式上拉/下拉寄存器	0x0

表 5-4　GPACON 寄存器

GPACON	位	描述	初始状态
GPA0	[3:0]	0000=输入　0001=输出 0010=UART RXD[0]　0011=保留 0100=保留　0101=保留 0110=保留　0111=外部中断组 1[0]	0000
GPA1	[7:4]	0000=输入　0001=输出 0010=UART TXD[1]　0011=保留 0100=保留　0101=保留 0110=保留　0111=外部中断组 1[1]	0000
GPA2	[11:8]	0000=输入　0001=输出 0010=UART CTSn[0]　0011=保留 0100=保留　0101=保留 0110=保留　0111=外部中断组 1[2]	0000

续表

GPACON	位	描述		初始状态
GPA3	[15:12]	0000=输入 0010=UART RTSn[0] 0100=保留 0110=保留	0001=输出 0011=保留 0101=保留 0111=外部中断组 1[3]	0000
GPA4	[19:16]	0000=输入 0010=UART RXD[1] 0100=保留 0110=保留	0001=输出 0011=保留 0101=保留 0111=外部中断组 1[4]	0000
GPA5	[23:20]	0000=输入 0010=UART RTXD[1] 0100=保留 0110=保留	0001=输出 0011=保留 0101=保留 0111=外部中断组 1[5]	0000
GPA6	[27:24]	0000=输入 0010=UART CTSn[1] 0100=保留 0110=保留	0001=输出 0011=保留 0101=保留 0111=外部中断组 1[6]	0000
GPA7	[31:28]	0000=输入 0010=UART RTSn[1] 0100=保留 0110=保留	0001=输出 0011=保留 0101=保留 0111=外部中断组 1[7]	0000

表 5-5　　GPADAT 寄存器

GPADAT	位	描述
GPA[7:0]	[7:0]	当端口作为输入端口时，相应的位为管脚状态；当端口作为输出段实时，管脚状态等同于相应的位；当端口作为功能管脚时，读取未被定义的值

表 5-6　　GPAPUD 寄存器

GPAPUD	位	描述
GPA[n]	[2n+1:2n]	00=禁止上拉/下拉
	n=0～7	01=下拉使能 10=上拉使能 11=保留

表 5-7　　GPACONSLP 寄存器

GPACONSLP	位	描述	初始状态
GPA[n]	[2n+1:2n] n=0～7	00=输出 0 01=输出 1 10=输入 11=与先前状态相同	00

表 5-8　　GPAPUDSLP 寄存器

GPAPUDSLP	位	描述
GPA[n]	[2n+1:2n] n=o～7	00=禁止上拉/下拉 01=下拉使能 10=上拉使能 11=保留

5.4.2　端口 B 控制寄存器

端口 B 控制寄存器包括五个控制寄存器，分别是 GPBCON、GPBDAT、GPBPUD、GPBCONSLP 和 GPBPUDSLP，如表 5-9 所示。具体描述如表 5-10～表 5-14 所示。

表 5-9　　端口 B 控制寄存器

寄存器	地址	读/写	描述	复位值
GPBCON	0x7F008020	读/写	端口 B 配置寄存器	0x40000
GPBDAT	0x7F008024	读/写	端口 B 数据寄存器	未定义
GPBPUD	0x7F008028	读/写	端口 B 上拉寄存器	0x00005555
GPBCONSLP	0x7F00802C	读/写	端口 B 睡眠模式配置寄存器	0x0
GPBPUDSLP	0x7F008030	读/写	端口 B 睡眠模式上拉/下拉寄存器	0x0

表 5-10　　GPBCON 寄存器

GPBCON	位	描述		初始状态
GPB0	[3:0]	0000=输入 0010=UART　RXD[2] 0100=IrDA　RXD 0110=保留	0001=输出 0011=Ext.DMA 请求 0101=ADDR_CF[0] 0111=外部中断组 1[8]	0000
GPB1	[7:4]	0000=输入 0010=UART　TXD[2] 0100=IrDA　TXD 0110=保留	0001=输出 0011=Ext.DMA　Ack 101=ADDR_CF[1] 0111=外部中断组 1[9]	0000
GPB2	[11:8]	0000=输入 0010=UART　RXD[3] 0100=Ext.DMA　Req 0110=保留	0001=输出 0011=Ext.DMA 请求 0101=ADDR_CF[2] 0111=外部中断组 1[10]	0000
GPB3	[15:12]	0000=输入 0010=UART　RXD[3] 0100=Ext.DMA　Ack 0110=I2C　SDA[1]	0001=输出 0011=IrDA TXD 0101=保留 0111=外部中断组 1[11]	0000
GPB4	[19:16]	0000=输入 0010=UART　SNbW 0100=CF　Data　DIR 0110=保留	0001=输出 0011=CAM FIELD 0101=保留 0111=外部中断组 1[12]	0000
GPB5	[23:20]	0000=输入 0010=I2C　SCL[0] 0100=保留 0110=保留	0001=输出 0011=保留 0101=保留 0111=外部中断组 1[13]	0000

续表

GPBCON	位	描述		初始状态
GPB6	[27:24]	0000=输入 0010=I2C SDA[0] 0100=保留 0110=保留	0001=输出 0011=保留 0101=保留 0111=外部中断组 1[14]	0000

表 5-11　　GPBDAT 寄存器

GPBDAT	位	描述
GPB[6:0]	[6:0]	当端口作为输入端口时，相应的位为管脚状态；当端口作为输出端口时，管脚状态等同于相应的位；当端口作为功能管脚时，读取未被定义的值

表 5-12　　GPBPUD 寄存器

GPBPUD	位	描述
GPB[n]	[2n+1:2n] n=0～6	00=禁止上拉/下拉 01=下拉使能 10=上拉使能 11=保留

表 5-13　　GPBCONSLP 寄存器

GPBCONSLP	位	描述	初始状态
GPB[n]	[2n+1:2n] n=0～6	00=输出 0 01=输出 1 10=输入 11=与先前状态相同	00

表 5-14　　GPBPUDSLP 寄存器

GPBPUDSLP	位	描述
GPB[n]	[2n+1:2n] n=0～6	00=禁止上拉/下拉 01=下拉使能 10=上拉使能 11=保留

5.4.3　端口 C 控制寄存器

端口 C 控制寄存器包括五个控制寄存器，分别是 GPCCON、GPCDAT、GPCPUD、GPCCONSLP 和 GPCPUDSLP，如表 5-15 所示。具体描述如表 5-16～表 5-20 所示。

表 5-15　　端口 C 控制寄存器

寄存器	地址	读/写	描述	复位值
GPCCON	0xF008040	读/写	端口 C 配置寄存器	0x00000
GPCDAT	0xF008044	读/写	端口 C 数据寄存器	未定义
GPCPUD	0xF008048	读/写	端口 C 上拉寄存器	0x00055555
GPCCONSLP	0xF00804C	读/写	端口 C 睡眠模式配置寄存器	0x0
GPCPUDSLP	0xF008050	读/写	端口 C 睡眠模式上拉/下拉寄存器	0x0

表 5-16 GPCCON 寄存器

GPCCON	位	描述		初始状态
GPC0	[3:0]	0000=输入 0010=SPI MISO[0] 0100=保留 0110=保留	0001=输出 0011=保留 0101=保留 0111=外部中断组 2[0]	0000
GPC1	[7:4]	0000=输入 0010=SPI CLK[1] 0100=保留 0110=保留	0001=输出 0011=保留 0101=保留 0111=外部中断组 2[1]	0000
GPC2	[11:8]	0000=输入 0010=SPI MOSI[0] 0100=保留 0110=保留	0001=输出 0011=保留 0101=保留 0111=外部中断组 2[2]	0000
GPC3	[15:12]	0000=输入 0010=SPI CSn[0] 0100=保留 0110=保留	0001=输出 0011=保留 0101=保留 0111=外部中断组 2[3]	0000
GPC4	[19:16]	0000=输入 0010=SPI MISO[1] 0100=保留 0110=保留	0001=输出 0011=MMC CMD2 0101=I2S_V40 DO[0] 0111=外部中断组 2[4]	0000
GPC5	[23:20]	0000=输入 0010=SPI CLK[1] 0100=保留 0110=保留	0001=输出 0011=MMC CLK2 0101=I2S_V40 DO[1] 0111=外部中断组 2[5]	0000
GPC6	[27:24]	0000=输入 0010=SPI MOSI[1] 0100=保留 0110=保留	0001=输出 0011=保留 0101=保留 0111=外部中断组 2[6]	0000
GPC7	[31:28]	0000=输入 0010=SPI CSn[1] 0100=保留 0110=保留	0001=输出 0011=保留 0101=I2S_V40 DO[2] 0111=外部中断组 2[7]	0000

表 5-17 GPCDAT 寄存器

GPCDAT	位	描述
GPC[7:0]	[7:0]	当端口作为输入端口时，相应的位为管脚状态；当端口作为输出端口时，管脚状态等同于相应的位；当端口作为功能管脚时，读取未被定义的值

表 5-18 GPCPUD 寄存器

GPCPUD	位	描述
GPC[n]	[2n+1:2n] n=0～4	00=禁止上拉/下拉 01=下拉使能 10=上拉使能 11=保留

表 5-19　GPCCONSLP 寄存器

GPCCONSLP	位	描述	初始状态
GPC[n]	[2n+1:2n] n=0～4	00=输出 0 01=输出 1 10=输入 11=与先前状态相同	00

表 5-20　GPCPUDSLP 寄存器

GPCPUDSLP	位	描述
GPC[n]	[2n+1:2n] n=0～4	00=禁止上拉/下拉 01=下拉使能 10=上拉使能 11=保留

5.4.4　端口 D 控制寄存器

端口D控制寄存器包括五个控制寄存器，分别是GPDCON、GPDDAT、GPDPUD、GPDCONSLP和 GPDPUDSLP。如表 5-21 所示。各寄存器的具体描述如表 5-22～表 5-26 所示。

表 5-21　端口 D 控制寄存器

寄存器	地址	读/写	描述	复位值
GPDCON	0x7F008060	读/写	端口 D 配置寄存器	0x00
GPDDAT	0x7F008064	读/写	端口 D 数据寄存器	未定义
GPDPUD	0x7F008068	读/写	端口 D 上拉寄存器	0x00000155
GPDCONSLP	0x7F00806C	读/写	端口 D 睡眠模式配置寄存器	0x0
GPDPUDSLP	0x7F008070	读/写	端口 D 睡眠模式上拉/下拉寄存器	0x0

表 5-22　GPDCON 寄存器

GPDCON	位	描述		初始状态
GPD0	[3:0]	0000=输入 0010=PCM　SCLK[0] 0100=AC97　BITCLK 0110=保留	0001=输出 0011=I2S CLK[0] 0101=保留 0111=外部中断组 3[0]	0000
GPD1	[7:4]	0000=输入 0010=PCM　EXTCLK[0] 0100=AC97　RESETn 0110=保留	0001=输出 0011=I2S　CDCLK[0] 0101=保留 0111=外部中断组 3[1]	0000
GPD2	[11:8]	0000=输入 0010=PCM　FSYNC[0] 0100=AC97　SYNC[0] 0110=保留	0001=输出 0011=I2S　LRCLK[0] 0101=I2S　LRCLK[0] 0111=外部中断组 3[2]	0000
GPD3	[15:12]	0000=输入 0010=PCM　SIN[0] 0100=AC97　SDI 0110=保留	0001=输出 0011=I2S　DI[0] 0101=保留 0111=外部中断组 3[3]	0000

续表

GPDCON	位	描述	初始状态
GPD4	[19:16]	0000=输入　　0001=输出 0010=PCM SOUT[0]　　0011=I2S D0[0] 0100=AC97 SDO　　0101=保留 0110=保留　　0111=外部中断组 3[4]	0000

表 5-23　　GPDDAT 寄存器

GPDDAT	位	描述
GPD[4:0]	[4:0]	当端口作为输入端口时，相应的位为管脚状态；当端口作为输出端口时，管脚状态等同于相应的位；当端口作为功能管脚时，读取未被定义的值

表 5-24　　GPDPUD 寄存器

GPDPUD	位	描述
GPD[n]	[2n+1:2n] n=0～4	00=禁止上拉/下拉 01=下拉使能 10=上拉使能 11=保留

表 5-25　　GPDCONSLP 寄存器

GPDCONSLP	位	描述	初始状态
GPD[n]	[2n+1:2n] n=0～4	00=输出 0 01=输出 1 10=输入 11=与先前状态相同	00

表 5-26　　GPDPUDSLP 寄存器

GPDPUDSLP	位	描述
GPD[n]	[2n+1:2n] n=0～4	00=禁止上拉/下拉 01=下拉使能 10=上拉使能 11=保留

5.4.5 端口 E 控制寄存器

端口 E 控制寄存器包括五个控制寄存器，分别是 GPECON、GPEDAT、GPEPUD、GPECONSLP 和 GPEPUDSLP，如表 5-27 所示。各寄存器的具体描述如表 5-28～表 5-32 所示。

表 5-27　　端口 E 控制寄存器

寄存器	地址	读/写	描述	复位值
GPECON	0xF008080	读/写	端口 E 配置寄存器	0x00
GPEDAT	0xF008084	读/写	端口 E 数据寄存器	未定义
GPEUD	0xF008088	读/写	端口 E 上拉寄存器	0x00000155
GPECONSLP	0xF00808C	读/写	端口 E 睡眠模式配置寄存器	0x0
GPEPUDSLP	0xF008090	读/写	端口 E 睡眠模式上拉/下拉寄存器	0x0

表 5-28　　GPECON 寄存器

GPECON	位	描述	初始状态
GPE0	[3:0]	0000=输入　　0001=输出 0010=PCM　SCLK[1]　　0011=I2S　CLK[1] 0100=AC97　BITCLK　　0101=保留 0110=保留　　0111=保留	0000
GPE1	[7:4]	0000=输入　　0001=输出 0010=PCM　EXTCLK[1]　　0011=I2S　CDCLK[1] 0100=AC97　RESETn　　0101=保留 0110=保留　　0111=保留	0000
GPE2	[11:8]	0000=输入　　0001=输出 0010=PCM　FSYNC[1]　　0011=I2S　LRCLK[1] 0100=AC97　SYNC[0]　　0101=保留 0110=保留　　0111=保留	0000
GPE3	[15:12]	0000=输入　　0001=输出 0010=PCM　SIN[1]　　0011=I2S　DI[1] 0100=AC97　SDI　　0101=保留 0110=保留　　0111=保留	0000
GPE4	[19:16]	0000=输入　　0001=输出 0010=PCM　SOUT[1]　　0011=I2S　D0[1] 0100=AC97　SDO　　0101=保留 0110=保留　　0111=保留	0000

表 5-29　　GPEDAT 寄存器

GPEDAT	位	描述
GPE[4:0]	[4:0]	当端口作为输入端口时，相应的位为管脚状态；当端口作为输出端口时，管脚状态等同于相应的位；当端口作为功能管脚时，读取未被定义的值

表 5-30　　GPEPUD 寄存器

GPEPUD	位	描述
GPE[n]	[2n+1:2n] n=0～4	00=禁止上拉/下拉 01=下拉使能 10=上拉使能 11=保留

表 5-31　　GPECONSLP 寄存器

GPECONSLP	位	描述	初始状态
GPE[n]	[2n+1:2n] n=0～4	00=输出 0 01=输出 1 10=输入 11=与先前状态相同	00

表 5-32　　GPEPUDSLP 寄存器

GPEPUDSLP	位	描述
GPE[n]	[2n+1:2n] n=0～4	00=禁止上拉/下拉 01=下拉使能 10=上拉使能 11=保留

5.4.6　端口 F 控制寄存器

端口 F 控制寄存器包括五个控制寄存器，分别是 GPFCON、GPFDAT、GPFPUD、GPFCONSLP 和 GPFPUDSLP，如表 5-33 所示。具体描述如表 5-34～表 5-38 所示。

表 5-33　端口 F 控制寄存器

寄存器	地址	读/写	描述	复位值
GPFCON	0xF0080A0	读/写	端口 F 配置寄存器	0x00
GPFDAT	0xF0080A4	读/写	端口 F 数据寄存器	未定义
GPFUD	0xF0080A8	读/写	端口 F 上拉寄存器	0x55555555
GPFCONSLP	0xF0080AC	读/写	端口 F 睡眠模式配置寄存器	0x0
GPFPUDSLP	0xF0080B0	读/写	端口 F 睡眠模式上拉/下拉寄存器	0x0

表 5-34　GPFCON 寄存器

GPFCON	位	描述	初始状态
GPF0	[1:0]	00=输入　01=输出 10=PCMIF　CLK　11=外部中断组 4[0]	00
GPF1	[3:2]	00=输入　01=输出 10=CAMIF　HREF　11=外部中断组 4[1]	00
GPF2	[5:4]	00=输入　01=输出 10=CAMIF　PCLK　11=外部中断组 4[2]	00
GPF3	[7:6]	00=输入　01=输出 10=CAMIF　RSTn　11=外部中断组 4[3]	00
GPF4	[9:8]	00=输入　01=输出 10=CAMIF　VSYNC　11=外部中断组 4[4]	00
GPF5	[11:10]	00=输入　01=输出 10=CAMIF　YDATA[0]　11=外部中断组 4[5]	00
GPF6	[13:12]	00=输入　01=输出 10=CAMIF　YDATA[1]　11=外部中断组 4[6]	00
GPF7	[15:14]	00=输入　01=输出 10=CAMIF　YDATA[2]　11=外部中断组 4[7]	00
GPF8	[17:16]	00=输入　01=输出 10=CAMIF　YDATA[3]　11=外部中断组 4[8]	00
GPF9	[19:18]	00=输入　01=输出 10=CAMIF　YDATA[4]　11=外部中断组 4[9]	00
GPF10	[21:20]	00=输入　01=输出 10=CAMIF　YDATA[5]　11=外部中断组 4[10]	00
GPF11	[23:22]	00=输入　01=输出 10=CAMIF　YDATA[6]　11=外部中断组 4[11]	00
GPF12	[25:24]	00=输入　01=输出 10=CAMIF　YDATA[7]　11=外部中断组 4[12]	00
GPF13	[27:26]	00=输入　01=输出 10=PWM　ECLK　11=外部中断组 4[13]	00

续表

GPFCON	位	描述	初始状态
GPF14	[29:28]	00=输入　　01=输出 10=PWM　TOUT[0]　　11=CLKOUT[0]	00
GPF15	[31:30]	00=输入　　01=输出 10= PWM　TOUT[1]　　11=保留	00

表 5-35　　GPFDAT 寄存器

GPFDAT	位	描述
GPF[15:0]	[15:0]	当端口作为输入端口时，相应的位为管脚状态；当端口作为输出端口时，管脚状态等同于相应的位；当端口作为功能管脚时，读取未被定义的值

表 5-36　　GPFPUD 寄存器

GPFPUD	位	描述
GPF[n]	[2n+1:2n] n=0～15	00=禁止上拉/下拉 01=下拉使能 10=上拉使能 11=保留

表 5-37　　GPFCONSLP 寄存器

GPFCONSLP	位	描述
GPF[n]	[2n+1:2n] n=0～15	00=输出 0 01=输出 1 10=输入 11=与先前状态相同

表 5-38　　GPFPUDSLP 寄存器

GPFPUDSLP	位	描述
GPF[n]	[2n+1:2n] n=0～15	00=禁止上拉/下拉 01=下拉使能 10=上拉使能 11=保留

5.4.7　端口 G 控制寄存器

端口 G 控制寄存器包括五个控制寄存器，分别是 GPGCON、GPGDAT、GPGPUD、GPGCONSLP 和 GPGPUDSLP，如表 5-39 所示。具体描述如表 5-40 ~ 表 5-44 所示。

表 5-39　　端口 G 控制寄存器

寄存器	地址	读/写	描述	复位值
GPGCON	0xF0080C0	读/写	端口 G 配置寄存器	0x00
GPGDAT	0xF0080C4	读/写	端口 G 数据寄存器	未定义
GPGPUD	0xF0080C8	读/写	端口 G 上拉寄存器	0x00001555
GPGCONSLP	0xF0080CC	读/写	端口 G 睡眠模式配置寄存器	0x0
GPGPUDSLP	0xF0080D0	读/写	端口 G 睡眠模式上拉/下拉寄存器	0x0

表 5-40 GPGCON 寄存器

GPGCON	位	描述	初始状态
GPG0	[3:0]	0000=输入 0001=输出 0010=MMC CLK0 0011=保留 0100=IrDA RXD 0101=保留 0110=保留 0111=外部中断组 5[0]	0000
GPG1	[7:4]	0000=输入 0001=输出 0010=MMC CMD0 0011=保留 0100=保留 0101=ADDR_CF[1] 0110=保留 0111=外部中断组 5[1]	0000
GPG2	[11:8]	0000=输入 0001=输出 0010=MMC DATA[0] 0011=保留 0100=保留 0101=保留 0110=保留 0111=外部中断组 5[2]	0000
GPG3	[15:12]	0000=输入 0001=输出 0010=MMC DATA[1] 0011=保留 0100=保留 0101=保留 0110=保留 0111=外部中断组 5[3]	0000
GPG4	[19:16]	0000=输入 0001=输出 0010=MMC DATA0[2] 0011=保留 0100=保留 0101=保留 0110=保留 0111=外部中断组 5[4]	0000
GPG5	[23:20]	0000=输入 0001=输出 0010=MMC DATA0[3] 0011=保留 0100=保留 0101=保留 0110=保留 0111=外部中断组 5[5]	0000
GPG6	[27:24]	0000=输入 0001=输出 0010=MMC CDn0 0011=MMC CDn1 0100=保留 0101=保留 0110=保留 0111=外部中断组 5[6]	0000

表 5-41 GPGDAT 寄存器

GPGDAT	位	描述
GPG[6:0]	[6:0]	当端口作为输入端口时，相应的位为管脚状态；当端口作为输出端口时，管脚状态等同于相应的位；当端口作为功能管脚时，读取未被定义的值

表 5-42 GPGPUD 寄存器

GPGPUD	位	描述
GPG[n]	[2n+1:2n] n=0～6	00=禁止上拉/下拉 01=下拉使能 10=上拉使能 11=保留

表 5-43　　　　GPGCONSLP 寄存器

GPGCONSLP	位	描述	初始状态
GPG[n]	[2n+1:2n] n=0～6	00=输出 0 01=输出 1 10=输入 11=与先前状态相同	00

表 5-44　　　　GPGPUDSLP 寄存器

GPGPUDSLP	位	描述
GPG[n]	[2n+1:2n] n=0～6	00=禁止上拉/下拉 01=下拉使能 10=上拉使能 11=保留

5.4.8　端口 H 控制寄存器

端口 H 控制寄存器包括六个控制寄存器，分别是 GPHCON0、GPHCON1、GPHDAT、GPHPUD、GPHCONSLP 和 GPHPUDSLP，如表 5-45 所示。具体描述如表 5-46～表 5-51 所示。

表 5-45　　　　端口 H 控制寄存器

寄存器	地址	读/写	描述	复位值
GPHCON0	0xF0080E0	读/写	端口 H 配置寄存器	0x00
GPHCON1	0xF0080E4	读/写	端口 H 配置寄存器	0x00
GPHDAT	0xF0080E8	读/写	端口 H 数据寄存器	未定义
GPHPUD	0xF0080EC	读/写	端口 H 上拉寄存器	0x00055555
GPHCONSLP	0xF0080F0	读/写	端口 H 睡眠模式配置寄存器	0x0
GPHPUDSLP	0xF0080F4	读/写	端口 H 睡眠模式上拉/下拉寄存器	0x0

表 5-46　　　　GPHCON0 寄存器

GPHCON0	位	描述	初始状态
GPH0	[3:0]	0000=输入　0001=输出 0010=MMC　CLK1　0011=保留 0100=Key　pad　COL[0]　0101=保留 0110=保留　0111=外部中断组 6[0]	0000
GPH1	[7:4]	0000=输入　0001=输出 0010=MMC　CLK1　0011=保留 0100=Key　pad　COL[1]　0101=保留 0110=保留　0111=外部中断组 6[1]	0000
GPH2	[11:8]	0000=输入　0001=输出 0010=MMC　DATA1[0]　0011=保留 0100=Key　pad　COL[2]　0101=保留 0110=保留　0111=外部中断组 6[2]	0000

续表

GPHCON0	位	描述	初始状态
GPH3	[15:12]	0000=输入　0001=输出 0010=MMC DATA1[1]　0011=保留 0100=Key pad COL[3]　0101=保留 0110=保留　0111=外部中断组 6[3]	0000
GPH4	[19:16]	0000=输入　0001=输出 0010=MMC DATA1[2]　0011=保留 0100=Key pad COL[4]　0101=保留 0110=保留　0111=外部中断组 6[4]	0000
GPH5	[23:20]	0000=输入　0001=输出 0010=MMC DATA1[3]　0011=保留 0100=Key pad COL[5]　0101=保留 0110=保留　0111=外部中断组 6[5]	0000
GPH6	[27:24]	0000=输入　0001=输出 0010=MMC DATA1[4]　0011=MMC DATA2[0] 0100=Key pad COL[6]　0101=I2S_V40 BCLK 0110=保留　0111=外部中断组 6[6]	0000
GPH7	[31:28]	0000=输入　0001=输出 0010=MMC DATA1[5]　0011=MMC DATA2[1] 0100=Key pad COL[7]　0101=I2S_V40 BCLK 0110=ADDR_CF[1]　0111=外部中断组 6[7]	0000

表 5-47　GPHCON1 寄存器

GPHCON1	位	描述	初始状态
GPH8	[3:0]	0000=输入　0001=输出 0010=MMC DATA1[6]　0011=MMC DATA2[2] 0100=保留　0101=I2S_V40 BCLK 0110=ADDR_CF[2]　0111=外部中断组 6[8]	0000
GPH9	[7:4]	0000=输入　0001=输出 0010=MMC DATA1[7]　0011=MMC DATA2[3] 0100=保留　0101=I2S_V40 DI 0110=保留　0111=外部中断组 6[9]	0000

表 5-48　GPHDAT 寄存器

GPHDAT	位	描述
GPG[9:0]	[9:0]	当端口作为输入端口时，相应的位为管脚状态；当端口作为输出端口时，管脚状态等同于相应的位；当端口作为功能管脚时，读取未被定义的值

表 5-49　GPHPUD 寄存器

GPHPUD	位	描述
GPH[n]	[2n+1:2n] n=0～9	00=禁止上拉/下拉 01=下拉使能 10=上拉使能 11=保留

表 5-50 GPHCONSLP 寄存器

GPHCONSLP	位	描述	初始状态
GPH[n]	[2n+1:2n] n=0～9	00=输出 0 01=输出 1 10=输入 11=与先前状态相同	00

表 5-51 GPHPUDSLP 寄存器

GPHPUDSLP	位	描述
GPH[n]	[2n+1:2n] n=0～9	00=禁止上拉/下拉 01=下拉使能 10=上拉使能 11=保留

5.4.9 端口 I 控制寄存器

端口 I 控制寄存器包括五个控制寄存器，分别是 GPICON、GPIDAT、GPIPUD、GPICONSLP 和 GPIPUDSLP，如表 5-52 所示。具体描述如表 5-53～表 5-57 所示。

表 5-52 端口 I 控制寄存器

寄存器	地址	读/写	描述	复位值
GPICON	0xF008100	读/写	端口 I 配置寄存器	0x00
GPIDAT	0xF008104	读/写	端口 I 数据寄存器	未定义
GPIUD	0xF008108	读/写	端口 I 上拉寄存器	0x55555555
GPICONSLP	0xF00810C	读/写	端口 I 睡眠模式配置寄存器	0x0
GPIPUDSLP	0xF008110	读/写	端口 I 睡眠模式上拉/下拉寄存器	0x0

表 5-53 GPICON 寄存器

GPICON	位	描述	初始状态
GPI0	[1:0]	00=输入 01=输出 10=LCD VD[0] 11=保留	00
GPI1	[3:2]	00=输入 01=输出 10=LCD VD[1] 11=保留	00
GPI2	[5:4]	00=输入 01=输出 10=LCD VD[2] 11=保留	00
GPI3	[7:6]	00=输入 01=输出 10=LCD VD[3] 11=保留	00
GPI4	[9:8]	00=输入 01=输出 10=LCD VD[4] 11=保留	00
GPI5	[11:10]	00=输入 01=输出 10=LCD VD[5] 11=保留	00
GPI6	[13:12]	00=输入 01=输出 10=LCD VD[6] 11=保留	00

续表

GPICON	位	描述	初始状态
GPI7	[15:14]	00=输入　01=输出 10=LCD　VD[7]　11=保留	00
GPI8	[17:16]	00=输入　01=输出 10=LCD　VD[8]　11=保留	00
GPI9	[19:18]	00=输入　01=输出 10=LCD　VD[9]　11=保留	00
GPI10	[21:20]	00=输入　01=输出 10=LCD　VD[10]　11=保留	00
GPI11	[23:22]	00=输入　01=输出 10=LCD　VD[11]　11=保留	00
GPI12	[25:24]	00=输入　01=输出 10=LCD　VD[12]　11=保留	00
GPI13	[27:26]	00=输入　01=输出 10=LCD　VD[13]　11=保留	00
GPI14	[29:28]	00=输入　01=输出 10=LCD　VD[14]　11=保留	00
GPI15	[31:30]	00=输入　01=输出 10=LCD　VD[15]　11=保留	00

表 5-54　GPIDAT 寄存器

GPIDAT	位	描述
GPI[15:0]	[15:0]	当端口作为输入端口时，相应的位为管脚状态；当端口作为输出端口时，管脚状态等同于相应的位；当端口作为功能管脚时，读取未被定义的值

表 5-55　GPIPUD 寄存器

GPIPUD	位	描述
GPI[n]	[2n+1:2n] n=0～15	00=禁止上拉/下拉 01=下拉使能 10=上拉使能 11=保留

表 5-56　GPICONSLP 寄存器

GPICONSLP	位	描述	初始状态
GPI[n]	[2n+1:2n] n=0～15	00=输出 0 01=输出 1 10=输入 11=与先前状态相同	00

表 5-57　GPIPUDSLP 寄存器

GPIPUDSLP	位	描述
GPI[n]	[2n+1:2n] n=0～15	00=禁止上拉/下拉 01=下拉使能 10=上拉使能 11=保留

5.4.10 端口 J 控制寄存器

端口 J 控制寄存器包括五个控制寄存器，分别是 GPJCON、GPJDAT、GPJPUD、GPJCONSLP 和 GPJPUDSLP，如表 5-58 所示。具体描述如表 5-59~表 5-63 所示。

表 5-58　端口 J 控制寄存器

寄存器	地址	读/写	描述	复位值
GPJCON	0xF008120	读/写	端口 J 置寄存器	0x00
GPJDAT	0xF008124	读/写	端口 J 据寄存器	未定义
GPJUD	0xF008128	读/写	端口 J 拉寄存器	0x05555555
GPJCONSLP	0xF00812C	读/写	端口 J 眠模式配置寄存器	0x0
GPJPUDSLP	0xF008130	读/写	端口 J 眠模式上拉/下拉寄存器	0x0

表 5-59　GPJCON 寄存器

GPJCON	位	描述	初始状态
GPJ0	[1:0]	00=输入　01=输出 10=LCD　VD[16]　11=保留	00
GPJ1	[3:2]	00=输入　01=输出 10=LCD　VD[17]　11=保留	00
GPJ2	[5:4]	00=输入　01=输出 10=LCD　VD[18]　11=保留	00
GPJ3	[7:6]	00=输入　01=输出 10=LCD　VD[19]　11=保留	00
GPJ4	[9:8]	00=输入　01=输出 10=LCD　VD[20]　11=保留	00
GPJ5	[11:10]	00=输入　01=输出 10=LCD　VD[21]　11=保留	00
GPJ6	[13:12]	00=输入　01=输出 10=LCD　VD[22]　11=保留	00
GPJ7	[15:14]	00=输入　01=输出 10=LCD　VD[23]　11=保留	00
GPJ8	[17:16]	00=输入　01=输出 10=LCD　HSYNC　11=保留	00
GPJ9	[19:18]	00=输入　01=输出 10=LCD　VSYNC　11=保留	00
GPJ10	[21:20]	00=输入　01=输出 10=LCD　VDEN　11=保留	00
GPJ11	[23:22]	00=输入　01=输出 10=LCD　VCLK　11=保留	00

表 5-60　GPJDAT 寄存器

GPJDAT	位	描述
GPJ[11:0]	[11:0]	当端口作为输入端口时，相应的位为管脚状态；当端口作为输出端口时，管脚状态等同于相应的位；当端口作为功能管脚时，读取未被定义的值

表 5-61　　GPJPUD 寄存器

GPJPUD	位	描述
GPJ[n]	[2n+1:2n] n=0～11	00=禁止上拉/下拉 01=下拉使能 10=上拉使能 11=保留

表 5-62　　GPJCONSLP 寄存器

GPJCONSLP	位	描述	初始状态
GPJ[n]	[2n+1:2n] n=0～11	00=输出 0 01=输出 1 1*=输入	00

表 5-63　　GPJPUDSLP 寄存器

GPJPUDSLP	位	描述
GPJ[n]	[2n+1:2n] n=0～11	00=禁止上拉/下拉 01=下拉使能 10=上拉使能 11=保留

注意：

当在睡眠模式下设置 LCD Bypass 模式时，GPJSLPCON 和 GPJPUDSLP 不能控制 J 端口。因为，在此情况下的 J 端口输入单元由主机 I/F 模块控制，信号由 K、L、M 端口单元发出。

5.4.11　端口 K 控制寄存器

端口 K 控制寄存器包括四个控制寄存器，分别是 GPKCON0、GPKCON1、GPKDAT 和 GPKPUD，如表 5-64 所示。具体描述如表 5-65～表 5-68 所示。

表 5-64　　端口 K 控制寄存器

寄存器	地址	读/写	描述	复位值
GPKCON0	0xF008800	读/写	端口 K 配置寄存器 0	0x22222222
GPKCON1	0xF008804	读/写	端口 K 配置寄存器 1	0x22222222
GPKDAT	0xF008808	读/写	端口 K 数据寄存器	未定义
GPKPUD	0xF00880C	读/写	端口 K 上拉/下拉寄存器	0x55555555

表 5-65　　GPKCON0 寄存器

GPKCON0	位	描述	初始状态
GPK0	[3:0]	0000=输入　0001=输出 0010=Host I/F DATA[0]　0011=HIS RX READY 0100=保留　0101=DATA_CF[0] 0110=保留　0111=保留	0010
GPK1	[7:4]	0000=输入　0001=输出 0010=Host I/F DATA[1]　0011=HIS RX WAKE 0100=保留　0101=DATA_CF[1] 0110=保留　0111=保留	0010

续表

GPKCON0	位	描述	初始状态
GPK2	[11:8]	0000=输入　0001=输出 0010=Host I/F DATA[2]　0011=HIS RX FLAG 0100=保留　0101=DATA_CF[2] 0110=保留　0111=保留	0010
GPK3	[15:12]	0000=输入　0001=输出 0010=Host I/F DATA[3]　0011=HIS RX READY 0100=保留　0101=DATA_CF[3] 0110=保留　0111=保留	0010
GPK4	[19:16]	0000=输入　0001=输出 0010=Host I/F DATA[4]　0011=HIS RX READY 0100=保留　0101=DATA_CF[4] 0110=保留　0111=保留	0010
GPK5	[23:20]	0000=输入　0001=输出 0010=Host I/F DATA[5]　0011=HIS RX WAKE 0100=保留　0101=DATA_CF[5] 0110=保留　0111=保留	0010
GPK6	[27:24]	0000=输入　0001=输出 0010=Host I/F DATA[6]　0011=HIS RX FLAG 0100=保留　0101=DATA_CF[6] 0110=保留　0111=保留	0010
GPK7	[31:28]	0000=输入　0001=输出 0010=Host I/F DATA[7]　0011=HIS RX DATA 0100=保留　0101=DATA_CF[7] 0110=保留　0111=保留	0010

表 5-66　GPKCON1 寄存器

GPKCON1	位	描述	初始状态
GPK8	[3:0]	0000=输入　0001=输出 0010=Host I/F DATA[8]　0011=Key pad ROW[0] 0100=保留　0101=DATA_CF[8] 0110=保留　0111=保留	0010
GPK9	[7:4]	0000=输入　0001=输出 0010=Host I/F DATA[9]　0011= Key pad ROW[1] 0100=保留　0101=DATA_CF[9] 0110=保留　0111=保留	0010
GPK10	[11:8]	0000=输入　0001=输出 0010=Host I/F DATA[10]　0011= Key pad ROW[2] 0100=保留　0101=DATA_CF[10] 0110=保留　0111=保留	0010
GPK11	[15:12]	0000=输入　0001=输出 0010=Host I/F DATA[11]　0011= Key pad ROW[3] 0100=保留　0101=DATA_CF[11] 0110=保留　0111=保留	0010

续表

GPKCON1	位	描述	初始状态
GPK12	[19:16]	0000=输入　0001=输出 0010=Host I/F DATA[12]　0011= Key pad ROW[4] 0100=保留　0101=DATA_CF[12] 0110=保留　0111=保留	0010
GPK13	[23:20]	0000=输入　0001=输出 0010=Host I/F DATA[13]　0011= Key pad ROW[5] 0100=保留　0101=DATA_CF[13] 0110=保留　0111=保留	0010
GPK14	[27:24]	0000=输入　0001=输出 0010=Host I/F DATA[14]　0011= Key pad ROW[6] 0100=保留　0101=DATA_CF[14] 0110=保留　0111=保留	0010
GPK15	[31:28]	0000=输入　0001=输出 0010=Host I/F DATA[15]　0011= Key pad ROW[7] 0100=保留　0101=DATA_CF[15] 0110=保留　0111=保留	0010

表 5-67　GPKDAT 寄存器

GPKDAT	位	描述
GPK[15:0]	[15:0]	当端口作为输入端口时，相应的位为管脚状态；当端口作为输出端口时，管脚状态等同于相应的位；当端口作为功能管脚时，读取未被定义的值

表 5-68　GPKPUD 寄存器

GPKPUD	位	描述
GPK[n]	[2n+1:2n] n=0～15	00=禁止上拉/下拉 01=下拉使能 10=上拉使能 11=保留

5.4.12　端口 L 控制寄存器

端口 L 控制寄存器包括四个控制寄存器，分别是 GPLCONO、GPLCON1、GPLDAT、GPLPUD，如表 5-69 所示。具体描述如表 5-70～表 5-73 所示。

表 5-69　端口 L 控制寄存器

寄存器	地址	读/写	描述	复位值
GPLCON0	0xF008810	读/写	端口 L 配置寄存器 0	0x22222222
GPLCON1	0xF008814	读/写	端口 L 配置寄存器 1	0x22222222
GPLDAT	0xF008818	读/写	端口 L 数据寄存器	未定义
GPLPUD	0xF00881C	读/写	端口 L 上拉/下拉寄存器	0x15555555

表 5-70 GPLCON0 寄存器

GPLCON0	位	描述	初始状态
GPL0	[3:0]	0000=输入 0001=输出 0010=Host I/F ADDR[0] 0011=Key pad COL[0] 0100=保留 0101=保留 0110=ADDR_CF[0] 0111=保留	0010
GPL1	[7:4]	0000=输入 0001=输出 0010=Host I/F ADDR[1] 0011=Key pad COL[1] 0100=保留 0101=保留 0110=ADDR_CF[1] 0111=保留	0010
GPL2	[11:8]	0000=输入 0001=输出 0010=Host I/F ADDR[2] 0011=Key pad COL[2] 0100=保留 0101=保留 0110=ADDR_CF[2] 0111=保留	0010
GPL3	[15:12]	0000=输入 0001=输出 0010=Host I/F ADDR[3] 0011=Key pad COL[3] 0100=保留 0101=保留 0110=MEM0_INTata 0111=保留	0010
GPL4	[19:16]	0000=输入 0001=输出 0010=Host I/F ADDR[4] 0011=Key pad COL[4] 0100=保留 0101=保留 0110=MEM0_RESTata 0111=保留	0010
GPL5	[23:20]	0000=输入 0001=输出 0010=Host I/F ADDR[5] 0011=Key pad COL[5] 0100=保留 0101=保留 0110=MEM0_INPACKata 0111=保留	0010
GPL6	[27:24]	0000=输入 0001=输出 0010=Host I/F ADDR[6] 0011=Key pad COL[6] 0100=保留 0101=保留 0110=MEM0_REGata 0111=保留	0010
GPL7	[31:28]	0000=输入 0001=输出 0010=Host I/F ADDR[7] 0011=Key pad COL[7] 0100=保留 0101=保留 0110=MEM0_CData 0111=保留	0010

表 5-71 GPLCON1 寄存器

GPLCON1	位	描述	初始状态
GPL8	[3:0]	0000=输入 0001=输出 0010=Host I/F DATA[8] 0011=Ext.Interrupt[16] 0100=保留 0101=CE_CF[0] 0110=保留 0111=保留	0010
GPL9	[7:4]	00000=输入 0001=输出 0010=Host I/F DATA[9] 0011=Ext.Interrupt[17] 0100=保留 0101=CE_CF[1] 0110=保留 0111=保留	0010

续表

GPLCON1	位	描述	初始状态
GPL10	[11:8]	0000=输入　0001=输出 0010=Host I/F DATA[10]　0011=Ext.Interrupt[18] 0100=保留　0101=IORD_CF 0110=保留　0111=保留	0010
GPL11	[15:12]	0000=输入　0001=输出 0010=Host I/F DATA[11]　0011=Ext.Interrupt[19] 0100=保留　0101=LOWR_CF 0110=保留　0111=保留	0010
GPL12	[19:16]	00000=输入　0001=输出 0010=Host I/F DATA[12]　0011=Ext.Interrupt[20] 0100=保留　0101=LORDY_CF 0110=保留　0111=保留	0010
GPL13	[23:20]	0000=输入　0001=输出 0010=Host I/F DATA[16]　0011=Ext.Interrupt[21] 0100=保留　0101=保留 0110=保留　0111=保留	0010
GPL14	[27:24]	00000=输入　0001=输出 0010=Host I/F DATA[17]　0011=Ext.Interrupt[22] 0100=保留　0101=保留 0110=保留　0111=保留	0010

表 5-72　GPLDAT 寄存器

GPLDAT	位	描述
GPL[14:0]	[14:0]	当端口作为输入端口时，相应的位为管脚状态；当端口作为输出端口时，管脚状态等同于相应的位；当端口作为功能管脚时，读取未被定义的值

表 5-73　GPLPUD 寄存器

GPLPUD	位	描述
GPL[n]	[2n+1:2n] n=0～14	00=禁止上拉/下拉 01=下拉使能 10=上拉使能 11=保留

5.4.13　端口 M 控制寄存器

端口 M 控制寄存器包括 3 个控制寄存器，分别是 GPMCON、GPMDAT 和 PMPUD，如表 5-74 所示。具体描述如表 5-75～表 5-77 所示。

表 5-74　端口 M 控制寄存器

寄存器	地址	读/写	描述	复位值
GPMCON	0xF008820	读/写	端口 M 配置寄存器 0	0x22222222
GPMDAT	0xF008824	读/写	端口 M 数据寄存器	未定义
GPMPUD	0xF008828	读/写	端口 M 上拉/下拉寄存器	0x000002AA

表 5-75　　GPMCON 寄存器

GPMCON	位	描述		初始状态
GPM0	[3:0]	0000=输入 0010=Host I/F CSn 0100=保留 0110=CE_CF[1]	0001=输出 0011=Ext.Interrupt[23] 0101=保留 0111=保留	0010
GPM1	[7:4]	0000=输入 0010=Host I/F CSn_main 0100=保留 0110=CE_CF[0]	0001=输出 0011=Ext.Interrupt[24] 0101=保留 0111=保留	0010
GPM2	[11:8]	0000=输入 0010=Host I/F CSn_sub 0100=Host I/F MDP_VSYNC 0110=I)RD_CF	0001=输出 0011=Ext.Interrupt[24] 0101=保留 0111=保留	0010
GPM3	[15:12]	0000=输入 0010=Host I/F WEn 0100=保留 0110=LOWR_CF	0001=输出 0011=Ext.Interrupt[26] 0101=保留 0111=保留	0010
GPM4	[19:16]	0000=输入 0010=Host I/F OEn 0100=保留 0110=IORDY_CF	0001=输出 0011=Ext.Interrupt[27] 0101=保留 0111=保留	0010
GPM5	[23:20]	0000=输入 0010=Host I/F INTRn 0100=保留 0110=CE_CF[1]	0001=输出 0011=CF Data Dir 0101=保留 0111=保留	0010

表 5-76　　GPMDAT 寄存器

GPMDAT	位	描述
GPM[5:0]	[5:0]	当端口作为输入端口时，相应的位为管脚状态；当端口作为输出端口时，管脚状态等同于相应的位；当端口作为功能管脚时，读取未被定义的值

表 5-77　　GPMPUD 寄存器

GPMPUD	位	描述
GPM[n]	[2n+1:2n] n=0～5	00=禁止上拉/下拉 01=下拉使能 10=上拉使能 11=保留

5.4.14　端口 N 控制寄存器

端口 N 控制寄存器包括 3 个控制寄存器，分别是 GPNCON、GPNDAT 和 GPNPUD。GPNCON、GPNDAT 和 GPNPUD 都属于 alive 部分，如表 5-78 所示。具体描述如表 5-79～表 5-81 所示。

表 5-78　端口 N 控制寄存器

寄存器	地址	读/写	描述	复位值
GPNCON	0xF008830	读/写	端口 N 置寄存器	0x00
GPNDAT	0xF008834	读/写	端口 N 据寄存器	未定义
GPNUD	0xF008838	读/写	端口 N 拉寄存器	0x55555555

表 5-79　GPNCON 寄存器

GPNCON	位	描述	初始状态
GPN0	[1:0]	00=输入　01=输出 10=Ext.Interrupt[0]　11=Key pad ROW[0]	00
GPN1	[3:2]	00=输入　01=输出 10=Ext.Interrupt[1]　11=Key pad ROW[1]	00
GPN2	[5:4]	00=输入　01=输出 10=Ext.Interrupt[2]　11=Key pad ROW[2]	00
GPN3	[7:6]	00=输入　01=输出 10=Ext.Interrupt[3]　11=Key pad ROW[3]	00
GPN4	[9:8]	00=输入　01=输出 10=Ext.Interrupt[4]　11=Key pad ROW[4]	00
GPN5	[11:10]	00=输入　01=输出 10=Ext.Interrupt[5]　11=Key pad ROW[5]	00
GPN6	[13:12]	00=输入　01=输出 10=Ext.Interrupt[6]　11=Key pad ROW[6]	00
GPN7	[15:14]	00=输入　01=输出 10=Ext.Interrupt[7]　11=Key pad ROW[7]	00
GPN8	[17:16]	00=输入　01=输出 10=Ext.Interrupt[8]　11=保留	00
GPN9	[19:18]	00=输入　01=输出 10=Ext.Interrupt[9]　11=保留	00
GPN10	[21:20]	00=输入　01=输出 10=Ext.Interrupt[10]　11=保留	00
GPN11	[23:22]	00=输入　01=输出 10=Ext.Interrupt[11]　11=保留	00
GPN12	[25:24]	00=输入　01=输出 10=Ext.Interrupt[12]　11=保留	00
GPN13	[27:26]	00=输入　01=输出 10=Ext.Interrupt[13]　11=保留	00
GPN14	[29:28]	00=输入　01=输出 10=Ext.Interrupt[14]　11=保留	00
GPN15	[31:30]	00=输入　01=输出 10=Ext.Interrupt[15]　11=保留	00

表 5-80　GPNDAT 寄存器

GPNDAT	位	描述
GPN[15:0]	[15:0]	当端口作为输入端口时，相应的位为管脚状态；当端口作为输出端口时，管脚状态等同于相应的位；当端口作为功能管脚时，读取未被定义的值

表 5-81　GPNPUD 寄存器

GPNPUD	位	描述
GPN[n]	[2n+1:2n] n=0～15	00=禁止上拉/下拉 01=下拉使能 10=上拉使能 11=保留

5.4.15　端口 O 控制寄存器

端口 O 控制寄存器包括 5 个控制寄存器，分别是 GPOCON、GPODAT、GPOPUD、GPOCONSLP 和 GPOPUDSLP，如表 5-82 所示。具体描述如表 5-83～表 5-87 所示。

表 5-82　端口 O 控制寄存器

寄存器	地址	读/写	描述	复位值
GPOCON	0xF008140	读/写	端口 O 配置寄存器	0xAAAAAAAA
GPODAT	0xF008144	读/写	端口 O 数据寄存器	未定义
GPOUD	0xF008148	读/写	端口 O 上拉寄存器	0x0
GPOCONSLP	0xF00814C	读/写	端口 O 睡眠模式配置寄存器	0x0
GPOPUDSLP	0xF008150	读/写	端口 O 睡眠模式上拉/下拉寄存器	0x0

表 5-83　GPOCON 寄存器

GPOCON	位	描述	初始状态
GPO0	[1:0]	00=输入　01=输出 10=MEM0_nCS[2]　11=Ext.Interrupt　Group7[0]	10
GPO1	[3:2]	00=输入　01=输出 10=MEM0_nCS[3]　11=Ext.Interrupt　Group7[1]	10
GPO2	[5:4]	00=输入　01=输出 10=MEM0_nCS[4]　11=Ext.Interrupt　Group7[2]	10
GPO3	[7:6]	00=输入　01=输出 10=MEM0_nCS[5]　11=Ext.Interrupt　Group7[3]	10
GPO4	[9:8]	00=输入　01=输出 10=保留　11=Ext.Interrupt　Group7[4]	10
GPO5	[11:10]	00=输入　01=输出 10=保留　11=Ext.Interrupt　Group7[5]	10
GPO6	[13:12]	00=输入　01=输出 10=MEM0_ADDR[6]　11=Ext.Interrupt　Group7[6]	10
GPO7	[15:14]	00=输入　01=输出 10=MEM0_ADDR[7]　11=Ext.Interrupt　Group7[7]	10
GPO8	[17:16]	00=输入　01=输出 10=MEM0_ADDR[8]　11=Ext.Interrupt　Group7[8]	10
GPO9	[19:18]	00=输入　01=输出 10=MEM0_ADDR[9]　11=Ext.Interrupt　Group7[9]	10
GPO10	[21:20]	00=输入　01=输出 10=MEM0_ADDR[10]　11=Ext.Interrupt　Group7[10]	10

续表

GPOCON	位	描述	初始状态
GPO11	[23:22]	00=输入　01=输出 10=MEM0_ADDR[11]　11=Ext.Interrupt　Group7[11]	10
GPO12	[25:24]	00=输入　01=输出 10=MEM0_ADDR[12]　11=Ext.Interrupt　Group7[12]	10
GPO13	[27:26]	00=输入　01=输出 10=MEM0_ADDR[13]　11=Ext.Interrupt　Group7[13]	10
GPO14	[29:28]	00=输入　01=输出 10=MEM0_ADDR[14]　11=Ext.Interrupt　Group7[14]	10
GPO15	[31:30]	00=输入　01=输出 10=MEM0_ADDR[15]　11=Ext.Interrupt　Group7[15]	10

表 5-84　GPODAT 寄存器

GPODAT	位	描述
GPO[15:0]	[15:0]	当端口作为输入端口时，相应的位为管脚状态；当端口作为输出端口时，管脚状态等同于相应的位；当端口作为功能管脚时，读取未被定义的值

表 5-85　GPOPUD 寄存器

GPOPUD	位	描述
GPO[n]	[2n+1:2n] n=0～15	00=禁止上拉/下拉 01=下拉使能 10=上拉使能 11=保留

表 5-86　GPOCONSLP 寄存器

GPOCONSLP	位	描述	初始状态
GPO[n]	[2n+1:2n] n=0～15	00=输出 0 01=输出 1 10=输入 11=与先前状态相同	00

表 5-87　GPOPUDSLP 寄存器

GPOPUDSLP	位	描述
GPO[n]	[2n+1:2n] n=0～15	00=禁止上拉/下拉 01=下拉使能 10=上拉使能 11=保留

注意：

（1）当端口用于接收存储器接口信号时，不可以进行上拉/下拉操作；

（2）当端口用于接收存储器接口信号时，端口状态由停止模式的 MEMOCONSTOP 控制，MEMOCONSTOPO 处于睡眠模式；

（3）在停止模式和睡眠模式，GPO/GPP/GPQ 端口均设置为存储器功能。

5.4.16 端口 P 控制寄存器

端口 P 控制寄存器包括 5 个控制寄存器，分别是 GPPCON、GPPDAT、GPPPUD、GPPCONSLP 和 GPPPUDSLP，如表 5-88 所示。具体描述如表 5-89～表 5-93 所示。

表 5-88　端口 P 控制寄存器

寄存器	地址	读/写	描述	复位值
GPPCON	0xF008160	读/写	端口 P 配置寄存器	0x2AAAAAAA
GPPDAT	0xF008164	读/写	端口 P 数据寄存器	未定义
GPPUD	0xF008168	读/写	端口 P 上拉寄存器	0x1011AAA0
GPPCONSLP	0xF00816C	读/写	端口 P 睡眠模式配置寄存器	0x0
GPPPUDSLP	0xF008170	读/写	端口 P 睡眠模式上拉/下拉寄存器	0x0

表 5-89　GPPCON 寄存器

GPPCON	位	描述	初始状态
GPP0	[1:0]	00=输入　01=输出 10=MEM0_ADDRV　11=Ext.Interrupt　Group8[0]	10
GPP1	[3:2]	00=输入　01=输出 10=MEM0_SMCKL　11=Ext.Interrupt　Group8[1]	10
GPP2	[5:4]	00=输入　01=输出 10=MEM0_nWAIT　11=Ext.Interrupt　Group8[2]	10
GPP3	[7:6]	00=输入　01=输出 10=MEM0_BDY0_ALE　11=Ext.Interrupt　Group8[3]	10
GPP4	[9:8]	00=输入　01=输出 10=MEM0_BDY1_CLE　11=Ext.Interrupt　Group8[4]	10
GPP5	[11:10]	00=输入　01=输出 10=MEM0_INTsm0-FEW　11=Ext.Interrupt　Group8[5]	10
GPP6	[13:12]	00=输入　01=输出 10=MEM0_INTsm0-FRE　11=Ext.Interrupt　Group8[6]	10
GPP7	[15:14]	00=输入　01=输出 10=MEM0_RPn_RnB　11=Ext.Interrupt　Group8[7]	10
GPP8	[17:16]	00=输入　01=输出 10=MEM0_INTata　11=Ext.Interrupt　Group8[8]	10
GPP9	[19:18]	00=输入　01=输出 10=MEM0_RESETata　11=Ext.Interrupt　Group8[9]	10
GPP10	[21:20]	00=输入　01=输出 10=MEM0_INPACKata　11=Ext.Interrupt　Group8[10]	10
GPP11	[23:22]	00=输入　01=输出 10=MEM0_REGata　11=Ext.Interrupt　Group8[11]	10
GPP12	[25:24]	00=输入　01=输出 10=MEM0_WEata　11=Ext.Interrupt　Group8[12]	10
GPP13	[27:26]	00=输入　01=输出 10=MEM0_Oeata　11=Ext.Interrupt　Group8[13]	10
GPP14	[29:28]	00=输入　01=输出 10=MEM0_CData　11=Ext.Interrupt　Group8[14]	10

表 5-90　　GPPDAT 寄存器

GPPDAT	位	描述
GPP[14:0]	[14:0]	当端口作为输入端口时，相应的位为管脚状态；当端口作为输出端口时，管脚状态等同于相应的位；当端口作为功能管脚时，读取未被定义的值

表 5-91　　GPPPUD 寄存器

GPPPUD	位	描述
GPP[n]	[2n+1:2n] n=0～14	00=禁止上拉/下拉 01=下拉使能 10=上拉使能 11=保留

表 5-92　　GPPCONSLP 寄存器

GPPCONSLP	位	描述	初始状态
GPP[n]	[2n+1:2n] n=0～14	00=输出 0 01=输出 1 10=输入 11=与先前状态相同	00

表 5-93　　GPPPUDSLP 寄存器

GPPPUDSLP	位	描述
GPP[n]	[2n+1:2n] n=0～14	00=禁止上拉/下拉 01=下拉使能 10=上拉使能 11=保留

注意：

（1）当端口被设置为内存储器接口信号时，它们的状态由停止模式的 MEM0CONSTOP 控制，MEM0CONSTOPI 处于睡眠模式；

（2）在停止模式和睡眠模式下，GPO/GPP/GPQ 端口均设置为存储器功能。

5.4.17　端口 Q 控制寄存器

端口 Q 控制寄存器包括五个控制寄存器，分别是 GPQCON、GPQDAT、GPQPUD、GPQCONSLP 和 GPQPUDSLP，如表 5-94 所示。具体描述如表 5-95～表 5-99 所示。

表 5-94　　端口 Q 控制寄存器

寄存器	地址	读/写	描述	复位值
GPQCON	0xF008180	读/写	端口 Q 配置寄存器	0x0002AAAA
GPQDAT	0xF008184	读/写	端口 Q 数据寄存器	未定义
GPQUD	0xF008188	读/写	端口 Q 上拉寄存器	0x0
GPQCONSLP	0xF00818C	读/写	端口 Q 睡眠模式配置寄存器	0x0
GPQPUDSLP	0xF008190	读/写	端口 Q 睡眠模式上拉/下拉寄存器	0x0

表 5-95　　GPQCON 寄存器

GPQCON	位	描述	初始状态
GPQ0	[1:0]	00=输入　01=输出 10=MEM0_ADDRVI8_RAS　11=Ext.Interrupt　Group9[0]	10
GPQ1	[3:2]	00=输入　01=输出 10=MEM0_ADDRI9_RAS　11=Ext.Interrupt　Group9[1]	10
GPQ2	[5:4]	00=输入　01=输出 10=保留　11=Ext.Interrupt　Group9[2]	10
GPQ3	[7:6]	00=输入　01=输出 10=保留　11=Ext.Interrupt　Group9[3]	10
GPQ4	[9:8]	00=输入　01=输出 10=保留　11=Ext.Interrupt　Group9[4]	10
GPQ5	[11:10]	00=输入　01=输出 10=保留　11=Ext.Interrupt　Group9[5]	10
GPQ6	[13:12]	00=输入　01=输出 10=保留　11=Ext.Interrupt　Group9[6]	10
GPQ7	[15:14]	00=输入　01=输出 10=MEM0_ADDI7_WEndmc　11=Ext.Interrupt　Group9[7]	10
GPQ8	[17:16]	00=输入　01=输出 10=MEM0_ADDRI6_APdmc　11=Ext.Interrupt　Group9[8]	10

表 5-96　　GPQDAT 寄存器

GPQDAT	位	描述
GPQ[8:0]	[8:0]	当端口作为输入端口时，相应的位为管脚状态；当端口作为输出端口时，管脚状态等同于相应的位；当端口作为功能管脚时，读取未被定义的值

表 5-97　　GPQPUD 寄存器

GPQPUD	位	描述
GPQ[n]	[2n+1:2n] n=0～8	00=禁止上拉/下拉 01=下拉使能 10=上拉使能 11=保留

表 5-98　　GPQCONSLP 寄存器

GPQCONSLP	位	描述	初始状态
GPQ[n]	[2n+1:2n] n=0～8	00=输出 0 01=输出 1 10=输入 11=与先前状态相同	00

表 5-99　　GPQPUDSLP 寄存器

GPQPUDSLP	位	描述
GPQ[n]	[2n+1:2n] n=0～8	00=禁止上拉/下拉 01=下拉使能 10=上拉使能 11=保留

注意：

（1）当端口被设置为内存储器接口信号时，它们的状态由停止模式的 MEM0CONSTOP 控制，MEM0CONSTOPO 处于睡眠模式；

（2）当端口 GPQ[4:0]和端口 GPQ[8:7]被设置为存储器接口信号时，上拉/下拉失效；

（3）当端口 GPQ[6:5]被设置为存储器接口信号时，上拉/下拉由 SPCON[11:10]控制。

5.5　GPIO 应用举例

5.5.1　电路连接

LED 电路连接原理图如图 5-2 所示。

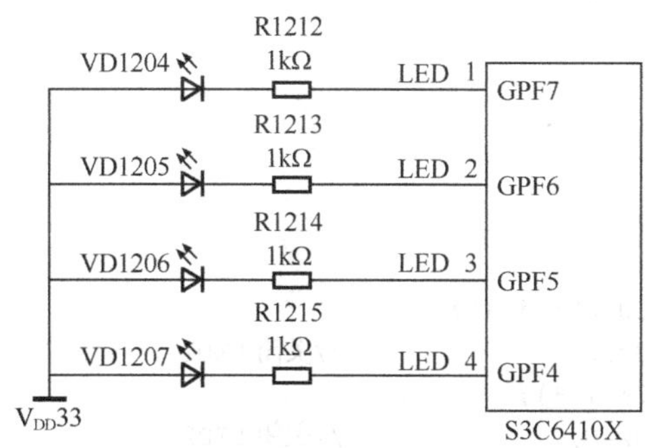

图 5-2　LED 电路连接原理图

5.5.2　寄存器设置

为了实现控制 LED 的目的，需要通过配置 GPFCON 寄存器将 GPF9、GPFS、GPF6 和 GPF7 设置为输出属性。例如，配置 GPFCON [9 : 8]两位为 01，可实现将 GPF4 设置为输出属性。

通过设置 GFPDAT 寄存器控制点亮与熄灭 LED。例如，配置 GFPDAT[4]为 0，可实现点亮 LED4；配置 GFPDAT[4]为 1，可实现关闭 LED4。

5.5.3　程序的编写

LED 控制程序的核心代码如下。

① 相关寄存器定义。

```
#define rGPFCON (* (volatile unsigned *) 0x56000050)    //端口 F 的控制寄存器
#define rGPFDAT (* (volatile unsigned *) 0x56000054)    //端口 F 的数据寄存器
#define rGPFUP (* (* (volatile unsigned *)0x56000058)   //端口 F 的上拉控制寄存器
```

② 端口初始化。

```
Void port - init(void)
{
 // = = = PORT F GROUP
 // 端口：GPF7   GPF6   GPF5   GPF4   GPF3    GPF2   GPF1    GPF0
 // 信号：LED -1   LED -2   LED -3   LED -4   PS2-INT   CPLD -INT1   KEY -INT   BUT -INT1
 // 设置属性：Output   Output   Output   Output   EINT3   EINT2   EINT1   EINT0
```

```
// 二进制值：01  01，01  01，01  01，01  01
rGPFCON = 0x55aa;
rGPFUP = 0xff;                          //GPF 所有端口都不加上拉电阻
}
```

③ 开启 IED。

```
Void led - on (void)
{
    int i,  nOut;
    nOut = 0xF0;
    rGPFDAT=nOut 6 0x70;                //点亮 LED1
    for (i=0; i<'100000; i++);
    rGPFDAT = nOut & 0x30;              //点亮 LED1、LED2
    for (i=0; i<100000; i++);
    rGPFDAT = nOut & 0x10;              //点亮 LED1、LED2、LED3
    for(i=0; i<100000; i++);
    rGPFDAT = nOut & 0x00;              //点亮 LED1、LED2、LED3、LED4
    for (i=0; i<100000; i++);
}
```

④ 关闭 LED。

```
Void led - off (void)
{
    int I, nOut;
    nOut = 0;
    rGPFDAT = 0;
    for ( i=0; i<,100000; i++);
    rGPFDAT = nOut|0x80;                //关闭 LED1
    for(i=0;i<100000; i++);
    rGPFDAT|= nOut|0x40;                //关闭 LED2
    for (i=0; i<10000D; i++);
    rGPFDAT|=nOut|0x20;                 //关闭 LED3
    for <i=0; i<10D000; i++);
    rGPFDAT|=nOut|0x10;                 //关闭 LED4
    for(i=0; i<100000; i++);
}
```

⑤ 所有 LED 交替亮灭。

```
Void led - on - off (void)
{
    int i;
    rGPFDAT = 0;                        //所有 LED 全亮
    for(i=0; i<100000; i++);
    rGPFDAT = 0xF0;                     //所有 LED 全灭
    for ( i=0; i<100000; i++);
}
```

本 章 小 结

本章主要介绍了 GPIO 的基本概念，以 S3C6410 为例重点介绍了该型号 ARM 处理器 GPIO 中各个寄存器引脚的功能、定义、初始状态，并举例说明 S3C6410 处理器 GPIO 的编程方法。希望通过本章的学习，读者能够掌握 S3C6410 处理器 GPIO 的基本编程方法和使用方法。

思　考　题

1. 什么是 GPIO?
2. S3C6410 有几组 GPIO 端口?
3. 简述 S3C6410 输入/输出端口（I/O 口）的分类与功能。
4. 试按功能分析 S3C6410 的端口 A I/O 口配置情况。
5. S3C6410 与配置 I/O 口相关的寄存器有哪些？各自具有什么功能?
6. 试分析 S3C6410 端口控制寄存器 A～Q 的功能。
7. S3C6410 与外部中断有关的控制寄存器有哪些？各自具有什么功能?
8. 试对 GPIO 端口模块的功能逻辑图进行分析，简述其工作原理。
9. 如何实现利用 S3C6410 的 GPD4 控制 LED？请画出原理图，并编程实现。

第6章 IIC 总线接口

本章主要介绍 S3C6410 微处理器 IIC 总线的基本原理和应用。IIC 总线是由 PHILIPS 公司开发的两线式串行总线，用于连接微处理器及其外围设备，以及全双工同步数据处理的实现。通过本章的学习，读者可以掌握 S3C6410 微处理器 IIC 串行接口发送（或接收）串行数据的基本原理，工作过程及具体应用。

本章主要内容如下：

- 介绍 IIC 接口的结构；
- 介绍 IIC 接口的主要寄存器；
- 给出 IIC 作为主控器在发送和接收模式下的流程；
- 给出 IIC 作为从属器在发送和接收模式下的流程；
- 给出 IIC 的具体操作实例，包括硬件设计和软件设计。

6.1 IIC 总线接口概述

S3C6410 处理器 IIC 接口为一个多主控器 IIC 串行接口。通过一个专用的串行数据线（SDA）和一个串行时钟线（SCL）实现在总线主控器和连接到 IIC 总线的外部设备之间传输数据。SDA 和 SCL 线是双向的。

在多主控制 IIC 总线模式下，多个 S3C6410 RISC 处理器能发送（或接收）串行数据到从属设备，主控器 S3C6410 能开始和结束 IIC 总线上的数据传输。在 S3C6410 中 IIC 总线使用标准的总线仲裁程序。

为了控制多个 IIC 总线操作，必须将值写入下面的寄存器中：

- 多主控器 IIC 总线控制寄存器，IICCON；
- 多主控器 IIC 总线控制/状态寄存器，IICSTAT；
- 多主控器 IIC 总线发送/接收数据移位寄存器，IICDS；
- 读主控器 IIC 总线地址寄存器，IICADD。

当 IIC 总线空闲，SDA 和 SCL 线必须是高电平，SDA 从高位到低位转换能启动一个开始条件；当 SCL 处于高电平，保持稳定时，SDA 从低位到高位传输能启动一个停止条件。

主设备能一直产生开始和停止条件。开始条件产生后，主控器通过在第一次输出的数据字节中写入 7 位的地址来选择从属器设备，第 8 位则用于确定传输方向（读或写）。

到 SDA 总线上的每一个数据字节总数上必须是 8 位。在总线传输操作期间，发送或接收字节没有限制。数据一直是先从最高有效位（MSB）发送，并且每个字节后面必须立即跟随确认（ACK）位。IIC 总线模块图，如图 6-1 所示。

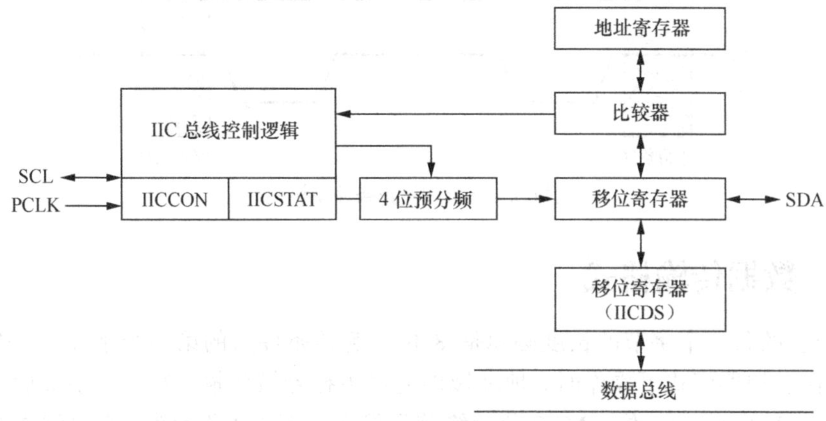

图 6-1　IIC 总线模块结构

6.2　IIC 总线接口操作模式

S3C6410 IIC 总线接口有 4 种操作模式：

- 主控器发送模式；
- 主控器接收模式；
- 从属器发送模式；
- 从属器接收模式。

下面对这些操作模式之间的功能关系进行详细的描述。

6.2.1　开始和停止条件

IIC 总线接口无效时，它通常是在从属器模式下。换句话说就是，在 SDA 线检测一个开始条件前（当时钟信号 SCL 在高位时，SDA 线发生高位到低位的跃变，开始条件启动），接口必须在从属器模式下。当接口状态变为主控器模式时，在 SDA 线上开始数据传输，并且产生 SCL 信号。

开始条件能通过 SDA 线传输一个字节的串行数据，停止条件能结束该数据的传输。主控器能一直产生开始和停止条件，当开始条件产生后，IIC 总线获得繁忙信号，停止条件刚使 IIC 总线空闲。

当主控器发出一个开始条件后，它将发送一个从属地址来通知从属器设备。一个字节的地址域包含 7 位地址和 1 位传输方向指示器（表示写或读）。如果位 8 是 0，表示写操作（发送操作）；如果位 8 是 1，表示请求读取数据（接收操作）。

主控器通过发出一个停止条件来完成传输操作。如果要让主控器继续将数据发送到主线，主控器将产生另一个开始条件和从属地址。通过这种方式，读写操作就能在不同的格式下被执行。

图 6-2 所示为开始和停止条件模块图。

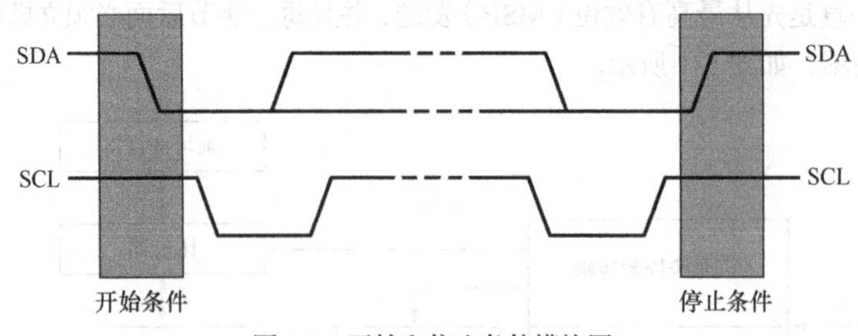

图 6-2　开始和停止条件模块图

6.2.2　数据传输格式

SDA 线上的每一个字节的长度必须是 8 位。起始条件后的第一个字节有一个地址域。当 IIC 主线在主控器模式下操作时，地址域能通过主控器被传输。每一个字节后面跟随一个 ACK（Acknowledgement）位，MSB 位始终首先发送。图 6-3 所示为 IIC 总线数据传输的模块图。

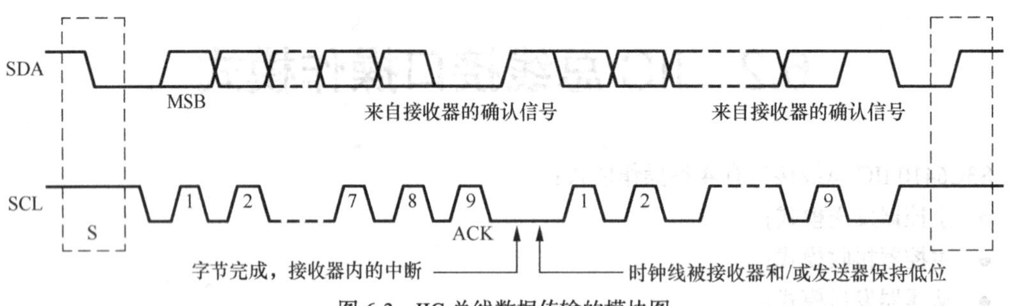

图 6-3　IIC 总线数据传输的模块图

6.2.3　ACK 信号传输

为了完成一个字节的发送操作，接收器必须将一个 ACK 位发送到发送器。ACK 脉冲在 SCL 线的第九个时钟周期产生。发送一个字节，8 个时钟周期是必要的。主控器将产生一个时钟脉冲来发送一个 ACK 位。

当 ACK 时钟脉冲被接收时，通过使 SDA 置高位，发送器将释放 SDA 线。在传送 ACK 时钟脉冲期间，接收器驱使 SDA 线置低位，使 SDA 线在第九个 SCL 脉冲的高位时期保持低位。

ACK 位传输功能能通过软件（IICSTAT）来激活或禁止。然而，在 SCL 的第九个时钟周期，ACK 脉冲还要去完成一个字节的数据传输操作。

图 6-4 所示为 IIC 总线上的确认模块图。

6.2.4　读写操作

在发送模式下，当发送数据时，IIC 总线接口将一直处于等待状态，直到数据移位（IICDS）寄存器接收到一个新的数据。新的数据在写入寄存器之前，SCL 线将被保持在低位，在数据写入后才被释放。S3C6410 保持中断来确定当前数据发送是否完成。CPU 接收中断请求后，它将新的数据写入到 IICDS 寄存器中。

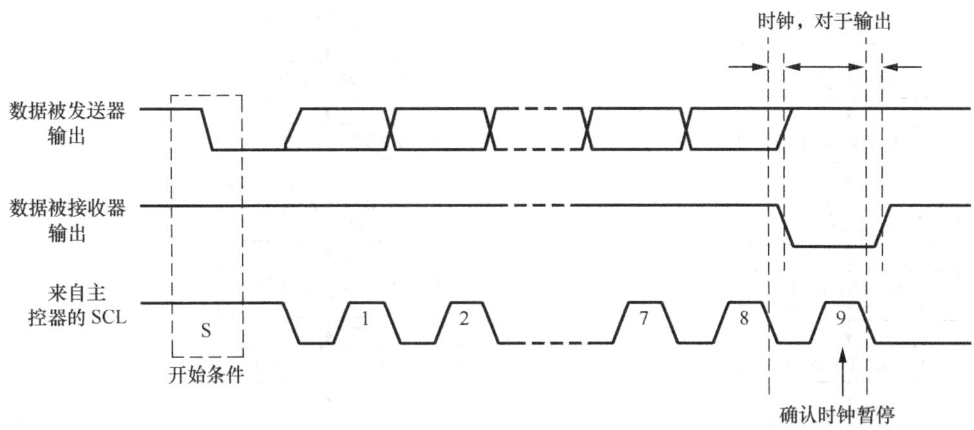

图 6-4　IIC 总线上的确认模块图

在接收模式下，当接收数据时，IICDS 寄存器被读取前，IIC 总线接口将一直处于等待状态。在新的数据被读出前，SCL 线将保持低位，在数据读取后被释放。S3C6410 保持中断来确认新的数据接收是否完成。CPU 接收到中断请求后，它从 IICDS 寄存器中读取数据。

6.2.5　异常中断条件

如果一个从属接收器不承认该从属地址，SDA 线将保持为高位。在这种情况下，主控器将产生一个中断条件中断传输。

中断传输和主控器的接收器是有关的。来自从属器的最后数据字节被接收后，通过取消一个 ACK 的产生，通知从属发送器操作结束。从属发送器通过释放 SDA 来允许主控器产生一个停止条件。

6.2.6　IIC 总线配置

为了控制串行时钟的频率（SCL），在 IICCON 寄存器中，4 位的预分频值被执行。IIC 总线接口地址被存储在 IIC 总线地址（IICADD）寄存器中。但是，由于默认设置，IIC 总线地址有一个未知值。

6.2.7　每个模块的操作流程图

在 IIC 发送/接收操作前必须执行以下步骤。

（1）如果需要的话，在 IICADD 寄存器写入自己的从属器地址。

（2）设置 IICCON 寄存器：

- 启动中断；
- 定义 SCL 周期。

（3）合理设置 IICSTAT 使之能够连续输出。

图 6-5 所示为主控器/发送器操作模式的操作流程图。

图 6-6 所示为主控器/接收器操作模式的操作流程图。

图 6-7 所示为从属器/发送器操作模式的操作流程图。

图 6-8 所示为从属器/接收器操作模式的操作流程图。

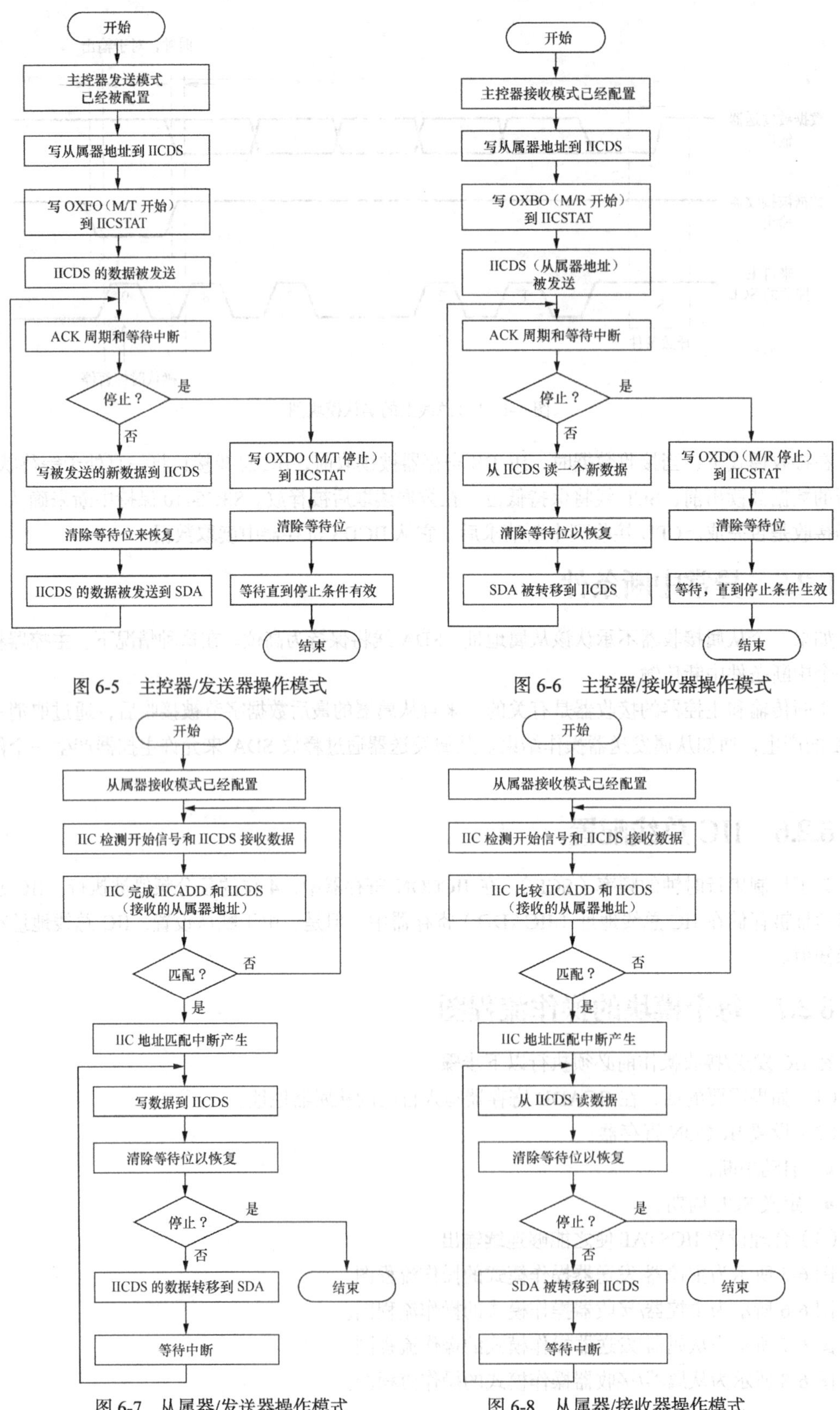

图 6-5　主控器/发送器操作模式

图 6-6　主控器/接收器操作模式

图 6-7　从属器/发送器操作模式

图 6-8　从属器/接收器操作模式

6.3　IIC 总线接口特殊寄存器

下面继续对 IIC 总线接口特殊的寄存器进行详细的介绍。

6.3.1　多主控器 IIC 总线控制（IICCON）寄存器

IICCON 寄存器的地址为 0x7F004000，可读可写，复位时值为 0x0X，如表 6-1 所示。其相关功能如表 6-2 所示。

表 6-1　IICCON 寄存器

寄存器	地址	读/写	描述	复位值
IICCON	0x7F004000	读/写	IIC 总线控制寄存器	0x0X

表 6-2　IICCON 寄存器功能说明

IICCON	位	描述	初始状态
确认产生（1）	[7]	IIC 总线确认有效位。 0：无效 1：有效 发送模式下，在确认期间，IICSDA 空闲； 接收模式下，在确认期间，IICSDA 为 L	0
发送时钟源选择	[6]	IIC 总线发送时钟预分频选择位的源时钟。 0：IICCLK=fPCLK/16 1：IICCLK=fPCLK/512	0
发送/接收中断（5）	[5]	IIC 总线发送/接收中断有效/无效位 0：无效，1：有效	0
中断等待标志（2）（3）	[4]	IIC 总线发送/接收中断等待标志。当该位以 1 被读取时，IICSDL 连接到 L 并且 IIC 停止。为了恢复操作，清除该位，令该位为 0。 0：（1）无中断等待（读时）； （2）清除等待条件并且恢复操作（写时） 1：（1）等待中断（读时）； （2）N/A（写时）	0
发送时钟值（4）	[3:0]	IIC 总线发送时钟预分频。 IIC 总线发送时钟频率由 4 位预分频值决定，格式如下： 发送时钟=IICCLK/(IICCON[3:0]+1)	未定义

注意：

（1）在接收模式下的 EEPROM 接口，为了产生停止条件而读取最后的数据前，ACK 的产生可能无效。

（2）发生以下情况时，一个 IIC 总线中断产生：

- 当一个字节传输或者一个接收操作完成；
- 当一个通用调用或者一个从属器地址匹配发生；

- 如果总线裁定失败。

（3）为了在 SCL 上升边缘调整 SDA 的设置时间，在清除 IIC 中断等待之前，不得不写入 IICDS。

（4）IICCLK 由 IICCON [6]决定。

- 通过 SCL 改变时间，能改变发送时钟。
- 当 IICCON[6]=0 时，IICCON[3:0]=0x0 或 0x1 不成立。

（5）如果 IICCON[5]=0，则 IICCON[4]没有正确操作。因此，尽量不使用 IIC 中断，也推荐设置 IICCON[5]=1。

6.3.2 多主控器 IIC 总线控制/状态（IICSTAT）寄存器

IICSTAT 寄存器的地址为 0x7F004004，可读可写，复位时值为 0x0，如表 6-3 所示。其相关功能如表 6-4 所示。

表 6-3 IICSTAT 寄存器

寄存器	地址	读/写	描述	复位值
IICSTAT	0x7F004004	读/写	IIC 总线控制/状态寄存器	0x0

表 6-4 IICSTAT 寄存器功能说明

IICSTAT	位	描述	初始状态
模式选择	[7:6]	IIC 总线主控器/从属器发送/接收模式选择位。 00：从属器接收模式 01：从属器发送模式 10：主控器接收模式 11：主控器发送模式	00
繁忙信号状态/START STOP 条件	[5]	IIC 总线繁忙信号状态位。 0：（读）不繁忙（当读取时） （写）停止信号产生 1：（读）繁忙（当读取时） （写）START 信号产生 在开始信号后，IICDS 中的数据将被自动发送	0
连续输出	[4]	IIC 总线数据输出有效/无效位 0：无效接收/发送，1：有效接收/发送	0
仲裁状态标志	[3]	IIC 总线裁定程序状态标志位 0：总线裁定成功 1：在串行 I/O 过程中，总线裁定失败	0
地址总线作为从属状态标志	[2]	IIC 总线地址作为从属状态标志位。 0：读 IIC 总线寄存器后清除 1：接收的从属器地址匹配 IICADD 中的地址值	
地址 0 状态标志	[1]	IIC 总线地址 0 标志位。 0：当开始/停止条件被检测到时清除 1：接收的从属器地址是 00000000b	
最后接收位状态标志	[0]	IIC 总线最后接收位状态标志位。 0：最后接收位为 0（ACK 被接收） 1：最后接收位为 1（ACK 没有被接收）	

6.3.3　多主控器 IIC 总线地址（IICADD）寄存器

IICADD 寄存器地址为 0x7F004008，可读可写，复位时值为 0xXX，如表 6-5 所示。其相关功能如表 6-6 所示。

表 6-5　　IICADD 寄存器

寄存器	地址	读/写	描述	复位值
IICADD	0x7F004008	读/写	IIC 总线地址寄存器	0xXX

表 6-6　　IICADD 寄存器功能说明

IICADD	位	描述	初始状态
从属器地址	[7:0]	7 位从属器地址。 当 IICSTAT 中串行输出有效=0 时，IICADD 写有效。不管当前串行输出有效位（IICSTAT）的设置怎样，IICADD 值都能被读取。 从属器地址：[7:1] 无映射：[0]	XXXXXXXX

6.3.4　多主控器 IIC 总线发送/接收数据移位（IICDS）寄存器

IICDS 寄存器地址为 0x7F00400C，可读可写，复位时值为 0xXX，如表 6-7 所示。其相关功能如表 6-8 所示。

表 6-7　　IICDS 寄存器

寄存器	地址	读/写	描述	复位值
IICDS	0x7F00400C	读/写	IIC 总线发送/接收数据移位寄存器	0xXX

表 6-8　　IICDS 寄存器功能说明

IICDS	位	描述	初始状态
数据移位	[7:0]	用于 IIC 总线发送/接收操作的 8 位数据移位寄存器。 当 IICSTAT 中串行输出有效=1，IICDS 写入有效。无论当前串行输出有效位（IICSTAT）怎样设置，IICDS 的值都能被读取	XXXXXXXX

6.3.5　多主控器 IIC 总线控制寄存器

IICLC 寄存器地址为 0x7F004010，可读可写，复位时值为 0x00，如表 6-9 所示。其相关功能如表 6-10 所示。

表 6-9　　IICLC 寄存器

寄存器	地址	读/写	描述	复位值
IICLC	0x7F004010	读/写	IIC 总线主控器线控制寄存器	0x00

表 6-10　　　　　　　　　　IICLC 寄存器功能说明

IICLC	位	描述	初始状态
滤波器有效	[2]	IIC 总线过滤器有效位。 当 SDA 端口被用于输入操作时，该位应当置高位。在两倍的 PCLK 时钟周期内，过滤器能 预防由于失灵而发生的错误	0
SDA 输出延迟	[1:0]	IIC 总线 SDA 线延迟长度选择位。 SDA 线被以下的时钟时间延迟（PCLK）: 00：0 时钟　　01：5 时钟 10：10 时钟　　11：15 时钟	00

6.4　IIC 总线编程举例

通过前面对 IIC 总线接口的概述及操作模式的学习，读者就能更容易地掌握 IIC 总线接口的内容。以下是针对 IIC 部分的相关实例代码，能帮助读者更好地理解和掌握 IIC 部分的功能及特性。结合 6.3 节中寄存器的描述进行说明。

6.4.1　IIC_ MasterWrP 函数

该函数的功能主要是通过轮询方式操作主控器发送模式。

输入：cSlaveAddr [8bit SlaveDeviceAddress],

pData [pointer of Data which you want to Tx]

输出：NONE

```
void IIC_ MasterWrP(u8 cSlaveAddr,u8*pData)
{
        u32 uTmp0;
        u32 uTmpl;
        u8 cCnt;
        s32 sDcnt=100;
        u32 uPT=0;
        uTmp0=Inp32(rIICSTAT);
        while(uTmp0&(1<<5))  //等待，直到 IIC 总线被释放
            {
                uTmp0=Inp32(rIICSTAT);
            }
        uTmp1=Inp32(rIICCON);
        uTmpl |= (1<<7);
        Outp32(rIICCON,uTmpl);    // ACK 发送使能
        Outp32(rIICDS,cSlaveAddr);
        Outp32(rIICSTAT,0xf0);//主控器发送开始
        while(!(sDcnt== -1))
            {
                if(Inp8(rIICCON)&0x10)
                {
                if((sDcnt--)==0)
                {
                Outp32(rIICSTAT,0xd0);//停止主控器发送条件，ACK 标志清除
                uTmp0=Inp32(rIICCON);
                uTmp0 &=~(1<<4); //清除等待位，重新开始
```

```
                    Outp32(rIICCON,uTmp0);
                    Delay(1);              //等待，直到停止条件生效
                    break;
                    }
                    Outp8(rIICDS,pData[uPT++]);
                    for(cCnt=0;cCnt<10;cCnt++);   //用于建立时间（IICSCL 的上升沿）
                    uTmp0=Inp32(rIICCON);
                    uTmp0 &= ~ (1<< 4);   //清除等待位，重新开始
                    Outp32(rIICCON,uTmp0);
                }
            }
}
```

6.4.2 IIC_ MasterRdP 函数

该函数的功能主要是通过轮询方式操作主控器接收模式。

输入：cSlaveAddr [8bit SlaveDeviceAddress],

pData [pointer of Data which you want to Rx]

输出：NONE

```
void IIC_ MasterRdP(u8 cSlaveAddr,u8*pD ata)
{
    u32 uTmp0;
    u32 uTmpl;
    u8 cCnt;
    uTmp0=Inp32(rIICSTAT);
    while(uTmp0&(1<<5))                  //等待，直到 IIC 总线被释放
    {
        uTmp0=Inp32(rIICSTAT);
    }
    uTmp1=Inp32(rIICCON);
    uTmpl |= (1<<7);
    Outp32(rIICCON,uTmpl);               // ACK 发生使能
    Outp32(rIICDS,cSlaveAddr);
    Outp32(rIICSTAT,0xB0);               //主控器接收开始
    while((InpB(rIICSTAT)&0x1))
    {
    }
    cCnt=0;
    while(cCnt<101)
    {
        if(InpB(rIICCON)&0x10)
        {
            pData[cCnt]=InpB(rIICDS);
            cCnt++;
            uTmp0=Inp32(rIICCON);
            uTmp0 &=~(1<<4);             //清除等待位，重新开始
            Outp32(rIICCON,uTmp0);
        }
    }
            Outp8(rIICSTAT,0x90);        //停止位产生
}
```

6.4.3 IIC_ SlaveRdP 函数

该函数的功能主要是通过轮询方式操作从属器接收模式。

输入：pSlaveAddr [pointer of 8bit SlaveDeviceAddress],

pData [pointer of Data which you want to Rx]

输出：NONE

```
void IIC_SlaveRdP(u8 *pSlaveAddr,u8 *pData)
{
    u32 uTmp0;
    u32 uTmp1;
    u8 cCnt;
    g_PcIIC_ BUFFER = pData;
    g_uIIC_PT=0;
    uTmp0=Inp32(rIICSTAT);
    while(uTmp0&(1<<5))                  //等待，直到IIC总线被释放
        {
            uTmp0=Inp32(rIICSTAT);
        }
    uTmp1=Inp32(rIICCON);
    uTmpl |=(1<<7);
    Outp32(rIICCON,uTmpl);               //ACK发生使能
    uTmp0=Inp32(rIICSTAT);
    uTmp0 &=~(1<<4);
    Outp32(rIICSTAT,uTmp0);              //禁用接收/发送，用于设置从属器地址
    Outp8(rIICADD,*pSlaveAddr);

    Outp32(rIICSTAT,0x10);               //从属器接收开始
    printf("Wait for Slave Addr\n");
    cCnt=0;
    while(!((Inp8(rIICSTAT)>>2)&(0x1)));
    while(cCnt<101)
    {
        if(InpB(rIICCON)&0x10)
        {
    printf("IICSTAT=%x",Inp32(rIICSTAT)),
    pData[cCnt]=Inp8(rIICDS);
    cCnt++;
    uTmp0=Inp32(rIICCON);
    uTmp0 &=~(1<<4);                     //清除等待位，重新开始
    Outp32(rIICCON,uTmp0);
        }
    }
    *pSlaveAddr=pData[0];
    Outp8(rIICSTAT,0x0);
}
```

6.4.4 IIC_ SlaveWrP 函数

该函数的功能主要是通过轮询方式操作从属器发送模式。

输入：pSlaveAddr [pointer of 8bit SlaveDeviceAddress],

pData [pointer of Data which you want to Tx]

输出：NONE

```
void IIC_SlaveWrP(u8 *pSlaveAddr,u8 *pData)
{
    u32 uTmp0;
    u32 uTmp1;
    u8 cCnt;
    s32 sDcnt=100;
```

```
	u32 uPT=0;
//	g_PcIIC_ BUFFER=pData;
//	g_uIIC_PT=0;
	uTmp0=Inp32(rIICSTAT);
	while(uTmp0&(1<<5))                          //等待，直到 IIC 总线被释放
		{
			uTmp0=Inp32(rIICSTAT);
		}
	uTmp1=Inp32(rIICCON);
	uTmpl |= (1<<7);
	Outp32(rIICCON,uTmpl);                       //ACK 发生使能
	uTmp0=Inp32(rIICSTAT);
	uTmp0 &=~(1<<4);
	Outp32(rIICSTAT,uTmp0);                      //禁用接收/发送，用于设置从属器地址
	Outp8(rIICADD,*pSlaveAddr);
	Outp32(rIICSTAT,0x50);                       //从属器发送开始
//	while(!((InpB(rIICSTAT);2)&(0x1)));
	while(!(sDcnt==-1))
		{
			if(InpB(rIICCON)&0x10)
			{
			// printf("IICSTAT=%x",Iup32(r1ICSTAT));
				if((sDcnt--)==0)
				{
				Outp32(rIICSTAT,0xd0); //停止从属器发送条件，ACK 标志清除
				uTmp0=Inp32(rIICCON);
				uTmp0 &=~(1<<4);         //清除等待位，重新开始
				Outp32(rIICCON,uTmp0);
				Delay(1);                //等待，直到停止条件生效
				break;
				}
				Outp8(rIICDS,pData[uPT++]);
				for(cCnt=0;cCnt<l0;cCnt++); //用于建立时间(IICSCL 上升沿)
				uTmp0=Inp32(rIICCON);
				uTmp0 &=~(1<<4);         //清除等待位，重新开始
				Outp32(rIICCON,uTmp0);
			}
		}
}
```

本 章 小 结

本章主要介绍了 S3C6410 的 IIC 总线接口，以及与带有 IIC 通信模块的外围设备的连接方式。它具有 4 种操作模式：主设备发送模式、主设备接收模式、从设备发送模式和从设备接收模式。由于通信需要连接双方，在了解了主设备的操作模式后，还要清楚从设备的运行机制，两者要达到完美地结合，才能实现彼此的通信。

思 考 题

1. 简述 IIC 总线的工作模式、传输过程、信号及数据格式。

2. 分析 S3C6410 的 IIC 总线内部结构和功能。
3. 与 S3C6410 的 IIC 总线操作有关的寄存器有哪些？各有什么功能？
4. 简述 IICCON（IIC 总线控制寄存器）的位定义。
5. 简述 IICSTAT（IIC 总线控制/状态寄存器）的位定义。
6. 简述 IICADD（IIC 总线地址寄存器）的位定义。
7. 简述 IICDS（移位数据寄存器）的位定义。

第 7 章 UART 接口

本章主要介绍 S3C6410 微处理器的通用异步收发器——UART 的内部结构、基本原理和应用。通过本章的学习，读者能够了解其内部结构，掌握当 S3C6410 最常用串行通信接口应用于嵌入式系统时，如何实现与 PC 的通信，与外接 EEPROM 的数据交互的物理连接。

本章主要内容包括：

- UART 接口的结构；
- UART 接口的主要操作；
- UART 接口的主要寄存器；
- UART 的具体操作实例，包括硬件设计和软件设计。

7.1 UART 接口概述

S3C6410 的 UART（通用异步接收和发送器）提供了 4 个独立的异步串行 I/O（SIO）端口。每个异步串行 I/O（SIO）端口通过中断或者直接存储器存取（DMA）模式来操作。换句话说，UART 是通过产生一个中断或 DMA 请求，在 CPU 和 UART 之间传输数据的。该 UART 使用系统时钟的时间可以支持的最高传输速度为 115.2kb/s。如果外部设备提供 ext_uclk0 或 ext_uclkl，则 UART 可以以更高的速度运行。每个 UART 的通道包含了两个 64 字节收发 FIFO 存储器。

S3C6410 的 UART 提供可编程波特率、红外线（IR）的传送/接收，一个或两个停止位插入，5 位、6 位、7 位或 8 位数据的宽度和奇偶校验。

7.2 UART 接口特性

UART 的特性包括：

（1）基于 rxd0、txd0、rxdl、txdl、rxd2、txd2、rxd3 和 txd3 的 DMA 或中断来操作；

（2）UART 通道 0、1、2 符合 IrDA 1.0 要求，且具有 16 字节的 FIFO；

（3）UART 通道 0、1 具有 nRTS0、nCTS0、nRTS1 和 nCTSl；

（4）支持以握手模式进行收发。

每个 UART 包含一个波特率发生器、发送器、接收器和控制单元。该波特率发生器由 pclk、ext_uc1k0 或 ext uclk1 进行时钟控制。发射器和接收器包含 64 字节的 FIFO 存储器和数据移位寄存器。在发送数据之前，首先将数据写入 FIFO 存储器，然后复制到发送移位寄存器，通过发送数据的引脚（txdn）将数据发送出去。同时，通过数据接收器的引脚（rxdn）将接收到的数据从接收移位寄存器复制到 FIFO 存储器。图 7-1 所示为 UART 的结构框图。

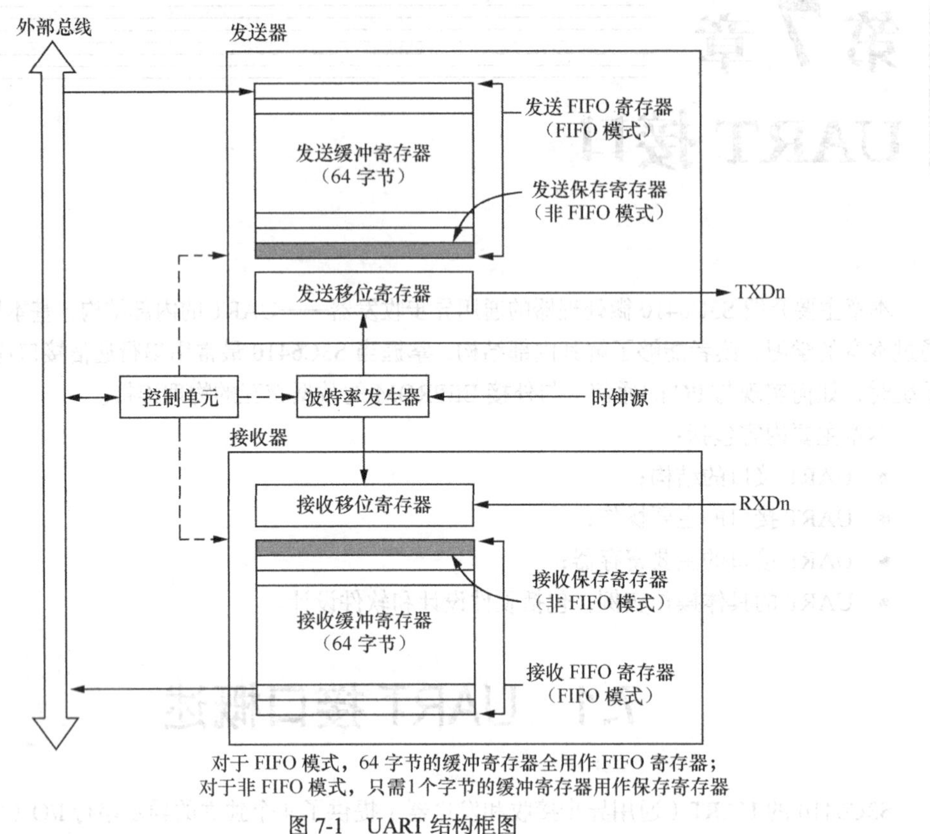

图 7-1　UART 结构框图

7.3　UART 的操作

下面介绍 UART 的操作，包括数据传输、数据接收、中断产生、波特率产生、环回模式、红外线模式和自动流量控制。

7.3.1　数据发送

数据帧发送是可编程的。它由 1 个起始位、5～8 个数据位、1 个可选的奇偶位和 1～2 个可由行控制寄存器（ULCONn）指定的停止位组成。发送器也可以产生中断条件，在传输过程中，它通过置位逻辑状态 0 来强制串行输出。在当前的发送完全传输完成后，发送中断信号。然后不断传送数据到发送 FIFO 寄存器（在非 FIFO 的模式下，发送保存寄存器）。

7.3.2　数据接收

和数据发送一样，数据帧接收也是可编程的。它是由 1 个起始位、5～8 个数据位、一个可选的奇偶位和行控制寄存器指定的 1～2 个停止位组成。接收器可以检测到溢出错误、奇偶错误、帧错误和中断条件，并为它们设置错误标志。

溢出错误说明在数据被读取之前，新的数据已经将原有的数据覆盖；奇偶错误说明接收器已经检测到一个意外的奇偶条件；帧错误表示收到的数据没有有效的停止位；中断条件表明接收过程中置位逻辑状态 0 的时间比发送一帧的时间长。

当 3 个字的时间（间隔由设置的字长决定）间隔内没有接收到任何数据，并且 FIFO 模式下接收 FIFO 寄存器不为空，接收超时条件发生。

7.3.3 自动流量控制（AFC）

S3C6410 的 UART0 和 UART1 通过 nRTS 和 nCTS 信号支持自动流量控制功能。在某些情况下，它可以连接到外部 UART。如果想要将 UART 和一台调制解调器连接，必须在 UMCONn 寄存器中禁用自动流量控制位，并且通过软件控制信号 nRTS。

在自动流量控制过程中，根据 nRTS 接收器的条件，nCTS 信号控制发送器的操作。只有当 nCTS 信号被激活（在 AFC 中，nCTS 意味着另一个 UART 的 FIFO 寄存器准备接收数据），UART 的发送器发送 FIFO 寄存器中的数据。在 UART 接收数据之前，如果它接收 FIFO 寄存器超过两个字节以上的空间，则 nRTS 被激活；如果它的接收 FIFO 寄存器只有不足一个字节的空间，则 nRTS 停止活动（在 AFC 中，nRTS 意味着它本身的接收 FIFO 寄存器已经准备接收数据）。图 7-2 所示为 UART AFC 接口的发送和接收状态图。

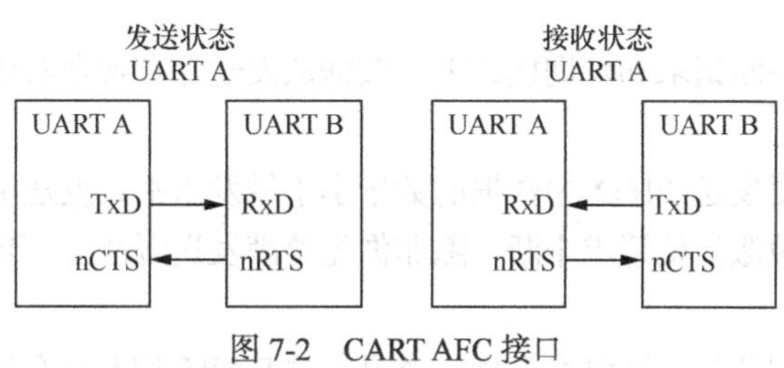

图 7-2 CART AFC 接口

7.3.4 接收 FIFO 的操作

接收 FIFO 的操作步骤如下：

（1）选择接收模式（中断或 DMA 模式）；

（2）在 UFSTATn 中，查看 Rx FIFO 计数器的值，如果该值小于 15，必须设置 UMCONn[0] 的值为‘1’（激活 nRTS）；如果该值等于或大于 15，必须先设定 UMCONn[0]值为‘0’（停止 nrts）；

（3）重复步骤（2）。

7.3.5 发送 FIFO 的操作

发送 FIFO 的操作步骤如下：

（1）选择发送模式（中断或 DMA 模式）；

（2）检查 UMSTATn[0]的值，如果这个值是‘1’（激活 nCTS），则写数据到发送 FIFO 寄存器；

（3）重复步骤（2）。

7.3.6 RS-232C 接口

若要将 UART 连接到调制解调器接口（而不是零调制解调器）需要 nRTS、nCTS、nDSR、nDTR、

DCD 和 nRI 信号。在这种情况下，可以通过软件来控制这些信号与一般的 I/O 端口。因为 AFC 不支持 RS-232C 接口。

7.3.7 中断/DMA 请求的产生

每个 S3C6410 的 UART 有 7 个状态（发射/接收/错误）信号：溢出错误、奇偶错误、帧错误、中断、接收缓冲区数据就绪、传输缓冲区为空和发送移位寄存器为空。其状态信号靠相应的 UART 的状态寄存器（UTRSTATn/UERSTATn）来指示。

溢出错误、奇偶错误、帧错误和中断条件是指由于收到错误的信息，引起接收错误状态中断请求。如果在控制寄存器 UCONn 中将接收错误状态中断使能位设置为 1，当检测到一个接收错误状态中断请求时，可通过读 UERSTSTn 的值来辨别信号。

当接收器将数据从接收移位寄存器传送到接收 FIFO 寄存器（在 FIFO 模式下），并且数量达到 Rx FIFO 触发电平，则接收中断产生。如果控制寄存器（UCONn）中的接收模式设置为 1（中断请求或轮询模式），则接收中断产生。

非 FIFO 模式中，中断请求和轮询模式下，数据从接收移位寄存器传输到接收保存寄存器时会引发接收中断。

当发送器将数据从发送 FIFO 寄存器传输到它的发送移位寄存器，并且发送 FIFO 剩余的数据数量达到 Tx FIFO 触发水平时，发送中断产生。如果控制器的传输模式选定为中断请求或轮询模式，发送中断产生。

非 FIFO 模式中，中断请求和轮询模式下，数据从发送保存寄存器传输到发送移位寄存器会引发发送中断。

需要注意的是，只要发送 FIFO 中数据的数量小于触发水平，发送中断就会一直被请求。也就是说，只要发送中断被激活就请求中断，除非你先填满发送缓冲区。建议先填满发送缓冲区，然后再激活发送中断。

S3C6410 的中断控制器是一级触发类型，当用户对 DART 控制寄存器编程时，必须建立中断类型为“一级”。

在上述情况下，如果接收模式和发送模式的控制器获得 DMA 请求，则 DMA 请求代替接收中断和发送中断。

表 7-1 所示为与 FIFO 有关的中断。

表 7-1 与 FIFO 有关的中断

类型	FIFO 模式	Non-FIFO 模式
接收中断	如果每次接收的数据达到了接收 FIFO 的触发水平，则 Rx 中断产生。 如果 FIFO 非空并且在 3 字时间内（接收超时）没有接收到数据，则 Rx 中断产生。这段时间间隔由设置的字的长度决定	每当接收缓冲区被填满时，接收保存寄存器产生一个中断
发送中断	如果每次发送的数据达到了发送 FIFO 的触发水平，则 Tx 中断产生	当发送缓冲区的数据变为空，发送保存寄存器产生一个中断
错误中断	当溢出错误、奇偶错误、帧错误、中断信号被检测到时产生	错误发生时产生，如果同时另一个错误发送，只产生一个中断

7.3.8 UART 错误状态 FIFO

除 Rx FIFO 寄存器外，UART 还具有一个错误状态 FIFO。错误状态 FIFO 表明在 FIFO 寄存器中，在接收哪一个数据时出错。错误中断常常发生在有错误的数据被读取时。为清除错误状态FIFO，寄存器 URXHn 和 UERSTATn 会被读取。

假设 UART 的 Rx FIFO 连续接收到 A、B、C、D 字符，并且在接收 B 字符时发生了帧错误（即该字符没有停止位），在接收 D 字符时发生了奇偶校验错。

虽然 UART 错误发生了，但是错误中断不会产生，因为含有错误的字符还没有被 CPU 读取。

当字符被读取时错误中断才会发生。UART 接收 5 个字节其中包含两个错误的情况，如表 7-2 和图 7-3 所示。

表 7-2　UART 接收 5 个字节其中包含两个错误

时　间	队列顺序	错误中断	说　明
#0	没有读取字符		
#1	接收 A、B、C、D 和 E		
#2	读取 A 后	帧错误（对于 B）中断产生	必须读取‘B’
#3	读取 B 后		
#4	读取 C 后	奇偶错误（对于 D）中断产生	必须读取‘D’
#5	读取 D 后		
#6	读取 E 后		

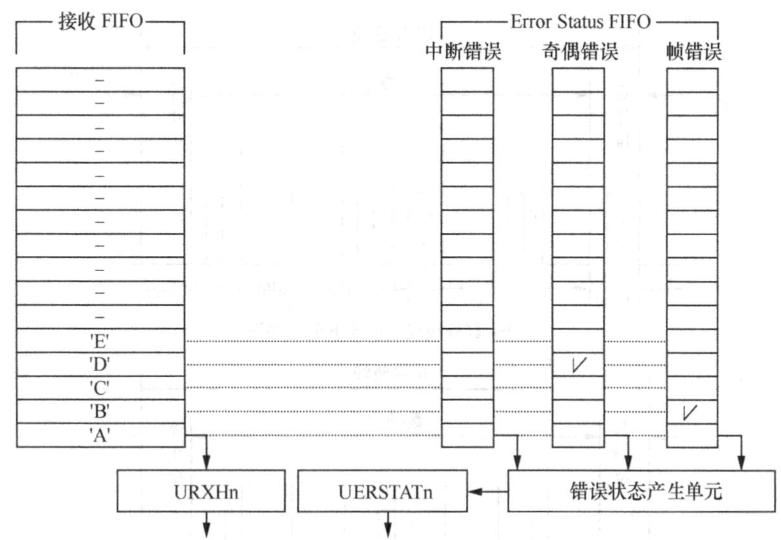

图 7-3　UART 接收 5 个字节其中包含两个错误的情况

7.3.9 红外线（IR）模式

S3C6410 的 UART 模块支持红外线（IR）的发送和接收，可以通过设置 UART 控制寄存器（ULCONn）中的红外模式位来选择这一模式。图 7-4 所示为如何实现 IR 模式。

在 IR 发送模式下，发送通过正常串行发送占空比 3/16 的脉冲波调制（当传送的数据位为 0）；在 IR 接收模式下，接收必须检测 3/16 脉冲波来识别 0 值，如图 7-5 所示。

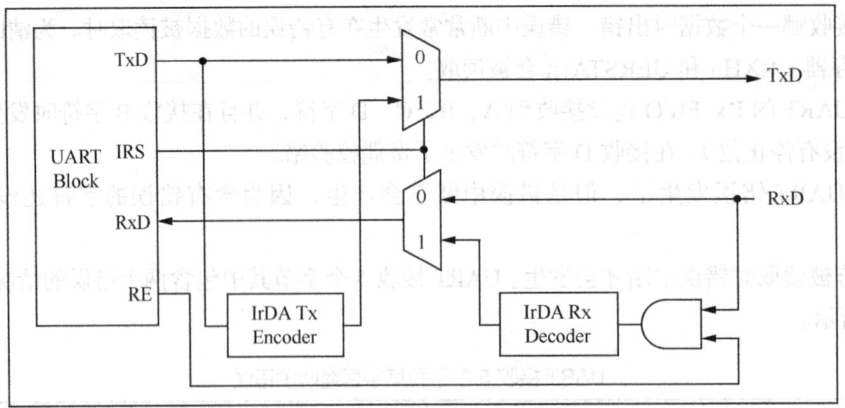

图 7-4　IrDA 功能模块框图

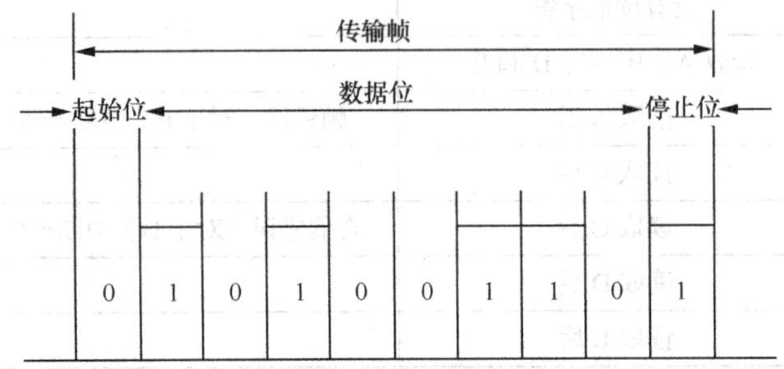

（a）通常情况下传输帧的时序图

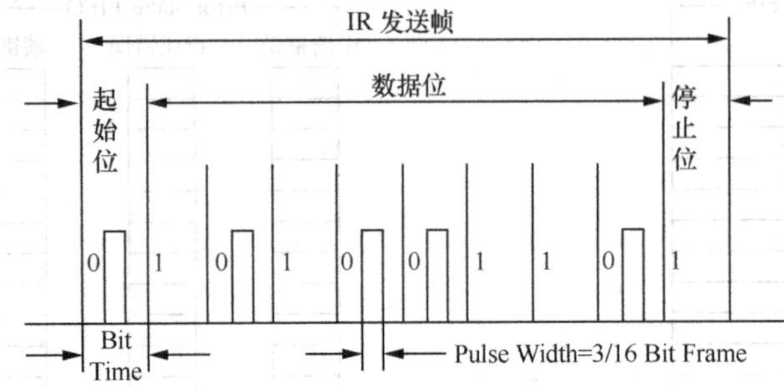

（b）红外线发送模式下的时序图

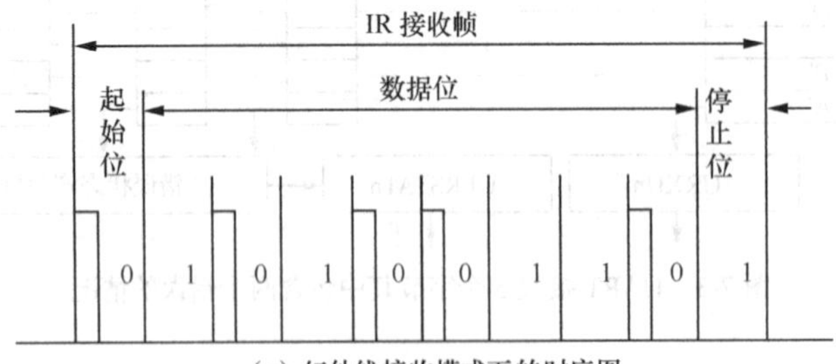

（c）红外线接收模式下的时序图

图 7-5　红外线传输模式时序

7.4　外 部 接 口

表 7-3 所示为 UART 外部接口。

表 7-3 UART 外部接口

名 称	类 型	源/目的	描 述
XuRXD[0]	输入	Pad	UART0 接收数据
XuTXD[0]	输出	Pad	UART0 发送数据
XuCTSn[0]	输入	Pad	UART0 清除发送（低位有效）
XuRTSn[0]	输出	Pad	UART0 请求发送（低位有效）
XuRXD[1]	输入	Pad	UART1 接收数据
XuTXD[1]	输出	Pad	UART1 发送数据
XuCTSn[1]	输入	Pad	UART1 清除发送（低位有效）
XuRTSn[1]	输出	Pad	UART1 请求发送（低位有效）
XuRXD[2]	输入	Pad	UART2 接收数据
XuTXD[2]	输出	Pad	UART2 发送数据
XuRXD[3]	输入	Pad	UART3 接收数据
XuTXD[3]	输出	Pad	UART3 发送数据

注：UART 与其他的接口处理器（CFCON、IrDA 等）共享外部信息包。为了使用这些信息包，必须提前设置通用 I/O 接口。

7.5 寄存器描述

表 7-4 所示为 UART 相关寄存器。

表 7-4 UART 的寄存器

寄存器	地址	读/写	说明	初始值
ULCON0	0x7F005000	读/写	UART 通道 0 行控制寄存器	0x00
UCON0	0x7F005004	读/写	UART 通道 0 控制寄存器	0x00
UFCON0	0x7F005008	读/写	UART 通道 0 FIFO 控制寄存器	0x0
UMCON0	0x7F00500C	读/写	UART 通道 0 调制解调器（Modem）控制寄存器	0x0
UTRSTAT0	0x7F005010	读	UART 通道 0 发送/接收状态寄存器	0x6
UERSTAT0	0x7F005014	读	UART 通道 0 接收错误状态寄存器	0x00
UFSTAT0	0x7F005018	读	UART 通道 0 FIFO 状态寄存器	0x00
UMSTAT0	0x7F00501C	读	UART 通道 0 调制解调器（Modem）状态寄存器	0x0
UTXH0	0x7F005020	写	UART 通道 0 发送缓冲寄存器	-
URXH0	0x7F005024	读	UART 通道 0 接收缓冲寄存器	0x00
UBRDIV0 UART	0x7F005028	读/写	通道 0 波特率分频寄存器	0x0000
UDIVSL0T0	0x7F00502C	读/写	UART 通道 0 分频插槽寄存器	0x0000
UINTP0 UART	0x7F005030	读/写	通道 0 中断处理寄存器	0x0
UINTSP0	0x7F005034	读/写	UART 通道 0 中断源处理寄存器	0x0
UINTM0	0x7F005038	读/写	UART 通道 0 中断屏蔽寄存器	0x0
ULCON1	0x7F005400	读/写	UART 通道 1 行控制寄存器	0x00

续表

寄存器	地址	读/写	说明	初始值
UCON1	0x7F005404	读/写	UART 通道 1 控制寄存器	0x00
UFCON1	0x7F005408	读/写	UART 通道 1 FIFO 控制寄存器	0x0
UMCON1	0x7F00540C	读/写	UART 通道 1 调制解调器（Modem）控制寄存器	0x0
UTRSTAT1	0x7F005410	读	UART 通道 1 发送/接收状态寄存器	0x6
UERSTAT1	0x7F005414	读	UART 通道 1 接收错误状态寄存器	0x00
UFSTAT1	0x7F005418	读	UART 通道 1 FIFO 状态寄存器	0x00
UMSTAT1	0x7F00541C	读	UART 通道 1 调制解调器（Modem）状态寄存器	0x0
UTXH1	0x7F005420	写	UART 通道 1 发送缓冲寄存器	-
URXH1	0x7F005424	读	UART 通道 1 接收缓冲寄存器	0x00
UBRDIV1	0x7F005428	读/写	UART 通道 1 波特率分频寄存器	0x0000
UDIVSLOT1	0x7F00542C	读/写	UART 通道 1 分频插槽寄存器	0x0000
UINTP1	0x7F005430	读/写	UART 通道 1 中断处理寄存器	0x0
UINTSP1	0x7F005434	读/写	UART 通道 1 中断源处理寄存器	0x0
UINTM1	0x7F005438	读/写	UART 通道 1 中断屏蔽寄存器	0x0
ULCON2	0x7F005800	读/写	UART 通道 2 行控制寄存器	0x00
UCON2	0x7F005804	读/写	UART 通道 2 控制寄存器	0x00
UFCON2	0x7F005808	读/写	UART 通道 2 FIFO 控制寄存器	0x0
UMCON2	0x7F00580C	读/写	UART 通道 2 调制解调器（Modem）控制寄存器	0x0
UTRSTAT2	0x7F005810	读	UART 通道 2 发送/接收状态寄存器	0x6
UERSTAT2	0x7F005814	读	UART 通道 2 接收错误状态寄存器	0x00
UFSTAT2	0x7F005818	读	UART 通道 2 FIFO 状态寄存器	0x00
UMSTAT2	0x7F00581C	读	UART 通道 2 调制解调器（Modem）状态寄存器	0x0
UTXH2	0x7F005820	写	UART 通道 2 发送缓冲寄存器	-
URXH2	0x7F005824	读	UART 通道 2 接收缓冲寄存器	0x00
UBRDIV2	0x7F005828	读/写	UART 通道 2 波特率分频寄存器	0x0000
UDIVSLOT2	0x7F00582C	读/写	UART 通道 2 分频插槽寄存器	0x0000
UINTP2	0x7F005830	读/写	UART 通道 2 中断处理寄存器	0x0
UINTSP2	0x7F005834	读/写	UART 通道 2 中断源处理寄存器	0x0
UINTM2	0x7F005838	读/写	UART 通道 2 中断屏蔽寄存器	0x0
ULCON3	0x7F005C00	读/写	UART 通道 3 行控制寄存器	0x00
UCON3	0x7F005C04	读/写	UART 通道 3 控制寄存器	0x00
UFCON3	0x7F005C08	读/写	UART 通道 3 FIFO 控制寄存器	0x0
UTRSTAT3	0x7F005C10	读	UART 通道 3 发送/接收状态寄存器	0x6
UERSTAT3	0x7F005C14	读	UART 通道 3 接收错误状态寄存器	0x00
UFSTAT3	0x7F005C18	读	UART 通道 3 FIFO 状态寄存器	0x00
UTXH3	0x7F005C20	写	UART 通道 3 发送缓冲寄存器	-
URXH3	0x7F005C24	读	UART 通道 3 接收缓冲寄存器	0x00
UBRDIV3	0x7F005C28	读/写	UART 通道 3 波特率分频寄存器	0x0000

续表

寄存器	地址	读/写	说明	初始值
UDIVSL0T3	0x7F005C2C	读/写	UART 通道 3 分频插槽寄存器	0x0000
UINTP3	0x7F005C30	读/写	UART 通道 3 中断处理寄存器	0x0
UINTSP3	0x7F005C34	读/写	UART 通道 3 中断源处理寄存器	0x0
UINTM3	0x7F005C38	读/写	UART 通道 3 中断屏蔽寄存器	0x0

7.5.1 UART 行控制寄存器

UART 模块包括 4 个行控制寄存器，即 ULCON0、ULCON1、ULCON2 和 ULCON3，如表 7-5 所示。

表 7-5　　UART 行控制寄存器

寄存器	地址	读/写	描述	复位值
ULCON0	0x7F005000	读/写	UART 0 通道行控制寄存器	0x00
ULCON1	0x7F005400	读/写	UART 1 通道行控制寄存器	0x00
ULCON2	0x7F005800	读/写	UART 2 通道行控制寄存器	0x00
ULCON3	0x7F005C00	读/写	UART 3 通道行控制寄存器	0x00

UART 行控制寄存器的位定义如表 7-6 所示。

表 7-6　　UART 行控制寄存器位功能说明

位名称	位	描述	初始状态
Reserved	[7]	保留	0
Infra-Red Mode	[6]	确定是否采用红外模式： 0=普通操作模式； 1=红外线输出/接收模式	0
Parity Mode	[5:3]	确定奇偶产生类型和校验，在 UART 发送/接收操作过程中： 0xx=无校验； 100=奇校验； 101=偶校验； 110=奇偶强制/校验为 1； 111=奇偶强制/校验为 0； 111=强制为 0	000
Number of Stop Bit	[2]	确定每帧中停止位个数： 0=每帧 1 位停止位； 1=每帧 2 位停止位	0
Word Length	[1:0]	确定每帧中数据位的个数： 00=5 位；01=6 位 10=7 位；11=8 位	00

7.5.2 UART 控制寄存器

UART 控制寄存器也有 4 个，即 UCON0、UCON1、UCON2 和 ULCON3，如表 7-7 所示。

表 7-7 UART 控制寄存器

寄存器	地址	读/写	描述	复位值
UCON0	0x7F005004	读/写	UART 0 通道控制器	0x00
UCON1	0x7F005404	读/写	UART 1 通道控制器	0x00
UCON2	0x7F005804	读/写	UART 2 通道控制器	0x00
UCON3	0x7F005C04	读/写	UART 3 通道控制器	0x00

UART 控制寄存器的位定义如表 7-8 所示。

表 7-8 UART 控制寄存器位功能说明

位名称	位	描述	初始状态
Clock Selection	[11:10]	选择 PCLK 或者 EXT_UCLK04>作为 UART 波特率时钟： x0=PCLK:DIV_VAL=(PCLK/(b/s×16))−1； 01=EXT_UCLK0:DIV_VAL=(EXT_UCLK /(b/s×16))−1； 11= EXT_UCLK1:DIV_VAL=(EXT_UCLK /(b/s×16))−1	00
Tx Interrupt Type	[9]	中断请求类型 2> 0=脉冲（当非 FIFO 模式下的发送缓冲区中的数据发送完毕或者 FIFO 模式下发送 FIFO 达到了触发水平时，中断产生）； 1=电平（当非 FIFO 模式下的发送缓冲区中的数据发送完毕或者 FIFO 模式下发送 FIFO 达到了触发水平时，中断产生）	0
Rx Interrupt Type	[8]	接收中断请求类型 3> 0=脉冲（当 Rx 缓冲器） （当非 FIFO 模式下的接收缓冲区接收到数据或者 FIFO 模式下达到接收 FIFO 触发水平时，请求中断）； 1=电平（当非 FIFO 模式下的接收缓冲区接收到数据或者 FIFO 模式下达到接收 FIFO 触发水平时，请求中断）	0
Rx Time Out Enable	[7]	使能/禁止接收超时中断，当 UART FIFO 使能时： 0=禁止；1=使能	0
Rx Error Status Interrupt Enable	[6]	在接收过程中，如果发生帧错误或溢出错误，使能/禁止 UART 产生中断： 0=不产生接收错误状态中断； 1=产生接收错误状态中断	0
Loop-back Mode	[5]	设置环回位为 1，使 UART 进入环回模式。此模式仅为测试目的使用。 0=普通操作；1=环回模式	0
Send Break Signal	[4]	设置环回位为 1，使 UART 进入环回模式。这种模式只为测试提供参考。 0=正常发送；1=发送中断信号	0
Transmit Mode	[3:2]	确定哪个模式可以写发送数据到 UART 发送缓冲寄存器。 00=禁止； 01=中断请求或轮询模式； 10=DMA0 请求（仅用于 UART0），DMA3 请求（请求信号 0）； 11=DMA1 请求（仅请求信号 1）	00

续表

位名称	位	描述	初始状态
Receive Mode	[1:0]	确定哪个模式可以从 UART 接收缓冲寄存器读数据。 00=禁止； 01=中断请求或轮询模式； 10=DMA0 请求（仅用于 UART0），DMA3 请求（请求信号 0）	00

注：

（1）DIV_VAL = UBRDIVn +（UDIVSL0T0 上 1 的数量）/16。涉及 UART 波特率配置寄存器。

（2）Receive Mode 模式下 S3C6410 使用水平触发中断控制器。因此每次发送时这个位必须设置为 1。

（3）当 UART 没有达到 FIFO 触发水平或在 FIFO 下 DMA 接收模式中的 3 个字的时间内没有接收到数据，Rx 中断产生（接收超时），并且用户应该检测 FIFO 状态读取中断。

（4）EXT_UCLK0 是外部时钟（XpwmECLK PAD 输入）。ERT_UCLK1 时钟是由 SYSCON 产生的。SYSCON 产生 ERT_UCLK1 为分频 EPLL 或 MPLL 输出。

7.5.3　UART 的 FIFO 控制寄存器

UART 模块中含有 4 个 UART FIFO 控制寄存器，如表 7-9 所示。

表 7-9　　UART FIFO 控制寄存器

寄存器	地址	读/写	描述	复位值
UFCON0	0x7F005008	读/写	UART 0 通道 FIFO 控制寄存器	0x0
UFCON1	0x7F005408	读/写	UART 1 通道 FIFO 控制寄存器	0x0
UFCON2	0x7F005808	读/写	UART 2 通道 FIFO 控制寄存器	0x0
UFCON3	0x7F005C08	读/写	UART 3 通道 FIFO 控制寄存器	0x0

UART FIFO 控制寄存器的位定义如表 7-10 所示。

表 7-10　　UART FIFO 控制寄存器位功能说明

位名称	位	描述	初始状态
Tx FIFO Trigger Level	[7:6]	确定发送 FIFO 的触发条件。 00=空　01=4 字节 10=8 字节　11=12 字节	00
Rx FIFO Trigger Level	[5:4]	确定接收 FIFO 的触发条件。 00=4 字节　01=8 字节 10=12 字节　11=16 字节	00
Reserved	[3]	保留	0
Tx FIFO Reset	[2]	Tx 复位，该位在 FIFO 复位后自动清除。 0=正常　1=Tx FIFO 复位	0
Rx FIFO Reset	[2]	Rx 复位，该位在 FIFO 复位后自动清除。 0=正常　1=Rx FIFO 复位	0
FIFO Enable	[0]	0=FIFO 禁止　1=FIFO 模式	0

注意：在 FIFO DMA 接收模式下，当 UART 没有达到 FIFO 触发水平或者在 3 个字的时间内没有接收到数据时，就会产生接收中断（接收超时），并且用户应该检测 FIFO 状态读取中断。

7.5.4 UART Modem 控制寄存器

UART 模块中有两个 UART MODEM 控制寄存器 UMCON0 和 UMCON1，如表 7-11 所示。

表 7-11 UART Modem 控制寄存器

寄存器	地址	读/写	描述	复位值
UMCON0	0x7F00500C	读/写	UART 0 通道 Modem 控制寄存器	0x0
UMCON1	0x7F00540C	读/写	UART 1 通道 Modem 控制寄存器	0x0
Reserved	0x7F00580C	-	保留	未定义
Reserved	0x7F005C0C	-	保留	未定义

UART Modem 控制寄存器的位定义如表 7-12 所示。

表 7-12 UART Modem 控制寄存器位功能说明

位名称	位	描述	初始状态
Reserved	[7:5]	当 AFC 被激活，这个位决定什么时候阻止信号。 000=接收 FIFO 控制 63 字节； 001=接收 FIFO 控制 56 字节； 010=接收 FIFO 控制 48 字节； 011=接收 FIFO 控制 40 字节； 100=接收 FIFO 控制 32 字节； 101=接收 FIFO 控制 24 字节	000
Auto Flow Control（AFC）	[4]	AFC 是否允许： 0=禁止；1=激活	0
Reserved	[3:1]	这 3 位必须均为 0	00
Request to Send	[0]	如果 AFC 位允许，则该位忽略，这时，S3C6410 将自动控制 nRTS； 如果 AFC 位禁止，则 nRTS 必须被软件控制。 0=‘H’电平（nRTS 无效）； 1=‘L’电平（nRTS 有效）	0

注：UART2 不支持 AFC 功能，因为 S3C6410 没有 nRTS2 和 nCTS2。
UART3 不支持 AFC 功能，因为 S3C6410 没有 nRTS2 和 nCTS2。

7.5.5 UART 接收（Rx）/（Tx）发送状态寄存器

UART 模块有 4 个 UART 接收/发送状态寄存器：UTRSTAT0、UTRSTAT1、UTRSTAT2 和 UTRSTAT3，如表 7-13 所示。

表 7-13 UART 接收/发送状态寄存器

寄存器	地址	读/写	描述	复位值
UTRSTAT0	0x7F005010	读	UART 0 通道 Tx/Rx 状态寄存器	0x6
UTRSTAT1	0x7F005410	读	UART 1 通道 Tx/Rx 状态寄存器	0x6
UTRSTAT2	0x7F005810	读	UART 2 通道 Tx/Rx 状态寄存器	0x6
UTRSTAT3	0x7F005C10	读	UART 3 通道 Tx/Rx 状态寄存器	0x6

UART 接收/发送状态寄存器的位定义如表 7-14 所示。

表 7-14　　UART 接收/发送状态寄存器位功能说明

位名称	位	描述	初始状态
Transmitter empty	[2]	在发送缓冲寄存器没有有效数据或发送移位寄存器为空时，该位自动置 1。 0=不空； 1=发送器（发送缓冲寄存器和移位寄存器）空	1
Transmitter buffer empty	[1]	当发送缓冲寄存器为空时，该位自动置 1。 0=发送缓冲寄存器不空； 1=空。 （在非 FIFO 模式，中断或 DMA 被申请。在 FIFO 模式下，当 Tx FIFO 触发水平被设置为 00（空）时，申请中断或 DMA）。 如果 UART 使用 FIFO，则用户应该检查 UFSTAT 寄存器的 Tx FIFO 计数位和 Tx FIFO 满标志位，以代替检查该位	1
Receive buffer date ready	[0]	无论何时接收缓冲寄存器包含在 RXDn 接口接收的有效数据，该位自动置 1。 0=空； 1=接收缓冲寄存器存在接收数据（在非 FIFO 模式，申请中断或 DMA） 如果 UART 使用 FIFO，则用户应该检查 UFSTAT 寄存器中的 Rx FIFO 计数位和 Rx FIFO 满标志位以代替检查该位	0

7.5.6　UART 错误状态寄存器

UART 模块有 4 个 UART 错误状态寄存器：UERSTAT0、UERSTAT1、UERSTAT2 和 UERSTAT3，如表 7-15 所示。

表 7-15　　UART 错误状态寄存器

寄存器	地址	读/写	描述	复位值
UERSTAT0	0x7F005014	读	UART 0 通道错误状态寄存器	0x0
UERSTAT1	0x7F005414	读	UART 1 通道错误状态寄存器	0x0
UERSTAT2	0x7F005814	读	UART 2 通道错误状态寄存器	0x0
UERSTAT3	0x7F005C14	读	UART 3 通道错误状态寄存器	0x0

UART 错误状态寄存器的位定义如表 7-16 所示。

表 7-16　　UART 错误状态寄存器位功能说明

位名称	位	描述	初始状态
Break Detect	[3]	自动设置为 1 说明接收中断信号。 0=没有中断信号； 1=中断接收（请求中断）	0
Frame Error	[2]	在接收过程中无论何时发生帧错误，该位自动置 1。 0=没发生帧错误； 1=发生帧错误（请求中断）	0

续表

位名称	位	描述	初始状态
Parity Error	[1]	在接收过程中无论何时发生奇偶错误，该位自动置 1。 0=没发生奇偶错误； 1=发生奇偶错误（请求中断）	0
Overrun Error	[0]	在接收过程中无论何时发生溢出错误，该位自动置 1。 0=没发生溢出错误； 1=发生溢出错误（请求中断）	0

注意：当 UART 错误状态寄存器被读取后，这些位会自动清 0。

7.5.7 UART 的 FIFO 状态寄存器

UART 模块有 4 个 FIFO 状态寄存器：UFSTAT0、UFSTAT1、UFSTAT2 和 UFSTAT3，如表 7-17 所示。

表 7-17 UART FIFO 状态寄存器

寄存器	地址	读/写	描述	复位值
UFSTAT0	0x7F005018	读	UART 0 通道 FIFO 状态寄存器	0x00
UFSTAT1	0x7F005418	读	UART 1 通道 FIFO 状态寄存器	0x00
UFSTAT2	0x7F005818	读	UART 2 通道 FIFO 状态寄存器	0x00
UFSTAT3	0x7F005C18	读	UART 3 通道 FIFO 状态寄存器	0x00

UART FIFO 状态寄存器的位定义如表 7-18 所示。

表 7-18 UART FIFO 状态寄存器位功能说明

位名称	位	描述	初始状态
保留	[15]	保留	0
Tx FIFO Full	[14]	无论何时发送，FIFO 满时，该位自动置 1。 0= 0 字节≤Tx FIFO 中的数据≤63 字节； 1= Tx FIF0 中的数据满	0
Tx FIFO Count	[13:8]	Tx FIFO 数据中的数量	0
Reserved	[7]	保留	0
Rx FIFO Full		无论何时发送，FIFO 满时，该位自动置 1。 0= 0 字节≤Rx FIFO 中的数据≤63 字节； 1= Rx FIF0 中的数据满	0
Rx FIFO Count		Rx FIFO 数据中的数量	0

7.5.8 UART Modem 状态寄存器

UART 模块有两个 UART Modem 状态寄存器：UMSTAT0 和 UMSTAT1，如表 7-19 所示。

表 7-19 UART Modem 状态寄存器

寄存器	地址	读/写	描述	复位值
UMSTAT0	0x7F00501C	读	UART 0 通道 Modem 状态寄存器	0x0
UMCON1	0x7F00541C	读	UART 1 通道 Modem 状态寄存器	0x0

续表

寄存器	地址	读/写	描述	复位值
Reserved	0x7F00581C	-	保留	未定义
Reserved	0x7F005C1C	-	保留	未定义

UART Modem 状态寄存器的位定义如表 7-20 所示。

表 7-20 UART Modem 状态寄存器位功能说明

位名称	位	描述	初始状态
Reserved	[7:5]	保留	000
Delta CTS	[4]	该位指示输入到 S3C6410 的 nCTS 信号，从上次读取后是否已经改变状态。 0 =没有改变	0
Reserved	[3:1]	保留	000
Clear to Send	[0]	0= CTS 信号没有改变（nCTS 引脚为高电平）; 1= CTS 信号改变（nCTS 引脚为低电平）	0

图 7-6 所示为 nCTS 和 Delta CTS 时序表的显示。

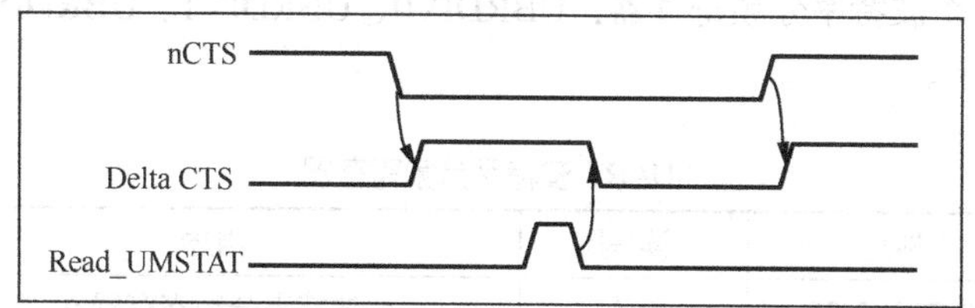

图 7-6 nCTS 和 Delta CTS 时序表

7.5.9 UART 发送缓冲寄存器（保存寄存器和 FIFO 寄存器）

UART 模块有 4 个发送缓冲寄存器：UTXH0、UTXH1、UTXH2 和 UTXH3。UTXHn 有一个 8 位数据作为发送数据，如表 7-21 和表 7-22 所示。

表 7-21 UART 发送缓冲寄存器

寄存器	地址	读/写	描述	复位值
UTXH0	0x7F005020	写	UART 0 通道发送缓冲寄存器	-
UTXH1	0x7F005420	写	UART 1 通道发送缓冲寄存器	-
UTXH2	0x7F005820	写	UART 2 通道发送缓冲寄存器	-
UTXH3	0x7F005C20	写	UART 3 通道发送缓冲寄存器	-

表 7-22 UART 发送缓冲寄存器位功能说明

位名称	位	描述	初始值
TXDATAn	[7:0]	UARTn 的发送数据	-

7.5.10 UART 接收缓冲寄存器（保存寄存器和 FIFO 寄存器）

UART 模块有 4 个接收缓冲寄存器：URXH0、URXH1、URXH2 和 URXH3。URXHn 中有一

个 8 位数据为接收数据，如表 7-23 和表 7-24 所示。

表 7-23　　UART 接收缓冲寄存器

寄存器	地址	读/写	描述	复位值
URXH0	0x7F005024	读	UART 0 通道接收缓冲寄存器	-
URXH1	0x7F005424	读	UART 1 通道接收缓冲寄存器	-
URXH2	0x7F005824	读	UART 2 通道接收缓冲寄存器	-
URXH3	0x7F005C24	读	UART 3 通道接收缓冲寄存器	-

表 7-24　　UART 接收缓冲寄存器位功能说明

位名称	位	描述	初始值
RXDATAn	[7:0]	UARTn 的接收数据	-

注意：当溢出错误产生时，URXHn 必须被读取。否则，即使 UERSTATn 就会溢出错误位清 0，接收下一个数据时也会产生溢出错误。

7.5.11　UART 波特率分频寄存器

UART 模块有 4 个波特率分频寄存器：UBRDIV0、UBRDIV1、UBRDIV2 和 UBRDIV3，如表 7-25 和表 7-26 所示。

表 7-25　　UART 波特率分频寄存器

寄存器	地址	读/写	描述	复位值
UBRDIV0	0x7F005028	读/写	波特率分频寄存器 0	0x0000
UBRDIV1	0x7F005428	读/写	波特率分频寄存器 1	0x0000
UBRDIV2	0x7F005828	读/写	波特率分频寄存器 2	0x0000
UBRDIV3	0x7F005C28	读/写	波特率分频寄存器 3	0x0000

表 7-26　　UART 波特率分频寄存器位功能说明

UBRDIV n	位	描述	初始状态
UBRDIV	[15:0]	波特率分频值，UBRDIVn>0	-

UART 波特率除受 UBRDIV 影响，还与 UDIVSLDT 相关，LDIVSLOT 寄存器共有 4 个，分别为 UDIVSLOT0、UDIVSLOT1、UDIVSLOT2 和 UDIVSLOT3，具体描述如表 7-27 和表 7-28 所示。

表 7-27　　UDIVSLOT 寄存器

寄存器	地址	读/写	描述	复位值
UDIVSLOT0	0x7F00502C	读/写	波特率分频寄存器 0	0x0000
UDIVSLOT1	0x7F00542C	读/写	波特率分频寄存器 1	0x0000
UDIVSLOT2	0x7F00582C	读/写	波特率分频寄存器 2	0x0000
UDIVSLOT3	0x7F005C2C	读/写	波特率分频寄存器 3	0x0000

表 7-28 UDIVSLOT 寄存器位功能说明

UDIVSLOT n	位	描述	初始状态
UDIVSLOT	[15:0]	选择由（UBRDIV+2）产生时钟产生分频时钟源的插槽	-

UBRDIVn 中的值决定串行 Tx/Rx 时钟波特率如下所示：

DIV_VAL = UBRDIVn +（UDIVSLOTn 中 1 的数量）/16；

DIV_VAL =（PCLK /（b/s × 16））−1；

DIV_VAL =（EXT_UCLK0 /（b/s × 16））−1，或者

DIV_VAL =（EXT_UCLK 1/（b/s × 16））−1。

除数的范围为 1～（216−1），并且 UEXTCLK 的值应该比 PCLK 小。

利用 UDIVSLOT 能够得到更准确的波特率。例如，当波特率为 115200B/s 时，PCLK、EXT UCLK0 或 EXT_UCLK1 是 40 MHz，UBRDIVn 和 UDIVSLOTn 是：

DIV_VAL =（40000000 /（115200 × 16））−1

= 21.7−1

=20.7

UBRDIVn = 20（DIV_VAL 的整数部分）

（UDIVSLOTn 中 1 的数量）/ 16 = 0.7

此时，（UDIVSLOTn 中 1 的数量）= 11

因此，UDIVSLOTn 为 1110 1110 1110 1010 或者 0111 0111 0111 0101。

UDIVSLOTn 的选择如表 7-29 所示。

表 7-29 UDIVSLOTn 选择表

1 的个数	UDIVSL0Tn	1 的个数	UDIVSL0Tn
0	0x0000(0000_0000_0000_0000b)	8	0x5555(0101_0101_0101_0101b)
1	0x0080(0000_0000_0000_1000b)	9	0xD555(1101_0101_0101_0101b)
2	0x0808(0000_0000_1000_1000b)	10	0xD5D5(1101_0101_1101_0101b)
3	0x0888(0000_1000_1000_100b)	11	0xDDD5(1101_1101_1101_0101b)
4	0x2222(0010_0010_0010_0010b)	12	0xDDDD(1101_1101_1101_1101b)
5	0x4924(0100_1001_0010_0100b)	13	0xDFDD(1101_1111_1101_1101b)
6	0x4A52(0100_1010_0101_0010b)	14	0xDFDF(1101_1111_1101_1111b)
7	0x54AA(0101_0100_1010_1010b)	15	0xFFDF(1111_1111_1101_1111b)

7.5.12 波特率错误容限

UART 帧错误率应当限制在 1.87%（3/160）以内。

tUPCLK =（UBRDIVn + 1）× 16 × 1 帧 / PCLK

tUPCLK：实际 UART 时钟。

tEXTUARTCLK = 1 帧/波特率

tEXTUARTCLK：理想 UART 时钟。

UART 错误 =（tUPCLK − tEXTUARTCLK）/ tEXTUARTCLK × 100%

注：FRAME = START 位 + DATA 位 + PARITY 位 + STOP 位

7.5.13 UART 中断处理寄存器

中断处理寄存器包括产生中断的信息，共有 4 个。分别为：UINTP0、UINTP1、UINTP2 和

UINTP3，具体功能如表 7-30 和表 7-31 所示。

表 7-30　UART 中断处理寄存器

寄存器	地址	读/写	描述	复位值
UINTP0	0x7F005030	读/写	UART 0 通道中断处理寄存器	0x0
UINTP1	0x7F005430	读/写	UART 1 通道中断处理寄存器	0x0
UINTP2	0x7F005830	读/写	UART 2 通道中断处理寄存器	0x0
UINTP3	0x7F005C30	读/写	UART 3 通道中断处理寄存器	0x0

表 7-31　UART 中断处理寄存器位功能说明

UINTP n	位	描述	初始状态
MODEM	[3]	产生 Modem 中断	0x0
TXD	[2]	产生发送中断	0x0
ERROR	[1]	产生错误中断	0x0
RXD	[0]	产生接收中断	0x0

当 4 位中有一位逻辑为“1”时，UART 每个通道都产生中断。在中断服务程序后，这个寄存器被清理。可以通过置“1”在指定的位来清理 UINTP 中特殊的位。

7.5.14　UART 中断源处理寄存器

中断源处理寄存器包含产生中断的信息（不管中断屏蔽为何值），共有 4 个。分别为 UINTSP0、UINTSP1、UINTSP2 和 UINTSP3，具体功能如表 7-32 和表 7-33 所示。

表 7-32　UART 中断源处理寄存器

寄存器	地址	读/写	描述	复位值
UINTSP0	0x7F005034	读/写	中断源处理寄存器 0	0x0
UINTSP1	0x7F005434	读/写	中断源处理寄存器 1	0x0
UINTSP2	0x7F005834	读/写	中断源处理寄存器 2	0x0
UINTSP3	0x7F005C34	读/写	中断源处理寄存器 3	0x0

表 7-33　UART 中断源处理寄存器位功能说明

UINTSP n	位	描述	初始状态
MODEM	[3]	产生 Modem 中断	0
TXD	[2]	产生发送中断	0
ERROR	[1]	产生错误中断	0
RXD	[0]	产生接收中断	0

7.5.15　UART 中断屏蔽寄存器

中断屏蔽寄存器包含屏蔽中断信息。如果一个特殊位被置为“1”，尽管相应的中断产生，但不产生到中断控制器的中断请求信号（在这种情况下，UINTSPn 寄存器相应位置为“1”）。如果屏蔽位是“0”，中断请求能从相应的中断源得到响应（在这种情况下，UINTSPn 寄存器相应位置为“1”）。

UART 中断屏蔽寄存器有 4 个，分别为：UINTM0、UINTM1、UINTM2 和 UINTM3，具体说明如表 7-34 和表 7-35 所示

表 7-34　　UART 中断屏蔽寄存器

寄存器	地址	读/写	描述	复位值
UINTM0	0x7F005038	读/写	UART 0 通道中断屏蔽寄存器	0x0
UINTM1	0x7F005438	读/写	UART 1 通道中断屏蔽寄存器	0x0
UINTM2	0x7F005838	读/写	UART 2 通道中断屏蔽寄存器	0x0
UINTM3	0x7F005C38	读/写	UART 3 通道中断屏蔽寄存器	0x0

表 7-35　　UART 中断屏蔽寄存器位功能说明

UINTM n	位	描述	初始状态
MODEM	[3]	产生 Modem 中断	0
TXD	[2]	产生发送中断	0
ERROR	[1]	产生错误中断	0
RXD	[0]	产生接收中断	0

7.6　UART 接口应用举例

UART 接口的应用十分广泛，是学习嵌入式开发不可或缺的内容。下面是 UART 接口在 ARM 11 处理器中的实例应用。结合以上对 UART 接口特性及操作的理解，再参考各个寄存器功能的描述，具体的程序代码分析如下。

UART 接口的配置：UART_Config 函数的主要功能是由用户选择建立 UART 接口。

输入：NONE

输出：NONE

```
u8 UART_Config(void)
{
    u8 cCh:
    s32 iNum=0;
    volatile UART_CON *pUartCon;
    g_uOpClock=0;
//选择通道
    printf("Note:[D] mark means default value.If you press ENTER key, default value
is selected.\n");
    printf("Select Channel(0)3) [D=0]: ");
    cCh=(u8)GetIntNum( );
    if(cCh>3)  cCh=0;                           //默认 UART0
    pUartCon=&g_AUartCon[cCh];
    printf("\n\nConnect PC[COM1 or COM2] and UART%d of S3C6410 with a serial cable
for test!!!\n", cCh);
//设置其他选项
    printf("\nSelect Other Options\n 0.Nothing[D]   1.Send Break Signal  2.Loop Back
 Mode\n Choose: ");
    switch(GetIntNum( ))
    {
```

```
            default:
                    pUartCon->cSendBreakSignal=0x0;
                    pUartCon->cLoopTest=0x0;
                    break;
            case 1:
                    pUartCon->cSendBreakSignal=1;
                    return cCh;
            case 2:
                    pUartCon->cLoopTest=1;
                    break;
        }
    //设置奇偶模式
        printf("\nSelect Parity Mode\n 1.No parity[D] 2.Odd 3.Even 4.Forced as '1' S.Forced
as '0' \n Choose: ");
        switch(GetIntNum( ))
        {
            default:
                    pUartCon->cParityBit=0;
                    break;
            case 2:
                    pUartCon->cParityBit=4;
                    break;
            case 3:
                    pUartCon->cParityBit=5;
                    break;
            case 4:
                    pUartCon->cParityBit=6;
                    break;
            case 5:
                    pUartCon->cParityBit=7;
                    break;
        }
    //设置停止位的数量
        printf("\n\nSelect Number of Stop Bit\n 1.One stop bit per frame[D] 2.Two stop
bit per frame");
        switch(GetIntNum( ))
        {
            default:
                    pUartCon->cStopBit=0;
                    break;
            case 2:
                    pUartCon->cStopBit=1;
                    break;
        }
    //设置字长度
        printf("\n\nSelect Word Length\n 1.Sbits 2.6bits 3.7bits 4.8bits \n Choose:");
        switch(GetIntNum( ))
        {
            case 1:
                    pUartCon->cDataBit=0;
                    break;
            case 2:
                    pUartCon->cDataBit=1;
                    break;
            case 3:
                    pUartCon->cDataBit=2;
                    break;
            default:
                    pUartCon->cDataBit=3;
                    break;
```

```
        } XXXXXX
    //设置操作时钟
        printf("\n\nSelect Operating Clock\n 1.PCLK[D] 2.EXT_ CLKO(pwm)   3. EXT_ CLK1
(EPLL/ MPLL)\n Choose:");
        switch (GetIntNum( ))
        {
            case 2:
                      pUartCon->cOpClock=1;
    //连接 CLKOUT 和 UEXTCLK
        printf("\nlnput PWM EXT_CLK by Pulse Generater\n");
        printf("How much CLK do you input through the pwmECLK?");
        printf("Mhz:");
        g_uOpClock=GetIntNum( ) * 1000000;
        GPIO_SetFunctionEach(eGPIO_ F,eGPIO_13,2);
            break;
            case 3:
        pUartCon->cOpClock=3;
        printf("\nSelect Clock SRC\n 1.EPLL  2.MPLL \n Choose:");
        switch(GetIntNum( ))
        {
            case 1:
                      SYSC_SetPLL(eEPLL,32,1,1,0);
                      SYSC_CLkSrc(eEPLL_FOUT);        //EPLL=192Mhz
                      SYSC_CLkSrc(eUART_MOUTEPLL);
                      SYSC_Ctr1CLKOUT(eCLKOUT_EPLLOUT,0);
                      g_uOpClock=CalcEPLL(32,1,1,0);
                      printf("EPLL=%dMhz\n",(g_uOpClock/1000000));
                      break;
            case 2:
                      SYSC_CLkSrc(eMPLL_FOUT);
                      SYSC_CLkSrc(eUART_DOUTMPLL);
                      Delay(100);
                      g_uOpClock=(u32)g_MPLL/2;
                      printf("MPLL=%dMhz\n", (g_uOpClock/1000000));
                      break;
            default:
                      SYSC_CLkSrc(eMPLL_FOUT);
                      SYSC_CLkSrc(eUART_DOUTMPLL);
                      Delay(100);
                      g_uOpClock=(u32)g_MPLL/2;
                      printf("MPLL=%dMhz\n", (g_uOpClock/1000000));
                      break;
        }
            break;
            default:
                      pUartCon->cOpClock=0;           // PCLK
                      break;
        }
    //选择 UAR7, 或 IrDA 1.0
        printf("\n\nSelect External Interface Type\n 1.UART[D]   2.IrDA mode\n Choose:");
        if (GetIntNum)==2)
              pUartCon->cSelUartlrda=1;                // IrDA 模式
        else
              pUartCon->cSelUartlrda=0;                // URAT 模式
    //设置波特率
        printf("\n\nType the baudrate and then change the same baudrate of host, too.\n");
```

```
        printf("Baudrate (ex 9600, 115200[D], 921600):");
        pUartCon->uB audrate=GetIntNum( );
        if ((s32)pUartCon->uBaudrate== -1)
              pUartCon->uB audrate=115200;
    //选择 UART 操作模式
        printf("\n\nSelect Operating Mode\n 1.Interrupt[D]   2.DMA\n Choose:");
        if (GetIntNum( )==2)
        {
              pUartCon->cTxMode=2;                        // DMA0 模式
              pUartCon->cRxMode=3;                        // DMA1 模式
        }
        else
        {
              pUartCon->cTxMode=1;                        // Int 模式
              pUartCon->cRxMode=1;                        // Int 模式
        }
    //选择 UART  FIFO 模式
        printf("\n\nSelect FIFO Mode (Tx/Rx[byte])\n 1.no FIFO[D]  2.Empty/1  3.16/8
4.32/16  5.48/32\n Choose:");
        iNum=GetIntNum();
        if((iNum>1)&&(iNum<6))
        {
              pUartCon->cEnableFifo=1;
              pUartCon->cTxTrig=iNum-2;
              pUartCon->cRxTrig=iNum-2;
        }
        else
        {
              pUartCon->cEnableFifo=0
        }
    //选择 AFC 模式使能/禁用
        printf("\n\nSelectAFC Mode\n 1.Disable[D]  2.Enable\n Choose:");
        if (GetIntNum( )==2)
        {
              pUartCon->cAfc=1;                          // AFC 模式使能
              printf("Select nRTS trigger level(byte)\n 1.63[D]   2.56   3.48   4.40
5.32   6.24   7.16   8.8\n Choose:");
              iNum=GetIntNum( );
              if((iNum>1)&&(iNum<9))
                    pUartCon->cRtsTrig=iNum-1;
              else
                    pUartCon->cRtsTrig=0;               //默认 63 字节
        }
        else
        {
              pUartCon->cAfc=0;                          // AFC 模式禁用
        }
    #if 1
        printf("SendBreakSignal=%d\n",  pUartCon->cSendBreakSignal);
        printf("Brate=%d\n, SelUartlrda=% d\n, Looptest= %d\n, Afc=%d\n, EnFiFO=%d\n,
OpClk=%d\n, Databit=%d\n, Paritybit=%d\n, Stopbit=%d\n, Txmode=%d\n, TxTrig=%d\n,  RxM
ode=%d\n, RxTrig=%d\n, RtsTrig=%d\n, SendBsig=%d\n", pUartCon->uB audrate,  pUartCon->
cSelUartlrda, pUartCon->cLoopTest, pUartCon->cAfc,  pUartCon->cEnableFifo,  pUartCon->
cOpClock, pUartCon->cDataBit,  pUartCon->cParityBit,  pUartCon->cStopBit,  pUartCon->
cTxMode,  pUartCon->cTxTrig,  pUartCon->cRxMode,  pUartCon->cRxTrig,  pUartCon->cRtsTrig,
pUartCon->cSendBreakSignal);
    #endif
        return cCh;
    }
```

本 章 小 结

本章主要介绍了 S3C6410 的异步通信串行数据总线 UART。在嵌入式设计中，UART 用来与 PC 进行通信，包括与监控调试器和其他器件，如 EEPROM 等进行通信。UART 总线是异步串口，因此一般比 SPI 和 IIC 等同步串口的结构要复杂很多，一般由波特率产生器、UART 接收器和 UART 发送器组成。硬件上有两根线，一根用于发送，另一根用于接收。显然，如果用通用 I/O 口模拟 UART 总线，则还需一个输入口和一个输出口。

思 考 题

1. 简述串行数据的通信模式。
2. 简述串行通信同步通信和异步通信的特点。
3. 简述 RS-232C 接口的规格、信号、引脚功能和基本连接方式。
4. 简述 RS-232、RS-422 和 RS-485 的特点。
5. 简述 UART 的字符传输格式。
6. 试分析 S3C6410 的 UART 内部结构与功能。
7. 简述 S3C6410 的 UART 的操作模式与功能。
8. 与 S3C6410 UART 相关的专用寄存器有哪些？各有什么功能？
9. 简述 UART 行控制寄存器的位功能。
10. 简述 UART 控制寄存器（UCONn）的位功能。
11. 简述 UART FIFO 控制寄存器（UFCONn）的位功能。
12. 简述 UART Modem 控制寄存器（UMCONn）的位功能。

第 8 章 ADC 和触摸屏接口

本章主要介绍 S3C6410 微处理器的模/数转换器——ADC。ADC 的功能是将模拟信号转换成数字信号。通过对本章的学习，读者能够掌握 ADC 的工作原理，及 A/D 转换的 4 个过程——采样、保持、量化及编码；触摸屏的基本工作原理和触摸的位置（以坐标形式）的检测；以及 ADC 与触摸屏的接口方式。

本章主要内容包括：

- ADC 与触摸屏接口的基本原理；
- ADC 与触摸屏接口的主要功能；
- ADC 与触摸屏接口的主要寄存器；
- ADC 的具体操作实例，包括硬件设计和软件设计。

8.1 ADC 及触摸屏概述

S3C6410 的 ADC 为具有 8 位通道模拟输入、10 位转换精度的 CMOS 型模/数转换器。它将模拟的输入信号转换成数字编码，最大转换率是 500kSPS 和 2.5MHz 的 ADC 时钟。ADC 转换器的操作带有片上采样保持功能，并支持电源中断模式。

触摸屏接口控制触摸屏的位置和方位（XP、XM、YP 和 YM），为 X 坐标转换和 Y 坐标转换选择触摸屏的位置和方位。触摸屏界面包含了位置和方位控制逻辑、ADC 界面逻辑和中断发生逻辑。

8.2 ADC 及触摸屏的特性

ADC 及触摸屏接口包括如下功能：

- 分辨率：10 位；
- 微分线性误差：±1.0 LSB；
- 积分线性误差：±2.0 LSB；
- 最高转换率：500kSPS；
- 低功耗；
- 供电电压：3.3V；

- 模拟输入范围：0～3.3V；
- 对芯片采样保持功能；
- 支持正常转换模式；
- 单独的 X/Y 坐标的转换模式；
- 自动（顺序）的 X/Y 坐标的转换模式；
- 等待中断方式；
- 停止模式唤醒源。

8.3　ADC 及触摸屏接口操作

图 8-1 所示为显示 ADC 和触摸屏接口的功能结构框图，ADC 的装置是一个循环的类型。

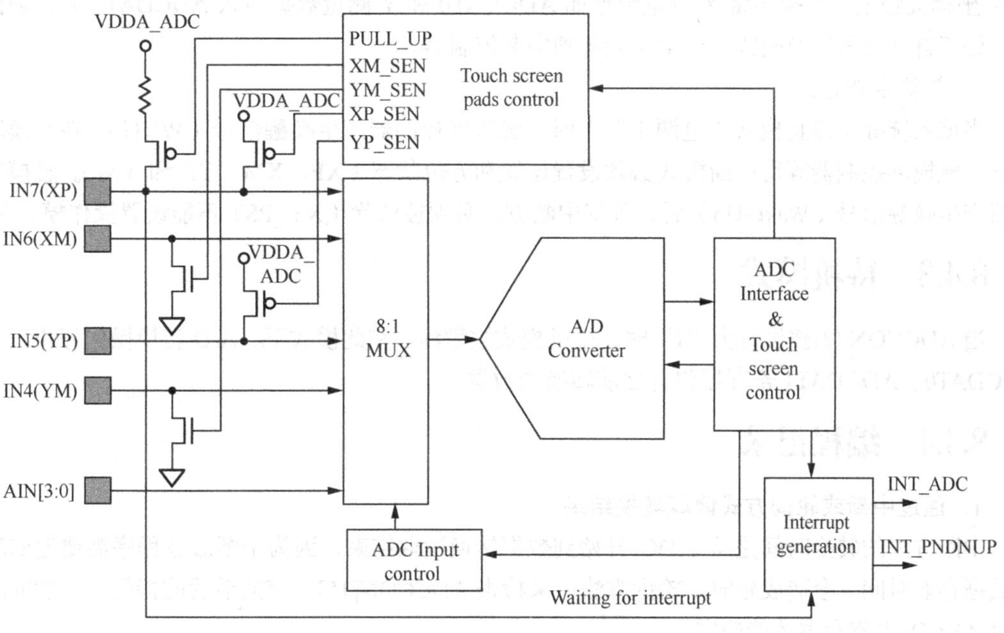

图 8-1　ADC 与触摸屏接口功能框图

当触摸屏装置被使用，触摸屏进入 I/F 模式，XM 或 YM 接地。当触摸屏装置未被使用，为正常 ADC 转换，XM 或 YM 连接模拟输入信号。

8.4　ADC 功能描述

8.4.1　A/D 转换时间

当 GCLK 频率为 50 MHz，分频器值为 49 时，总的 10 位转换时间计算方法如下：

A/D 转换频率=50 MHz /（49 + 1）=1MHz

转换时间=1 /（1MHz/5 周期）= 1/200kHz = 5μs

ADC 可在最高为 2.5MHz 时钟下操作，因此转换率可高达 500kSPS。

8.4.2 触摸屏接口方式

1. 正常转换模式

单个转换模式，是最有可能用于通用的 ADC 转换。这种模式可以通过设置 ADCCON（ADC 的控制寄存器）初始化，并完成读和写存入 ADCAT0（ADC 数据寄存器 0）中。

2. 单独的 X/Y 坐标转换模式

触摸屏控制器可以使用两个转换模式中的一个，单独的 X/Y 坐标转换模式可以使用以下方法中转换：X 坐标模式将 X 坐标的转换数据写入 ADCDAT0，触摸屏接口产生中断源到中断控制器。Y 坐标模式将 Y 坐标的转换数据写入 ADCDAT1，触摸屏接口生成中断源到中断控制器。

3. 自动（顺序）的 X/Y 坐标转换模式

自动（顺序）的 X/Y 坐标转换模式，使用以下方法进行转换：触摸屏控制器顺序转换 X 坐标和 Y 坐标被触摸，触摸屏将 X 测量数据如 ADCDAT0 和 Y 测量数据写入 ADCDAT1 后，触摸屏接口处于自动位置转换模式，产生中断源到中断控制器。

4. 等待中断方式

当该系统处于停止模式（电源中断）时，触摸屏控制器产生唤醒信号（WKU）。在触摸屏接口下，触摸屏控制器等待中断模式必须设置位置和方位状态（XP、XM、YP 和 YM）。触摸屏控制器产生唤醒信号（Wake-Up）后，等待中断方式必须被清除（XY_PST 不能设置操作模式）。

8.4.3 待机模式

当 ADCCON [2]被设置为“1”时，待机模式被激活。在此模式下，A/D 转换操作停止，并且 ADCDAT0、ADCDAT1 寄存器包含之前转换的数据。

8.4.4 编程记录

1. 通过中断或轮询方式读取转换结果

中断方法的转换时间是从 ADC 开始到数据转换读取结束，因为中断服务程序需要返回时间和数据存取时间，会造成延时。轮询方法用来检查 ADCCON[15]，交换最后的特征位。读取时间通过 ADCDAT 寄存器才能确定。

2. 边转换边读取方式

ADCCON[1]——A/D 转换的启动读取方式，设置为 1。A/D 转换开始时，同时转换成数据读取。

ADC 和触摸屏操作的信号如图 8-2 所示。

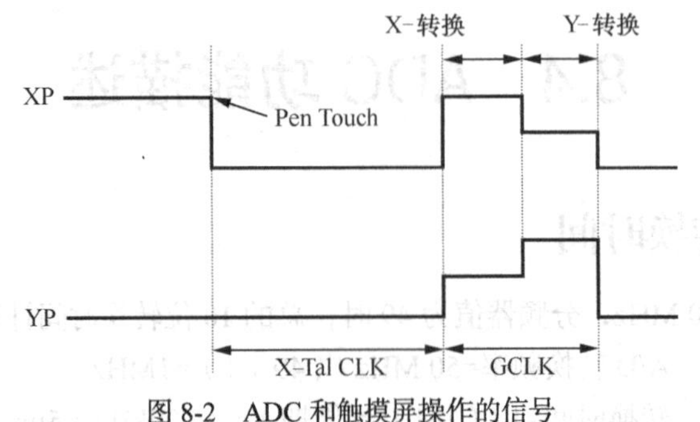

图 8-2 ADC 和触摸屏操作的信号

3. STOP 模式下唤醒方式

如果在 STOP 模式下，唤醒源被使用，XY_PST 位（ADCTSC[1:0]）应设置为等待中断模式（11）。为了使触摸笔笔尖向上/向下移动有效，使用 UD_SEN 位。

8.5　ADC 及触摸屏寄存器

8.5.1　ADC 的控制寄存器（ADCCON）

ADCCON 控制寄存器地址为 0x7E00B000，可读可写，复位时值为 0x3FC4，如表 8-1 所示，各部位功能的说明如表 8-2 所示。

表 8-1　ADCCON 寄存器

寄存器	地址	读/写	描述	复位值
ADCCON	0x7E00B000	读/写	ADC 控制寄存器	0x3FC4

表 8-2　ADCCON 寄存器位功能说明

ADCCON	位	描述	初始状态
ECFLG	[15]	转换的结束标记（只读）。 0=A/D 转换的过程中； 1=A/D 转换结束	0
PRSCEN	[14]	ADC 预定标器启动。 0=禁用； 1=启动	0
PRSCVL	[13:6]	ADC 预定标器值 0xFF。 数据值：5～255	0xFF
SEL_MUX	[5:3]	模拟输入通道选择。 000=AIN 0； 001=AIN 1； 010=AIN 2； 011=AIN 3； 100=YM； 101=YP； 110=XM； 111=XP	0
STDBM	[2]	待机模式选择。 0=正常运作模式； 1=待机模式	1
READ_START	[1]	A/D 转换开始读取。 0=禁用开始读操作； 1=启动开始读操作	0
ENABLE_START	[0]	A/D 转换开始启用。 如果 READ_START 启用，这个值是无效的。 0=无行动； 1=A/D 转换开始和该位被清理后开启	0

8.5.2 ADC 的触摸屏控制寄存器（ADCTSC）

ADCTSC 寄存器的地址为 0x7E00B004，可读可写，复位时值为 0x58，如表 8-3 所示。各位功能的说明如表 8-4 所示。

表 8-3 ADCTSC 寄存器

寄存器	地址	读/写	描述	复位值
ADCTSC	0x7E00B004	读/写	ADC 的触摸屏控制寄存器	0x58

表 8-4 ADCTSC 寄存器位功能说明

ADCTSC	位	描述	初始状态
UD_SEN	[8]	检测触摸笔向上向下的位置。 0=触摸笔向下中断信号； 1=触摸笔向上中断信号	0
YM_SEN	[7]	YM 开关启动。 0=YM 输出驱动器禁用； 1= YM 输出驱动器启用	0
YP_SEN	[6]	YP 开关启动。 0=YP 输出驱动器禁用； 1= YP 输出驱动器启用	1
XM_SEN	[5]	XM 开关启动。 0=XM 输出驱动器禁用； 1= XM 输出驱动器启用	0
XP_SEN	[4]	XP 开关启动。 0=XP 输出驱动器禁用； 1= XP 输出驱动器启用	1
PULL_UP	[3]	上拉开关启动。 0=XP 上拉启用； 1= XP 上拉禁用	1
AUTO_PST	[2]	X 和 Y 的位置的自动定序转换。 0=正常的 ADC 转换； 1= X 和 Y 的位置的自动定序测量	0
XY_PST	[1:0]	X 和 Y 坐标的手动测量。 00=没有运作模式； 01= X 坐标测量； 10=Y 坐标测量； 11=等待中断方式	00

注：（1）等待触摸屏中断，XP_SEN 位必须设置为“1”，即“XP 输出禁用”；PULL_UP 位必须设置为“0”，即“XP 上拉启动”。

（2）在自动定序的 X/Y 坐标转换下 AUTO_PST 应设置为“1”。

8.5.3 ADC 开始延迟寄存器（ADCDLY）

ADCDLY 寄存器的地址为 0x7E00B008，可读可写，复位时值为 0x00ff。如表 8-5 所示，各位功能的说明如表 8-6 所示。

表 8-5　ADCDLY 寄存器

寄存器	地址	读/写	描述	复位值
ADCDLY	0x7E00B008	读/写	ADC 启动或时间延迟寄存器	0x00ff

表 8-6　ADCDLY 寄存器位功能说明

ADCDLY	位	描述	初始状态
FILCLKsrc	[16]	ADCDLY 时钟初始化。 0=外部输入时钟； 1=RTC 时钟	0
DELAY	[15:0]	（1）正常转换模式，模式的 XY 坐标，自动模式，→ADC 转换启动延迟的值。 （2）等待中断方式。 在 STOP 模式下，触摸笔向下移动发生时，它产生唤醒信号，使间隔时间（数毫秒）用于额外的停止模式。 不要使用非零值（0x0000）	00ff

注：在触摸屏模式时，触摸屏使用 X_tal 时钟（3.68MHz）。在 ADC 模式时，ADC 转换使用 GCLK 时钟（≤50 MHz）。

8.5.4　ADC 的数据转换寄存器（ADCDAT0）

ADCDAT0 寄存器的地址为 0x7E00B00c，可读，如表 8-7 所示。各位功能的说明如表 8-8 所示。

表 8-7　ADCDAT0 寄存器

寄存器	地址	读/写	描述	复位值
ADCDAT0	0x7E00B00c	读	ADC 数据转换寄存器	-

表 8-8　ADCDAT0 寄存器位功能说明

ADCDAT0	位	描述	初始状态
UPDOWM	[15]	在等待中断模式下，触摸笔向上或向下状态。 0=触摸笔向下状态； 1=触摸笔向上状态	-
AUTO_PST	[14]	X 和 Y 坐标的自动定序转换。 0=正常的 ADC 转换； 1= X 和 Y 坐标的自动定序测量	-
XY_PST	[13:12]	X 和 Y 坐标的手动测量。 00=没有运作模式； 01= X 坐标测量； 10=Y 坐标测量； 11=等待中断方式	-
Reserved	[11:10]	保留	-
XPDATA (Normal ADC)	[9:0]	X 坐标的数据转换（包括正常的 ADC 的转换数据值）。 数据值：0x0～0x3ff	-

8.5.5 ADC 的数据转换寄存器（ADCDAT1）

ADCDAT1 寄存器的地址为 0x7E00B010，可读。如表 8-9 所示。各位功能的说明如表 8-10 所示。

表 8-9 ADCDAT1 寄存器

寄存器	地址	读/写	描述	复位值
ADCDAT1	0x7E00B010	读	ADC 数据转换寄存器	-

表 8-10 ADCDAT1 寄存器位功能说明

ADCDAT1	位	描述	初始状态
UPDOWM	[15]	在等待中断模式下，触摸笔向上或向下状态。 0=触摸笔向下状态； 1=触摸笔不是向下状态	-
AUTO_PST	[14]	X 和 Y 坐标的自动定序转换。 0=正常的 ADC 转换； 1= X 和 Y 坐标的自动定序测量	-
XY_PST	[13:12]	X 和 Y 坐标的手动测量。 00=没有操作模式； 01= X 坐标测量； 10=Y 坐标测量； 11=等待中断方式	-
Reserved	[11:10]	保留	-
YPDATA (Normal ADC)	[9:0]	Y 坐标的数据转换（包括正常的 ADC 的转换数据值）。 数据值：0x0～0x3ff	-

8.5.6 ADC 的触摸屏 UP-DOWN 寄存器（ADCUPDN）

ADCUPDN 寄存器的地址为 0x7E00B014，可读可写，复位时值为 0x0，如表 8-11 所示。各位功能的说明如表 8-12 所示。

表 8-11 ADCUPDN 寄存器

寄存器	地址	读/写	描述	复位值
ADCUPDN	0x7E00B014	读/写	触摸笔向上或向下中断寄存器	0x0

表 8-12 ADCUPDN 寄存器位功能说明

ADCUPDN	位	描述	初始状态
TSC_DN	[1]	触摸笔向下中断。 0=无触摸笔向下状态； 1=有触摸笔不是向下状态	0
TSC_UP	[0]	触摸笔向上中断。 0=无触摸笔向上状态； 1=有触摸笔向上状态	0

8.5.7　ADC 触摸屏中断清除寄存器

ADC 触摸屏中断清除寄存器有两个，分别为 ADCCLR INT 和 ADCCLR WR。这些寄存器是用来清除中断的。当中断服务完成后，中断服务程序负责清理中断，在这个寄存器上写入任何数据都将清除相关有效的中断。当它被读取时，未定义的值将被返回，如表 8-13 和表 8-14 所示。

表 8-13　ADCCLR INT 寄存器

寄存器	地址	读/写	描述	复位值
ADCCLR INT	0x7E00B018	写	清除 ADC 中断	-

表 8-14　ADCCLR WR 寄存器

寄存器	地址	读/写	描述	复位值
ADCCLR WR	0x7E00B020	写	清除唤醒中断	-

8.6　ADC 应用举例

读取一个模拟输入信道的值，并进行 A/D 转换。转换结束后，读取转换结果，实现模拟信号到数字信号的转换。

8.6.1　硬件设计

A/D 转换电路图如图 8-3 所示。

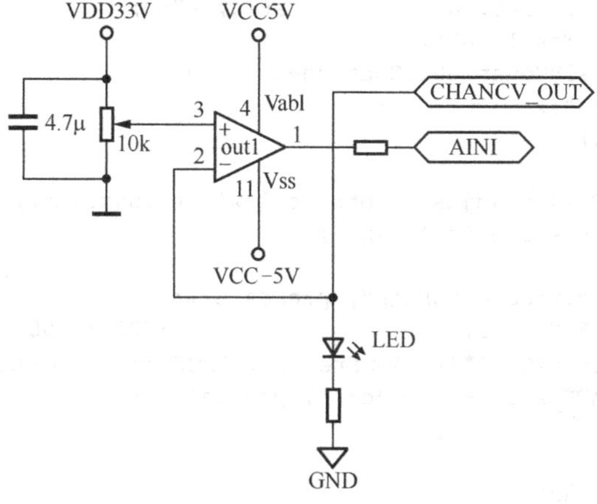

图 8-3　A/D 转换电路图

8.6.2　软件设计

1. 程序分析

（1）主要参数

- AD 转换频率：1Mhz；
- 转换时间：5μs。

（2）intReadAdc(int ch)函数

A/D 转换过程中的核心为 ReadAdc 函数，主要对 ADCCON 寄存器进行设置和判断，主要步骤如下：

- 首先，建立通道；
- 然后，启动通道，并判断通道是否启动成功；
- 接着，判断转换是否结束；
- 最后，若转换结束，则将 ADCDAT0 中的低 10 位的数据返回。

2. 参考程序

```
#define ADC FRDQ5000000
intReadAdc(int ch)
{
int i;
StaticintprevCh = -1;
rADCCON= (1<<14)|(preScaler<.<6)|(ch<<3);         //建立通道
if (prevCh!=ch)
{
   rADCCON = (1<<14)|(preScaler<.<6)|(ch<<3);     //建立通道
   for(i=0;i<LOOP;i++);                           //延返建立下一个通道
   prevCh=ch;
}
rADCCON |= 0x1;                                   //启动 ADC
while(rADCCON&0x1);                               //判断 Enable_start 是否为 0
while(!(rADCCON&0x8000));                         //判断转换是否结束
return((int)rADCDAT0&0x3ff);
}
void Test_Adc(void)
{
int i, key;
int a0=0, al=0, a2=0, a3=0, a4=0, a5=0, a6=0, a7=0;
Uart_Printf("[ADC_INTest] \n");
Uart Printf("0.DispalyCount1001.Continued ...\n");
Uart_Printf("Selet: ");
Key=Uart_GetIntNum();
Uart_Printf("n\n");
Uart Printf("TheADC INareadjustedtothefollowingvaluas.\n");
Uart Printf("Pushanykeytoexit!!! \n");
preScaler=ADC_FREQ;
Uart_Printf("ADCconv.freq.= %dHz\n", preScaler);
preScaler=PCLK/ADC_FREQ - 1;                      //PCLK: 50 .7MHz
//ADCconversiontime=5CYCLES*(1/(ADCFreq.)), ADCFreq.=PCLK/(ADCPSR+1)
Uart_Printf("PCLK/ADC_FREQ - 1 = %d\n", preScaler);
if(key==0)
{
Uart_Printf("[AIN0] \n");
for(i=0;i<REQCNT;i++)
{
a1=ReadAdc(1);
Uart_Printf("%04d", al);
if(( i+1) %10==0) Uart_Printf(" \n");
}
}
else if(key==1)
{
while(Uart_GetKey( )==0)
```

```
    {
        a0=ReadAdc(0);
        a1=ReadAdc(L);
        a2=ReadAdc(2)`
        a3=ReadAdc(3);
        A4=ReadAdc(4);
        a5=Readadc(5);
        a6=ReadAdc(6);
        d7=ReadAdc(7);
    Uart_Printf("AIN0:%04dAIN1:%04dAIN2:%04dAIN3:%04dAIN4:%04dAIN5:%04dAIN6:%04dAIN7:
%04d\n", a0, a1, a2, a3, a4, a5, a6, a7);
    rADCCON=(0<<14)|(19<<6)|(7<<3)|(1<<2);
    Uart_Printf("\nrADCCON=0x%x\n", rADCCON);
    }
```

本 章 小 结

本章主要介绍了 S3C6410 的 ADC 及其与触摸屏的接口。S3C6410 的 ADC 为 8 位通道模拟输入的 10/12 位 CMOS 型模数转换器。它将模拟的输入信号转换成 10 位/12 位二进制数字编码，在 5MHz 的 ADC 时钟，最大转换率是 1MSPS。ADC 转换器带有片上采样保持功能，同时，电源支持休眠模式。且 ADC 提供了专门的触摸屏接口，在实际操作中触摸屏的操作与 ADC 是密不可分的，触摸屏接口包含了触摸屏控制逻辑、ADC 界面逻辑和中断发生逻辑。

思 考 题

1. 简述 A/D 转换器的主要指标。
2. 分析 S3C6410 的 A/D 转换器和触摸屏接口电路，简述其工作原理。
3. 与 S3C6410 的 A/D 转换器相关的寄存器有哪些？各自的功能？
4. 简述 ADC 控制寄存器（ADCCON）的位功能。
5. 简述 ADC 控制寄存器（ADCTSC）的位功能。
6. 简述 ADC 启动延时寄存器（ADCDLY）的位功能。
7. 简述 ADC 转换数据寄存器的位功能。
8. 简述电阻触摸屏的结构与工作原理。
9. 试分析 S3C6410 内部触摸屏接口的结构与功能。
10. 简述使用触摸屏的配置过程。
11. S3C6410 与触摸屏接口有几种接口模式？各有什么特点？
12. 试编写从 A/D 转换器的通道 1 获取模拟数据，并将转换后的数字量以波形的形式在 LCD 上显示的程序。

第二篇　移动设备开发基础

第 9 章 Android 系统级开发概述

本章对 Android 系统的整体情况进行了介绍，分别包括 Android 系统从诞生到现在的发展情况及其系统特点，由应用程序层、应用程序框架层、系统运行库层与 Linux 内核层构成的 Android 系统架构，以 Linux 内核为基础的 Android 系统内核，以及系统移植的概念和驱动开发的方法。通过对本章内容的学习，读者能够对 Android 系统有一个整体的认识，并能够了解 Android 系统开发的基本概念与方法。

本章的主要内容包括：

- Android 系统的 4 层架构；
- Linux 内核结构；
- Android 系统内核结构；
- Android 系统内核与 Linux 内核的区别；
- 系统移植的概念和驱动开发的方法。

9.1　Android 系统的发展

最初的 Android 系统是由美国一家小型公司设计开发的，该公司的名字也叫作 Android。Android 的名称来源于法国作家利尔亚当于 1886 年发表的科幻小说《未来夏娃》，作者为作品中的类人机器人起名为 Android。Google 在 2005 年收购了 Android 公司，继续进行 Android 系统的研发，而 Android 系统的负责人 Andy Rubin 则继续留在 Google 负责 Android 项目的研发工作。

2007 年 11 月 5 日，Google 正式向外界展示了 Android 的移动设备操作系统平台。同时，Google 宣布建立一个全球性的联盟组织，即开放手机联盟（Open Handset Alliance，OHA）。该组织由 34 家手机制造商、软件开发商、电信运营商以及芯片制造商共同组成。这一联盟将支持谷歌发布的手机操作系统以及应用软件，将共同开发 Android 系统的开放源代码。OHA 囊括了全世界顶尖的硬件公司、软件公司和电信公司，共同致力于为移动设备提供先进的开放式标准，以期开发可以显著降低移动设备与移动服务开发成本的技术。中国三大电信运营商中国移动、中国电信和中国联通都是 OHA 成员，其中，中国移动还是 OHA 的创始成员。

在 2008 年的 Google I/O 大会上，Google 提出了 Android HAL 架构图。同年 8 月 18 号，Android 获得了美国联邦通信委员会（FCC）的批准；2008 年 9 月，谷歌正式发布了 Android 1.0 系统，这也是 Android

系统最早的版本。此后，Google 借助 Android 系统开始进入移动设备市场。2008 年以智能手机为代表的移动设备仍然是以诺基亚的 Symbian 系统为主，该系统占据了移动终端操作系统市场的绝对优势。但是，在短短几年时间内，Android 系统迅速成长为一个完整的系统平台，并成为市场占有率最高的系统。

Google 在推出 Android 系统后，一直在对它进行更新和完善，并不断地增加新功能，使其能不断适应硬件的进步。在最初的 Android 1.0 版本发布后，Google 又发布了多个 Android 版本，由于最初内部测试版本的代号（Astro Boy 和 Bender）有版权问题，因此，从 2009 年 5 月起，Android 系统除了数字版本号，还有以甜点命名的代号。同时，每个版本还具有与之对应的 API 级别，这里的 API 级别通常是指 Android 系统中 Java 层的 API 接口。Android 系统的版本、代号与 API 级别的发展如表 9-1 所示。

表 9-1　Android 系统版本、代号与 API 级别

序号	版本	代号	API 级别
1	Android 1.0	无	API 等级 1
2	Android 1.1	Petit Four	API 等级 2
3	Android 1.5	Cupcake	API 等级 3
4	Android 1.6	Donut	API 等级 4
5	Android 2.0	Éclair	API 等级 5
6	Android 2.0.1	Éclair	API 等级 6
7	Android 2.1	Éclair	API 等级 7
8	Android 2.2～2.2.3	Froyo	API 等级 8
9	Android 2.3～2.3.2	Gingerbread	API 等级 9
10	Android 2.3.3-2.3.7	Gingerbread	API 等级 10
11	Android 3.0	Honeycomb	API 等级 11
12	Android 3.1	Honeycomb	API 等级 12
13	Android 3.2	Honeycomb	API 等级 13
14	Android 4.0～4.0.2	Ice Cream Sandwich	API 等级 14
15	Android 4.0.3～4.0.4	Ice Cream Sandwich	API 等级 15
16	Android 4.1	Jelly Bean	API 等级 16
17	Android 4.2	Jelly Bean	API 等级 17
18	Android 4.3	Jelly Bean	API 等级 18
19	Android 4.4	KitKat	API 等级 19
20	Android 4.4W	KitKat	API 等级 20
21	Android 5.0	Lollipop	API 等级 21
22	Android 5.1	Lollipop	API 等级 22
23	Android 6.0	Marshmallow	API 等级 23
24	Android 7.0	Nougat	API 等级 24
25	Android 7.1.1～7.1	Nougat	API 等级 25
26	Android 8.0	Oreo	API 等级 26

作为一个具有开源开放属性的系统，Android 系统具有较多的优势，能够吸引大量的开发者和使用者。Android 系统的主要优势包括了开放性、丰富的硬件支持和应用程序开发支持。开放性是指 Android 系统作为一个开放的平台，允许任何移动设备厂商使用 Android 系统，从而吸引了更多的开发者，获得更多的移动应用支持，推动用户数量的快速增长；丰富的硬件支持是指

Android 系统对各种不同的硬件具有良好的支持，不同厂商可以基于不同的硬件推出具有各自特色的产品，通过 Android 系统的支持，可以完成数据的同步以及软件的兼容；应用程序开发支持是指 Android 系统为移动应用开发提供了良好的支撑，改变了以往操作系统对系统把握要求较高的局限性，使得开发者可以更加专注于移动应用设计与开发本身。此外，Android 移动应用不受审查限制，可以从不同的 Android 应用商店下载。由于在 Android 系统发展过程中得到了众多软硬件厂商、运营商的支持，因此 Android 系统发展极为迅速。

但是尽管 Android 系统可以算作是开源开放的系统，并不意味着 Android 系统是个完全免费的系统。Android 系统由多个部分构成，遵循不同的开源协议。而位于操作系统底层的驱动通常是根据移动设备进行定制开发，这部分是不开源的。同时由 Google 提供的既有应用，如 Google Map、Google Play、Google Talk 等，也是不开源的，甚至可能需要支付相应的费用。而且由于 Android 版本数量较多，由厂商定制而产生的分支版本也较多，应用软件对各版本系统的兼容性对程序开发人员是一个不小的挑战。同时由于 Android 应用开发相对难度较小，导致 Android 应用质量参差不齐，也存在着相当多的安全问题。此外，由于 Android 应用主要使用 Java 语言开发，其运行效率和硬件消耗一直对系统性能具有较大的影响。

9.2 Android 系统架构

Android 将系统架构分为了 4 层，从上到下依次为：应用程序层（Application）、应用程序框架层（Application Framework）、系统运行库层（Libraries）以及 Linux 内核层（Linux Kernel）。这 4 层的内容如图 9-1 所示。Android 系统的 Linux 内核层由 C 语言实现，运行于操作系统内核空间。系统运行库层由 C 和/C++实现，应用程序框架层和应用程序层主要由 Java 代码实现，这三层运行于用户。从 Linux 操作系统的角度来看，是内核空间与用户空间的分界线。系统运行库层和应用程序框架层之间是本地代码层和 Java 代码层的接口。应用程序框架层和应用程序层之间是 Android 的系统 API 接口。

图 9-1　Android 系统架构

9.2.1　应用程序层

应用程序层（Application）包含一个核心应用集合，如 SMS 短消息程序、联系人管理、E-mail 客户端、浏览器、地图等，同时开发人员利用 Java 语言设计和编写的程序（如音乐播放器、游戏等）也都运行在这一层上。也就是说 Android 系统自带的应用和第三方开发的应用都位于这个层次上。这两类都属于应用层面，但是两者并不是完全相同。Android 系统自带应用是由 Google 官方提供，会使用一些隐藏的类，即这些类没有包含在 SDK 中。而第三方开发的应用是以 Android 系统的 SDK 为基础进行开发的，以 Java 作为编程语言来编写应用程序。Android 系统通过本机开发程序包（NDK）提供了从应用层穿越 Java 框架层与底层包含了 JNI 接口的 C/C++库直接通信的方法。

Android 的应用程序是指主要用 Java 语言编写的用户程序。其中还包括各种的资源文件等相关资源经过编译后，最终生成为一个 APK 包。开发者可以在应用程序框架层的 API 上实现自己所编译的程序。一个比较完整的 Android 应用程序要包括下面几个组件中的一个或几个。

（1）Activity。Activity 是在 Android 程序中可以看到的一个层面，这是一个有生命周期的对象，能显示那些可视的用户界面，并且可以接收与用户交互产生的那些界面事件。例如，每个 Activity 可以展示一个设置列表供使用者挑选，或者显示一些包含说明的照片。一个程序可以有一个或多个 Activity。至于具体数目的多少还需看程序的设计。每一个 Activity 的开始与结束都是依靠上一个 Activity 的转向。

（2）Service。Service 与其他组件不同，它没有可视化界面，但系统会要求它在后台运行。比如当使用者在玩游戏的同时，能够像 PC 一样同时开启多线程，还能够听音乐或者播放网页的视频。因此，Android 下的服务是来自于 Service 基类的。Service 可以连接至一个正在运行的服务，在连接成功以后，能够使用服务展现出的接口进行不同服务的相互沟通。对于音乐服务来说，这个接口可以允许用户暂停、退回、停止以及重新开始播放。与其他的组件类似，Activity 会运行在主要线程中，所以它能和其他线程一起工作，Service 是不能自己启动的。所以，一般会使用 Context 的 startService 和 bindService 两个函数启动 Service。

（3）BroadcastReceive。BroadcastReceiver 是用户涵盖广播通知信息并做出对应处理的组件。很多广播是源自于系统代码的，应用程序也可以进行广播。同 Service 一样，它没有界面，它是系统程序对需要的数据进行回馈。回馈的接收数据来自 BroadcastReceiver 的基类。

（4）ContentProvider。在 Android 系统中，用户应当有自己唯一识别的 ContentProvider ID 号码，这个唯一的号码决定了系统的运行。根据唯一识别码来运行保护程序，就可以防止其他干扰程序妨碍整个系统的正常运行，如果要在应用程序之间实现共享数据和交互数据，就需要使用 Content Provider。ContentProvider 用来调用设备上的函数。相比较而言，每一个的 Content Provider 都能够自成类，它主要集成了一些方法。程序可以通过其他程序来使用 ContentProvider 提供的函数，同时也可以定义自己的 ContentProvider 来向其他应用提供数据访问服务。

（5）Intent。Intent 的作用是能够连通每一个组件，上述的四种组件，除了 Content Provider 只能用 Content Resolver 启动，其他的三个组件 Activity、Broadcast Receiver 和 Service 是需要 Intent 启动的。由于 Intent 是用来连接组件的，因此它包含了不同的数据，它包含的对象又有不同的启动方式，因此，不同类型组件的传递链接便不相同。Intent 是一种运行时绑定机制，它能够在程序运行的过程中连接两个不同的组件。系统一般使用 Intent 得到 Android 的函数需求，Android 会依靠不同的需求来自动挑选组件进行反馈操作。

应用程序在 Android 系统中运行的主要特征为，每个应用程序都默认运行在一个 Linux 进程之中，Android 会自动为需要运行的应用程序启动一个进程，而且这个进程会一直存在，直到接收到包含要求退出的信息的代码或者是系统的资源不够时，Android 才会将其杀死。每个进程互不干涉，都运行于一个相互独立的 Dalvik Virtual Machine。在默认的情况下，一般每个应用程序被给予唯一的 Linux User ID。但是在某些特殊情况下，两个应用程序也可以共用一个 Linux User ID。但是在共用时，应用程序之间是可以彼此相互访问的。为了节省资源，Android 会自动把两个应用程序合并起来放到一个进程中，令它们共同使用一个虚拟机。

9.2.2 应用程序框架层

应用程序框架层（Application Framework）是 Android 应用开发的基础，开发者可以使用 Google 发布的 API 框架进行程序开发。API 框架简化了程序开发的架构设计，但开发者必须遵守框架的开发原则。从图 9-1 中可以看出，应用程序框架层包含以下组件。

（1）活动管理器（Activity Manager）。Android 应用程序中的基本组件，管理应用程序的生命周期并提供常用的导航回退功能。

（2）窗口管理器（Windows Manager）。管理所有的窗口程序，可以控制窗口的打开、隐藏和关闭等操作。

（3）内容提供器（Content Provider）。使一个应用程序能访问其他应用程序的数据，实现多个应用程序之间的数据共享。

（4）视图系统（View System）。构建应用程序的显示界面，如文本组件、按钮组件和列表显示等。

（5）通知管理器（Notification Manager）。使应用程序能够在状态栏显示自定义的通知信息。

（6）包管理器（Package Manager）。管理 Android 系统内的应用程序，可以获取已经安装的应用程序信息。

（7）电话管理器（Telephony Manager）。管理手机的通话状态，可以检测手机基本服务的情况以及获取电话信息。

（8）资源管理器（Resource Manager）。提供应用程序内非代码资源的访问，如布局管理器、图片和颜色文件等。

（9）位置管理器（Location Manager）。提供用户的定位服务。

（10）XMPP 服务（XMPP Service）。基于可货站标记语言（XML）的协议，可用于即时消息（IM）以及在线现场探测。

9.2.3 系统运行库层

当使用 Android 应用框架时，Android 系统会通过一些 C/C++库来支持用户使用的各个组件，使其能更好地为用户服务。由于 Android 系统需要支持 Java 代码的运行，这部分内容是 Android 运行时的环境（Runtime），由虚拟机和 Java 基本类组成。这部分内容通常也可以认为是系统运行库层（Libraries）的一部分。系统运行库层包含了如下一些组件：

（1）桌面管理器（Surface Manager）。管理访问显示子系统以及从多模块应用中无缝整合 2D 和 3D 的图形。

（2）媒体库（Media Framewrok）。Android 系统多媒体库，基于 PacketVideo OpenCORE，该库支持多种常见格式的音频、视频的回放和录制。还支持各种格式的图片，比如 MPEG4、MP3、

AAC、AMR 和 JPG 等。

（3）关系型数据库（SQLite）。一款为嵌入式设计的轻型数据库，是遵循 ACID 的关系型数据库管理系统。

（4）3D 支持库（OpenGL ES）。OpenGL 三维图形 API 的子集，专门针对手机、PDA 和游戏主机等嵌入式设备设计。

（5）FreeType 库。它是一个完全免费（开源）的、高质量的且可移植的字体引擎，它提供统一的接口来访问多种字体格式文件，包括 True Type、Open Type、Type1、CID、CFF、Windows FON/FNT 和 X11 PCF 等。

（6）Web 浏览器引擎（WebKit）。一个开源的浏览器引擎。

（7）SGL 库。基本的 2D 图形引擎。

（8）安全套接层（Secure Sockets Layer，SSL）。为网络通信提供安全及数据完整性的一种安全协议，位于 TCP/IP 与各种应用层协议之间。

（9）Libc 库。Linux 下的 ANSI C 的函数库，包含了 C 语言最基本的库函数。

（10）Android 运行时（Android Runtime）。它是 Android 操作系统上的运行环境，由 Google 公司研发，于 2013 年与 Android 4.4 一同公开发布。它能够把应用程序的 Bytecode 转化为机器码，是 Android 使用的虚拟机。

9.2.4 Linux 内核层

Android 以 Linux 内核为基础，借助 Linux 内核提高核心系统服务，例如安全性、内存管理、进程管理、网络协议栈和驱动模型等方面。Linux 内核作为一个抽象层，存在于硬件和软件栈之间。Android 4.0 之前基于 Linux 2.6 系列内核，4.0 及之后的版本使用更新的 Linux 3.X 内核，并且两个开源项目之间有了互通。Linux 3.3 内核中包含了一些 Android 代码，可以让开发人员利用 Linux 内核运行于 Android 系统，为 Android 内核或 Linux 内核开发驱动程序，减轻维护面向 Android 内核开发人员发布的不同补丁的负担。Linux 3.4 增添了电源管理等更多功能，以增加与 Android 的硬件兼容性，使 Android 在更多设备上得到支持。

Android 在 Linux 内核的基础上进行了增强，增加了一些面向移动计算的特有功能。例如，低内存管理器（Low Memory Killer，LMK）、匿名共享内存（Ashmem），以及轻量级的进程间通信 Binder 进制等。这些内核的增强使 Android 在继承 Linux 内核安全机制的同时，进一步提升了内存管理、进程间通信等方面的安全性。需要注意的是，由于 Android 系统所使用的 Linux 内核做了定制化的修改和优化，从内核代码上来说难以融合到 Linux 的主线内核中，因此在 2010 年 Android 系统的 Linux 内核曾被从 Linux Kernel 2.6.33 版代码库移除，直到 2012 年才重新回归到 Linux 3.3 代码库。

Android 中主要包含了以下驱动程序。

（1）显示驱动（Display Driver）。基于 Linux 的帧缓冲（FrameBuffer）驱动。

（2）照相机驱动（Camera Driver）。基于 Linux 的 V4L2（Video for Linux）驱动。

（3）蓝牙驱动（Bluetooth Driver）。基于 IEEE 802.15.1 标准的无线传输技术。

（4）Flash 内存驱动（Flash Memory Driver）。基于 MTD 的 Flash 驱动程序。

（5）Binder(IPC) Driver。Android 采用的一种进程间通信机制，通过共享内存来提高性能，为进程请求分配每个进程的线程池。

（6）USB 驱动（USB Driver）。提供 USB 设备的连接支持。

（7）键盘驱动（Keypad Driver）。为输入设备提供支持。

（8）WiFi 驱动（WiFi Driver）。基于 IEEE 802.11 标准的驱动程序。

（9）音频驱动（Audio Drivers）。基于 ALSA（Advanced Linux Sound Architecture）的高级 Linux 声音体系驱动。

（10）电源管理（Power Management）。对移动设备使用的电池电量进行监控。

9.3 Android 系统内核

Android 采用 Linux 内核，所以具有 Linux 内核的一些特性，比如：

（1）强大的内存管理和进程管理方案；

（2）基于权限的安全模式；

（3）支持共享库；

（4）经过认证的驱动模型；

（5）Linux 本身就是开源项目。

但 Android 与 Linux 之间还是存在很大的差别，本节将分别介绍 Linux 内核与 Android 内核的特点。

9.3.1 Linux 内核结构

Linux 内核主要由五个子系统组成：进程调度、内存管理、虚拟文件系统、网络接口和进程间通信。各子系统间的依赖关系如图 9-2 所示。

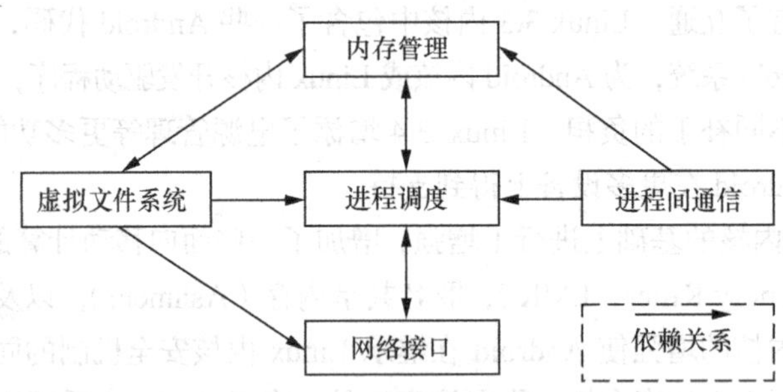

图 9-2 Linux 内核子系统的依赖关系

（1）进程调度（SCHED）。进程调度负责创建和销毁进程，控制系统中的多个进程对 CPU 的访问，使得多个进程能在 CPU 中“微观串行，宏观并行”地执行。每个子系统都需要挂起或修复进程，因此进程调度处于系统中的中心位置，内核中的其他子系统都围绕它来运行。概括来说，进程调度就是在单个或多个 CPU 上实现了多个进程的抽象。

（2）内存管理（Memory Management，MM）。内存是计算机的主要资源之一，用来管理内存的策略是决定系统性能的一个关键因素。内存管理的主要作用是控制多个进程安全地共享主内存区域。Linux 的内存管理支持虚拟内存，即在计算机中运行的程序，其代码、数据、堆栈的总量可以超过实际内存的大小，操作系统只是把当前使用的程序块保留在内存中，其余的程序块则保留在磁盘中。内核在有限的可用资源之上为每个进程都创建了一个虚拟地址空间，Linux 内存管理为每个进程进行虚拟内存到物理内存的转换。

（3）虚拟文件系统（VFS）。Linux 中的每个对象都可以当作文件来看待。内核在没有结构的硬件上构造结构化的文件系统，而文件抽象在整个系统中广泛使用。虚拟文件系统隐藏了各种硬件的具体细节，为所有的设备提供了统一的接口。它独立于各个具体的文件系统，是对各个文件系统的一个抽象。虚拟文件系统可以分为逻辑文件系统和设备驱动程序。逻辑文件系统指 Linux 支持的文件系统，如 ext3、FAT 等，设备驱动的程序指为每一种硬件控制器所编写的设备驱动程序模块。

（4）网络接口（NET）。网络接口提供了对各种网络标准的存取和各种网络硬件的支持。在 Linux 中，网络接口可分为网络协议和网络驱动程序，网络协议部分负责实现每一种可能的网络传输协议，网络设备驱动程序负责与硬件设备通信。每一种硬件设备都有相应的设备驱动程序。

（5）进程通信（Inter-Process Communication，IPC）。进程通信支持提供进程之间的通信，不同进程之间的通信（通过信号、管道或进程间通信原语）是整个系统的基本功能。Linux 支持进程间的多种通信机制，包含信号量、共享内存、管道等，这些机制可协助多进程、多资源的互斥访问以及进程间的同步和消息传递。

9.3.2 Android 内核和驱动

Android 采用了以 Linux 为基础的操作系统内核，同时也对 Linux 内核做了修改，以适应在移动设备上的应用。Android 在 Linux 的内核上运行，提供的核心系统服务包括安全、内存管理、进程管理等。内核相当于一个介于硬件层和系统中其他软件组之间的一个抽象层次，但是不算做 Linux 操作系统。因为 Android 系统中的 Linux 内核是由标准的 Linux 内核修改而来的，所以继承了 Linux 内核的诸多优点，保留了 Linux 内核的主体架构。同时 Android 系统根据移动设备的需求，对文件系统、内存管理、进程间通信机制和电源管理等方面进行了修改，增加了相关的驱动程序和必要的新功能。

Android 系统在 Linux 内核的基础上增加了称为 Dalvik 的 Java 虚拟机和 Android Runtime 运行环境，构成了 Android 的运行库。每个 Android 应用都运行在自己的进程上，使用由运行环境所分配的专有实例。Android 系统中的 Dalvik 虚拟机被修改为支持多个虚拟机高效运行在同一个设备上。Dalvik 虚拟机执行的是 Dalvik 格式的可执行文件（.dex），该格式经过优化，将内存耗用降到最低。Java 编译器将 Java 源文件转化为 class 文件，class 文件又被内置的 dx 工具转化为 dex 格式文件，这种文件在 Dalvik 虚拟机上注册并运行。Android 系统的应用软件都是运行在 Dalvik 之上的 Java 软件，而 Dalvik 是运行在 Linux 中的，在一些底层功能例如线程和低内存管理方面，Dalvik 虚拟机是依赖 Linux 内核的。可以认为 Android 是运行 Linux 内核之上的操作系统，但是 Android 本身不能算作是 Linux 操作系统。

Android 系统是为移动设备设计和实现的系统，尽管 Android 系统采用了 Linux 内核作为操作系统最基本的内核，但是仍然与 Linux 内核具有较多的差别。Android 系统主要以改进和新增的方式提升性能，包括以下几个方面。

优化了 Android 系统中的电源管理。Android 电源管理是一个基于标准 Linux 电源管理系统的轻量级 Android 电源管理驱动，针对移动设备进行了改进和优化，利用锁和定时器来切换系统状态，控制设备在不同状态下的功耗，以达到节能的目的。从 Android 5.0 版本开始进入了 JobScheduler 调度程序，从而能够从调度的角度进一步减少功耗。

Android 系统中采用了 Android Binder。Android Binder 是基于 OpenBinder 框架的驱动，用于提供 Android 平台的进程间通信（Inter-Process Communication，IPC）。而 Linux 系统上层应用的

进程间通信主要是 D-bus（Desktop Bus），采用消息总线的方式来进行 IPC。

Android 系统中的存储管理进行了较多的优化。低内存管理器（Low Memory Killer）在内存紧张情况下被虚拟机调用，寻找一个合适的进程，将该进程杀掉，释放出其所占用的内存。与 Linux 标准的 OOM（Out Of Memory）相比，低内存管理器机制更加灵活，可以根据需要杀死进程来释放内存。Android 系统采用了匿名共享内存（Ashmem）为进程提供共享内存，同时为内核提供回收和管理内存的机制。如果一个程序尝试访问 Kernel 释放的一个共享内存块，它将会收到一个错误提示，然后重新分配内存并重载数据。由于 DSP 和某些设备只能工作在连续的物理内存上，Android 采用了 PMEM（Processor MEMory）向用户空间提供连续的物理内存区域，同时还提供相应的访问接口。

在 Android 系统中，采用 Yaffs2 作为 MTD NAND Flash 文件系统。Yaffs2 是一个快速稳定的应用于 NAND Flash 的跨平台的嵌入式设备文件系统。同其他 Flash 文件系统相比，Yaffs2 能使用更小的内存来保存其运行状态，因此占用内存小。Yaffs2 的垃圾回收非常简单而且快速，因此能达到更好的性能。Yaffs2 在 NAND Flash 上性能表现尤其优异，非常适合大容量的 Flash 存储。

此外，Android 系统还提供了很多机制来进行系统的优化或者为系统提供新的功能。Android Logger 是一个轻量级的日志设备，能用于抓取 Android 系统的各种日志。Android Alarm 提供了一个定时器用于把设备从睡眠状态唤醒，同时它也提供了一个即使在设备睡眠时也会运行的基准时钟。Android USB Gadget 驱动是一个基于标准 Linux USB gadget 驱动框架的设备驱动，Android 的 USB 驱动是基于 gadget 框架的。用于调试功能的 Android Ram Console 允许将调试日志信息写入一个被称为 RAM Console 的设备中，它是一个基于 RAM 的 Buffer。Android timed device 提供了对设备进行定时的控制功能，目前仅支持特定的设备。

9.4 系统移植的概念和驱动开发的方法

嵌入式操作系统与桌面操作系统以及服务器操作系统最显著的区别之一就是它的可移植性。对嵌入式操作系统而言，它往往需要运行在不同体系结构的处理器和开发板上。而移植的目的就是为了只改动较少的内容就能支撑较为庞大的上层系统。

Android 系统的移植是为了在特定的硬件平台上运行 Android 系统（见图 9-3）。Android 中具有很多组件，但并不是每一个部件都需要移植。一些纯软的组件就没有移植的必要。例如，一些部件，例如浏览器引擎，虽然需要下层网络的支持，但是并非直接为其移植网络接口，而是通过无线局域网或者电话系统数据连接来完成标准网络接口的移植。因此 Android 系统的移植并不需要精通 Android 的每一个部分，需要考虑的仅仅是 Android 系统的硬件抽象层（HAL）和 Linux 中的相关设备驱动程序。

1. Android 本地框架中的硬件抽象层

Android 系统硬件抽象层运行于用户空间，介于驱动程序和 Android 系统之间。Android 系统对硬件抽象层通常都有标准的接口定义，实现这些接口也就给 Android 系统提供了硬件抽象层。

2. Linux 驱动

驱动程序是硬件和上层软件的接口，Linux 的驱动运行在内核空间。在 Android 手机系统中，需要基本的屏幕、触摸屏、键盘以及音频、摄像头、电话的 Modem、Wi-Fi、蓝牙等多种设备驱动程序。

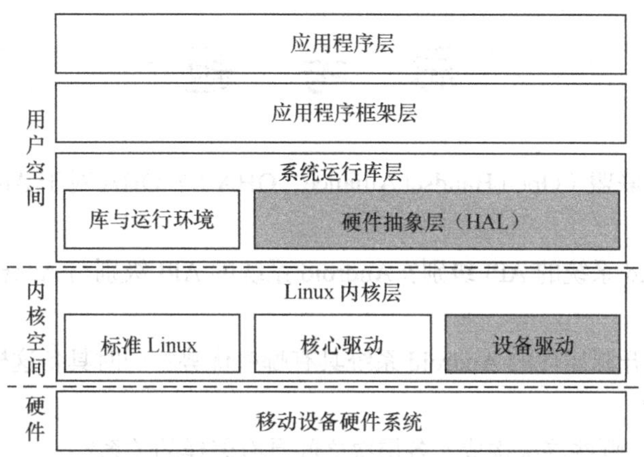

图 9-3　Android 移植的主要工作

在具有了特定的硬件系统之后，通常在 Linux 中需要实现其他驱动程序，这些驱动程序通常是 Linux 的标准驱动程序，在 Android 平台和其他 Linux 平台的功能基本上是相同的。主要的实现方面是 Android 系统中的硬件抽象层，硬件抽象层对下调用 Linux 中的驱动程序，对上提供接口，供 Android 系统的其他部分（通常为 Android 本地框架层）调用。

Android 的移植主要可以分成几个类型：基本图形用户界面（GUI）部分，包括显示部分和用户输入部分；硬件加速部分，包括媒体编解码和 OpenGL；音视频输入输出环节，包括音频、视频输出和摄像头部分；连接部分，包括无线局域网、蓝牙和 GPS；电话部分；附属部件，包括传感器、背光和振动器等。

对大部分子系统而言，硬件抽象层和驱动程序都需要根据实际系统的情况实现，例如：传感器部分、音频部分、视频部分、摄像头部分、电话部分。也有一些子系统，硬件抽象层是标准的，只需要实现 Linux 内核中的驱动程序即可，例如：输入部分、振动器部分、无线局域网部分和蓝牙部分等。对于有标准的硬件抽象层的系统，有时也需要做一些配置工作。

时至今日，随着 Android 系统的发展，它已经不仅仅是一个移动设备的平台，也可以用于消费类电子产品和智能家电，例如：上网本、电子书、数字电视、机顶盒和固定电话等。在这些平台上，通常需要的部件比移动设备更少。一般来说，包括显示和用户输入的基本用户界面部分是需要移植的，其他部分是可选的。例如，电话系统、振动器和传感器等一般不需要在非移动设备系统上配备，而一些固定设备通常也不需要 GPS 系统。

本 章 小 结

Android 系统是当前移动终端设备上应用最为广泛的系统之一。本章从整体上对 Android 系统进行了介绍，从 Android 系统的诞生和发展开始，再引入对 Android 系统特点的基本概况；然后对 Android 系统的四层次系统架构进行了介绍，表明了 Android 系统开发在 Android 系统架构中所处的层次；接下来进一步对 Linux 系统内核和 Android 系统内核进行了介绍和对比，对 Android 系统内核的特点进行了说明；最后对系统移植的基本概念进行了介绍，并对驱动开发的方法进行了探讨。

思 考 题

1. 什么开放手机联盟（Open Handset Alliance，OHA）？OHA 对于 Android 系统的发展具有怎样的作用？

2. 什么是 Android 系统的 API 级别？Android 系统的 API 级别与 Android 系统的版本之间有什么联系？

3. 作为具有开放开源属性的 Android 系统具有哪些优势？同时具备这样属性的 Android 系统又有哪些限制和缺点？

4. Android 系统由哪些层次构成？各层次之间具有怎样的关系？

Android 应用程序使用什么语言进行开发？Android 系统为 Android 应用程序开发提供了哪些基本组件？

5. 从系统的角度来看，Android 系统中的应用程序在执行时有什么特点？

6. Android 系统的应用程序框架层具有哪些作用？该层包含了哪些组件？

7. Android 系统的系统运行库层具有哪些作用？该层包含了哪些组件？

8. Android 系统的 Linux 内核层具有哪些作用？该层包含了哪些组件？

9. Android 系统的内核具有什么特点？与 Linux 内核有哪些相同之处和不同之处？

10. 什么是系统移植？Android 系统移植和驱动开发需要完成哪些工作？

第 10 章 Android 系统开发环境

本章对 Android 系统的开发环境进行了介绍，包括 Android 系统开发所采用的交叉开发环境和交叉开发模式，及其主要架构与特点；与 Android 系统开发密切相关的 Linux 操作系统及其开发工具链；以及 Android 系统开发所需要了解的 Android 系统目录结构、虚拟机和所需的工具链。通过对本章的学习，读者能够了解交叉开发环境，熟悉 Android 系统级开发涉及到代码结构，熟悉 Android 系统级开发所使用的工具链。

本章的主要内容包括：

- 交叉开发环境与交叉开发模式；
- 交叉编译工具链；
- Linux 操作系统核心与驱动程序及其相互关系；
- Android 代码目录结构；
- Android 系统级开发工具链。

10.1 交叉开发环境

10.1.1 交叉开发环境概述

移动设备从本质上来说也是嵌入式系统的一种。而嵌入式系统是一种专用的计算机系统，具有硬件资源受限的特点。在进行移动设备上的开发时，面临着与桌面系统不同的要求。移动设备主要是通过电池进行供电，因此设计时需要考虑与传统桌面系统不同的用户交互设计、能耗问题和重量问题。因此，移动设备一般通过触摸方式进行操作，不采用传统的键盘和鼠标等外设进行交互；在提供所需性能和功能的条件下，尽量减轻设备的体积和重量，然而，这又使存储容量受到了较大的限制。

由于移动设备上硬件资源有限，处理器性能相对较弱，存储空间不够充分，移动式设备上的操作系统往往也是经过定制的操作系统，通用计算机的开发环境和模式基本无法在移动设备上进行复制。因此，不能直接在移动设备上进行软件开发，需要采用基于宿主机—目标机开发环境的交叉开发模式。交叉开发模式是嵌入式系统领域常用的开发模式，其本质是在一台设备上进行开发和调试，开发出来的软件在另一台设备上存储和运行。

基于宿主机—目标机的交叉开发环境主要由宿主机和目标机两个部分组成。宿主机是指用于软件开发的计算机，一般而言就是日常所使用的桌面计算机。目标机指的是所开发的软件（包括系统软件）最终运行的设备（对于移动设备上的软件开发来说，就是指移动设备）。通过基于宿主机—目标机开发环境的交叉开发模式，在宿主机上使用既有的开发工具，面向目标机上有限的硬件资源，为目标机定制软件系统，包括引导程序、操作系统内核和文件系统，然后下载到目标机上运行。此后面向该目标机的应用程序开发，都在宿主机上进行，然后通过交叉编译工具编译和调试后，开发出能够在目标机上运行的程序，然后下载到目标机上进行测试，最终形成可以执行的应用软件。在交叉开发环境中，还可以利用宿主机上的调试工具对目标机上运行的程序进行远程调试。交叉开发模式使开发人员可以使用熟悉的开发工具为嵌入式系统进行软件的设计开发，而不需要重新学习、掌握另外的工具，这样就极大地提高了嵌入式系统的开发效率。

嵌入式系统由于硬件资源上的局限性，存储空间和运算能力有限，而编译器通常需要很大的存储空间，并需要很强的处理器运算能力。因此在交叉开发环境下需要借助宿主机的编译环境。编译的过程就是把用高级语言编写的应用程序转化成运行该程序的处理器所能识别的机器代码。由于不同架构的处理器有不同的指令集，因此不同架构的处理器需要对应不同的编译器。一个处理器架构的计算机上编译的代码不能直接在另外一个处理器架构的计算机上执行。交叉开发模式中的交叉编译就是在一种处理器架构的计算机下（宿主机）编译另一个处理器架构（目标机）的目标文件。相对于交叉编译，在本机上编译出能在同样架构计算机和操作系统上运行的编译称为本地编译。目标文件在不同处理器架构间由于采用的处理器指令集不同等原因不能通用。例如，x86 架构的程序不能运行于 ARM 架构的目标机。即使在一个处理器架构下，也会有多个操作系统。不同的操作系统会使用不同的目标文件格式，所以采用何种交叉编译器产生何种格式的目标文件还要取决于目标机的操作系统。交叉编译在宿主机上完成。图 10-1 所示为交叉开发环境。

图 10-1　交叉开发环境

10.1.2　宿主机与目标机的连接

由于宿主机和目标机是两个不同的设备，因此需要将宿主机和目标机连接起来。宿主机和目标机的连接方式有 4 种，分别是串行接口（简称“串口”）、以太网接口、USB 接口和 JTAG 接口。这四种连接方式各有优缺点，需要在不同的场合正确使用才能发挥它们的最大作用。

在大多数操作系统中，串口可以作为终端使用。宿主机可以利用串口给目标机发送命令，同时也可以接收目标机返回的信息并显示。宿主机可以通过串口向目标机传送文件；目标机可以把程序运行的结果返回并显示。串口驱动程序的实现相对比较简单，可支持性好；缺点是传输速度慢，不适用于传输大量数据的场合。

以太网是当今局域网采用的最通用的通信协议标准，它具有使用简单、配置灵活、支持广泛、传输速率快和安全可靠的优点；缺点是网络驱动的实现比较复杂。

通用串行总线（Universal Serial Bus，USB）现已成为桌面计算机的标准接口，很多基于 USB 标准的设备被广泛使用。它是一种快速、灵活的总线接口，与其他通信接口相比，USB 接口的特点是易于使用。另外，USB 还支持热插拔，同时，无需用户自已配置，系统会自动搜索驱动程序并安装。然而 USB 是典型的主从结构，两端分别需要不同的驱动程序。

JTAG 是一种国际标准测试协议（IEEE 1149.1 兼容），主要用于芯片内部测试及对系统进行仿真、调试。在嵌入式系统领域，几乎所有的处理器都支持 JTAG，调试器的单步调试和断点都需要与 JTAG 交互。另外，还可以通过 JTAG 将程序烧写到目标机上。

10.1.3　宿主机环境

宿主机和目标机使用不同的平台，因此交叉开发模式属于跨平台开发。开发人员利用宿主机上的开发工具，开发设计能够在目标机上运行的应用程序。由于目标机的实际操作系统不提供编译器或者开发环境不完整，甚至没有操作系统，通常采用交叉编译的方式产生目标代码。在一般情况下，宿主机的性能要远远超出目标机，因此交叉编译也可以节约开发时间。交叉编译采用的工具链通常和目标机运行的操作系统紧密相关。

宿主机所使用的主流操作系统包含种类丰富的开发工具。在这些操作系统中，Linux 操作系统是使用最广泛的操作系统之一，有大量开源开放的软件工具可供使用，包括 Shell、glibc、gcc 和 gdb 等，还有许多功能强大的编辑工具，如 Vim、Emacs 和 gedit 等。这些开源软件可以自由下载使用，而且越来越多的人致力于开发基于 Linux 的系统和软件，这使 Linux 系统越来越稳定，应用也越来越广泛。因此，Linux 操作系统成为交叉开发模式下宿主机端的主要操作系统平台。此外目标机需要通过通信接口向宿主机提出请求，如 IP 地址分配和文件传输等，这就需要宿主机提供相应的服务，如 DHCP 和 TFTP 等。

1. 串口终端

作为一种宿主机与目标机之间的连接方式，串口并不适用于传输大量数据的场合，更多的是作为终端来使用。串口终端主要用来控制和管理嵌入式系统，例如管理 Boot Loader、输入命令等，这样就可以在嵌入式系统中免去额外的键盘和显示器等外设设备。串口终端的使用非常广泛，因此很多操作系统都已经集成串口终端工具，如 Windows 的超级终端和 Linux 的 minicom。与拥有图形用户界面（Graphic User Interface，GUI）的 Windows 超级终端不同，Linux 下的 minicom 采用的是命令行用户界面（Command User Interface，CUI）。minicom 的优点是占用系统资源少且操作简单方便，配置都以文本菜单的形式进行选择。

2. BOOTP

引导协议（Bootstrap Protocol，BOOTP）是一种基于 TCP/IP 的协议，它最初在 RFC951 中定义，如今在通用计算机上广泛使用的 DHCP 就是从 BOOTP 扩展而来的。BOOTP 使用 UDP 67/68 两个通信端口。BOOTP 主要用于无盘客户机从服务器得到自己的 IP 地址、服务器的 IP 地址、启动映像文件名和网关信息等，基本过程如下：

（1）在宿主机平台运行 BOOTP 服务的情况下，目标机由 Boot Loader 启动 BOOTP，此时目标机还没有 IP 地址，它就以广播形式将 IP 地址 0.0.0.0 向网络中发出 IP 地址查询的请求，这个请求帧中包含了目标机的网卡 MAC 地址。

（2）宿主机平台上的 BOOTP 服务器接收到这个请求帧，根据请求帧中的 MAC 地址在 Bootptab 启动数据库中查找这个 MAC 地址的记录，如果没有此 MAC 地址的记录则不响应这个请求；如果有，就将 FOUND 帧发送回目标机。FOUND 帧中包含的主要信息有目标机的 IP 地址、服务器的 IP 地址、硬件类型、网关 IP 地址、目标机 MAC 地址和启动映像文件名。

（3）目标机根据 FOUND 帧中的信息通过 TFTP 服务器下载启动映像文件。

3. TFTP 协议

简单文件传输协议（Trivial File Transfer Protocol，TFTP），是 TCP/IP 协议簇中的一个在客户端和服务端之间进行简单文件传输的协议，提供不复杂、开销小的文件传输服务。

TFTP 可以视作一个简化的 FTP。它们之间的主要区别是，TFTP 没有用户权限管理的功能。也就是说，TFTP 不需要认证客户端的权限，远程启动的目标机在启动一个完整的操作系统之前就可以通过 TFTP 下载启动映像文件，而不需要证明自己是合法的用户。这样一来，TFTP 服务就存在比较大的安全隐患，现在黑客和网络病毒也经常用 TFTP 服务来传输文件。所以 TFTP 在安装时一定要设立一个单独的目录作为 TFTP 服务的根目录，用作下载启动映像文件的目录，TFTP 服务只能访问这个目录。另外，还可以设置 TFTP 服务为只能下载不能上传等，以减少安全隐患。

4. 交叉编译工具链

由于宿主机—目标机的交叉开发模式往往是跨处理器架构的开发模式，采用交叉编译，需要使用交叉编译工具链。交叉编译工具链主要包括标准库、编译器、链接器、汇编器和调试器。与本地编译类似，交叉编译的过程也是由编译、链接等阶段组成的，源程序通过交叉编译器编译成目标模块，并由交叉链接器加载库，最后链接成可在目标平台上执行的程序代码。通过交叉编译工具链，可以在 x86 平台上编译出能够在 ARM 平台上运行的程序。这种方法充分利用了桌面计算机的丰富资源和优秀的集成开发环境，从而弥补了嵌入式软件开发的不足。图 10-2 所示为交叉编译过程。

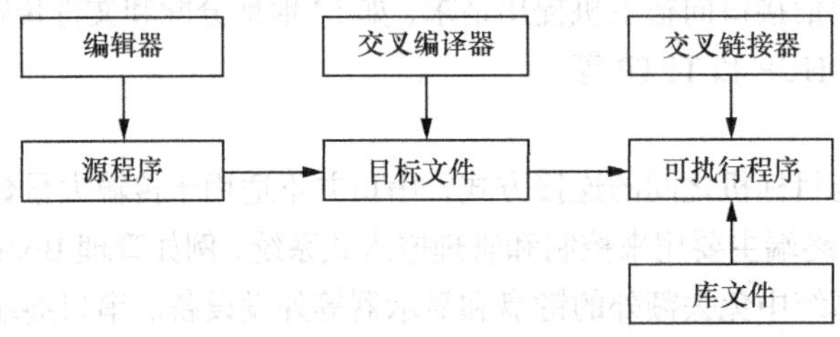

图 10-2 交叉编译过程

交叉编译的过程并不复杂，但是要完成交叉编译工具链的制作却是比较困难的。在制作工具链之前，先要明确目标平台，这样才能选择正确的交叉编译工具，如在 ARM 平台下选择 arm-linux-gcc。通常，交叉编译工具链的构建有以下 3 种方法，由易到难分别为下载使用、脚本编译和从头编译。在实际的开发过程中，可根据需要选用以下任意一种方法来构建交叉编译工具链。

1. 下载使用

如果直接进行开发而不打算在交叉编译工具链上花费过多时间，可以直接下载已经制作好的交叉编译工具链。下载使用既有的交叉编译工具链简单有效，但是由于既有工具链是相对通用型工具链，缺少定制化，不一定能够满足特定的开发需求。

2. 脚本编译

通过网上提供的 Crosstool 脚本工具，选择合适的平台脚本来一次性地编译生成交叉编译工具链。与从头编译相比，这种方法避免了许多配置，相对来说更加简单。

3. 从头编译

这种方法是最困难的，它分别编译和安装交叉编译工具链所需要的各种库和源代码，最终生成交叉编译工具链。在编译过程中，需要对许多依赖关系和配置选项进行配置，同时，往往会因此而出现各种编译错误。想要深入学习交叉编译工具链的读者可以尝试这种方法，以便加深对整个过程的理解。

10.1.4 目标机环境

目标机环境有两个重要的部分，分别是 JTAG 接口和 BootLoader。JTAG 最初用于对芯片进行测试，基本原理是在器件内部定义一个测试访问口（Test Access Port，TAP），通过专用的 JTAG 测试工具对内部节点进行测试。JTAG 测试允许多个器件通过 JTAG 接口串联在一起，形成一个 JTAG 链，能实现对各个器件的分别测试。后来，JTAG 接口还常用于实现在系统编程（In-System Programming，ISP），对 Flash 等器件进行编程等。标准 JTAG 接口有 4 线：TMS、TCK、TDI 和 TDO，分别为模式选择线、时钟线、数据输入线和数据输出线。现在常用的 JTAG 接口有 3 种标准，即 10 针、14 针和 20 针接口。

Boot Loader 是系统加电后、操作系统内核运行之前执行的一段小程序。通过这段程序，可以进行硬件设备的初始化、建立内存空间的映射图，从而将系统的软硬件环境带到一个合适的状态，以便为最终调用操作系统内核准备好正确的环境。在桌面计算机中，起到类似作用的引导代码一般由 BIOS 和位于 MBR 的操作系统引导程序（如 LILO 或 GRUB）组成。然而，在嵌入式系统中通常没有 BIOS 这样的固件程序，因此系统的加载启动任务就由 Boot Loader 来完成。

一般来说，Boot Loader 是严重依赖于硬件而实现的，建立一个通用的 Boot Loader 几乎是不可能的，每种不同的 CPU 体系结构都有不同的 Boot Loader。有些 Boot Loader 也支持多种体系结构的 CPU，比如 U-Boot 就同时支持 ARM 体系结构和 MIPS 体系结构。除了依赖于 CPU 的体系结构外，Boot Loader 也依赖于具体的嵌入式板级设备的配置。对于两块不同的嵌入式板，即使是基于同一种 CPU 而构建的，Boot Loader 程序在移植过程中也都需要修改源程序，才能运行在另一块板子上。

10.2　Linux 操作系统及其开发工具

10.2.1　Linux 操作系统概述

操作系统是计算机必不可少的重要组成部分，只要使用计算机就一定会涉及操作系统。操作系统的功能用一句话来表述就是管理与控制计算机资源的软件。这里提到的“计算机资源”包括计算机硬件资源和软件资源。目前比较流行的操作系统包括 UNIX 系统、类 UNIX 系统、Windows 系统，以及一些嵌入式的操作系统。目前用户数量比较多的可能就是 Windows 系统以及属于类 UNIX 的 Linux 系统。

Linux 是一类 UNIX 操作系统的统称。最初是由 Linus Torvalds 带头开发，并由全世界众多爱好者共同维护的操作系统。Linux 的设计都源自于 UNIX，实现了 UNIX 操作系统的 API。与其他的类 UNIX 操作系统不同，Linux 系统并不是直接修改 UNIX 系统源代码而来，而是对 UNIX 系统的重新实现。从严格意义上来讲，Linux 只是一个操作系统内核，所以通常说的不同版本的 Linux 是指由 GNU 软件和 Linux 内核构成的完整的操作系统。Linus 选择用 GPL 的方式来发行系统内核，而正是由于开源和自由的特性，使其迅速拥有了大量的用户。同时，Linux 操作系统还具有以下优秀特性。

1. 多用户性

多用户性是指系统资源可以被不同用户各自拥有和使用。即每个用户都对自己的资源（例如文件、设备）有特定的权限，互不影响。Linux 允许多用户上线工作，并且资源分配比较和公平，比起 Windows 的单人多任务要稳定的多。Linux 主机上可以规划处在不同等级的用户，不同用户的工作环境都可以不相同，此外还允许不同的使用者在同一时刻登录主机，同时使用主机的资源。

2. 多任务

多任务是现代计算机的最主要的一个特点。他是指计算机同时执行多个程序，而各个程序的运行又互相独立。Linux 系统调度每一个进程平等的访问微处理器，由于 CPU 的访问速度非常快，用户是感觉不出来的。也就是说，程序在宏观上是并行的，但是逻辑还是串行的。

3. 设备独立性

设备独立性是指操作系统把所有的外部设备统一当做文件来看待，只要是安装了的驱动程序，都可以像使用文件一样使用和操作这些设备，而不必知道他们的存在形式。另外，由于用户可以免费得到 Linux 的内核源码，因此，用户可以自行修改内核源代码，来增加自己的外部设备，只要遵守相应的开源协议即可。

4. 丰富的网络功能

在一个网络系统中，操作系统的地位是非常重要的。Linux 网络操作系统以高效性和灵活性而著称，它能够在 PC 上实现全部的 UNIX 特性，具有多任务、多用户的特点。Linux 的组网能力非常强大，它的 TCP/IP 代码是最高级的。Linux 不仅提供了对当前的 TCP/IP 的完全支持，还能支持下一代 Internet 协议 IPv6。Linux 内核还包括了 IP 防火墙代码、IP 防伪、IP 服务质量控制及许多安全特性。Linux 的网络实现方式模仿了 FreeBSD，它支持 FreeBSD 的带有扩展的 Sockets（套接字）和 TCP/IP。Linux 支持两个主机间的网络连接和 Sockets 通信模型，实现了两种类型的 Sockets：BSD Sockets 和 INET Sockets。它为不同的通信模型提供了两种传输协议，即不可靠的、基于消息的 UDP 传输协议和可靠的、基于流的 TCP 传输协议，并且都是在 IP 网际协议上实现的。

5. 可移植性

可移植性是指将代码从一种体系结构的平台搬到另一种体系结构的平台上。Linux 是一个移植性很好的操作系统，它广泛支持了许多不同体系结构的计算机。Linux 在可移植性上走的是中间路线，差不多所有的接口和核心代码都是独立于硬件体系结构的 C 语言代码。除了很少一部分对性能要求很严格或者对硬件高度依赖的代码会根据硬件平台而定。这种实现方式使 Linux 在保持可移植性的同时兼顾了对性能的优化。

10.2.2 Linux 操作系统核心与驱动程序

Linux 的内核从逻辑上可以分成进程调度、进程间通信、内存管理、虚拟文件系统和网络 5 个部分，它们之间的关系如图 10-3 所示。

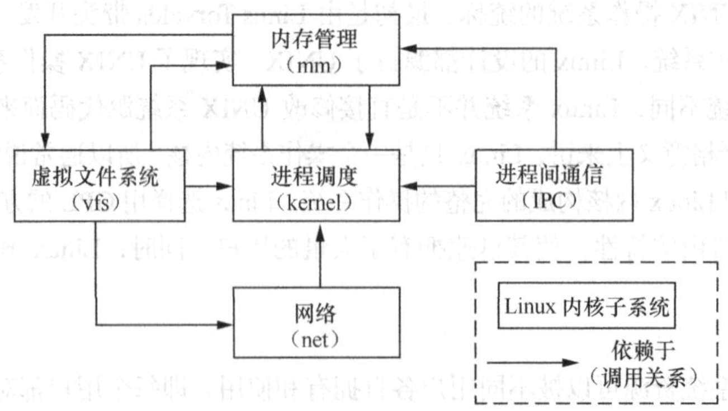

图 10-3 Linux 内核模块结构

进程调度（Process Schedule）控制进程对 CPU 的访问。当需要选择下一个进程运行时，由调度程序根据调度的规则选择应该运行的进程。可运行进程实际上是只等待 CPU 资源的进程，如果某个进程在等待其他资源，则该进程是不可运行进程。Linux 使用了基于优先级的进程调度算法选择新的运行进程。进程调度的内容包含在 Linux 内核中的 kernel 目录中。

进程间通信（Inter-Process Communication，IPC）。Linux 的进程间通信包括 FIFO、管道（pipe）等机制，以及 System V IPC 的共享内存（shm）、消息队列（msg）和信号灯（sem）。进程间通信的内容包含在 Linux 内核中的 ipc 目录中。

内存管理（Memory Management，MM）。内存管理允许多个进程安全地共享主内存区域。Linux 的内存管理支持虚拟内存，即在计算机中运行的程序，它的代码、数据和堆栈的总量可以超过实际内存的大小，操作系统只是把当前使用的程序块保留在内存中，其余的程序块则保留在磁盘中。必要时，操作系统负责在磁盘和内存间交换程序块。内存管理从逻辑上分为硬件无关部分和硬件有关部分。硬件无关部分提供了进程的映射和逻辑内存的对换；硬件相关的部分为内存管理硬件提供了虚拟接口。内存管理的内容包含在 Linux 内核中的 mm 目录中。

虚拟文件系统（Virtual File System，VFS）。虚拟文件系统隐藏了各种硬件的具体细节，为所有的设备提供了统一的接口，VFS 提供了多达数十种不同的文件系统。虚拟文件系统可以分为逻辑文件系统和设备驱动程序。逻辑文件系统指 Linux 所支持的文件系统，包括 ext2、fat、NFS 等，设备驱动程序指为每一种硬件控制器所编写的设备驱动程序模块。虚拟文件系统的内容包含在 Linux 内核中的 vfs 目录中。

网络（Net）。Linux 是源于网络的操作系统，提供了大量的内置网络功能，并且网络功能和内核的联系非常紧密。Linux 的网络功能包括各种网络协议和对网络硬件的访问。网络的内容包含在 Linux 内核中的 net 目录中。

驱动程序也是 Linux 操作系统中的一个重要部分。在目前的 Linux 内核的源代码中，驱动程序占据了大部分。在 Linux 操作系统中，系统调用是应用程序和内核（kernel）之间的接口，而设备驱动程序是操作系统内核和机器硬件之间的接口。设备驱动程序为应用程序屏蔽了硬件的细节，这样在应用程序看来，硬件设备通常是一个标准的设备文件，应用程序可以像操作普通文件一样对硬件设备进行操作。

在 Linux 操作系统中，驱动程序分成 3 种基本的类型：

（1）字符设备：包括那些必须以顺序方式，像字节流一样被访问的设备；

（2）块设备：指那些可以用随机方式，以整块数据为单位来访问的设备，如硬盘等。

（3）网络接口：通常指网卡和协议栈等复杂的网络输入/输出服务。

这种分类方式是按照驱动程序对用户空间的接口来区分的。在用户空间，通过设备文件访问字符设备和块设备，通过 socket 访问网络设备。此外，随着 Linux 操作系统的发展，驱动程序也越来越复杂，如某些驱动程序只有对内核的接口，没有对用户空间的接口；又如某些驱动程序，不需要以设备节点的方式，而是使用 sysfs 的方式向用户空间提供接口。Sysfs 文件系统是一个类似于 proc 文件系统的特殊文件系统，用于将系统中的设备组织成层次结构，并向用户模式程序提供详细的内核数据结构信息。Linux 中的驱动程序大都具有标准的架构，基于这个标准的架构可以构建出多种多样的驱动程序。

proc 是 Linux 提供的一种特殊的文件系统，使用它的目的就是提供便捷的用户和内核间的交互方式。proc 以文件系统作为使用界面，使应用程序可以以文件操作的方式安全、方便地获取系统当前运行的状态和其他一些内核数据信息。proc 文件系统多用于监视、管理和调试系统，平常使用的 ps 和 top 等管理工具就是利用 proc 来读取内核信息的。除了读取内核信息外，proc 文件系统还提供了写入功能，所以也可以利用它来向内核输入信息。例如，通过修改 proc 文件系统下的系统参数配置文件/proc/sys 后，可以直接在运行时动态更改内核参数。除了系统已经提供的文件条目，通过 proc 为我们留的接口可以允许在内核中创建新的条目从而与用户共享信息数据。例如，可以为系统调用日志程序（无论是作为驱动程序还是作为单纯的内核模块）在 proc 文件系统中创建新的文件条目，在此条目中显示系统调用的使用次数及每个单独系统调用的使用频率等，还可以增加另外的条目用于设置日志记录规则。

10.2.3 Linux 交叉编译工具链

交叉编译工具链是一个由编译器、链接器和解释器等组成的集成开发环境。以上功能主要由 glibc、gcc、binutils 和 gdb 这 4 个软件包提供。

1. glibc

glibc 全称为 GNU C Library，它是按照 LGPL 许可协议发布的，公开源代码，可以免费从网络下载。glibc 最初是自由软件基金会为其 GNU 操作系统编写的，但目前最主要的应用是配合 Linux 内核，成为 GNU/Linux 操作系统一个重要的组成部分。glibc 是 Linux 操作系统中最底层的 API（应用程序接口），几乎其他任何运行库都会直接或间接地依赖于 glibc。glibc 除了封装系统调用之外，还提供一些基本功能，如 open、malloc、printf 和 exit 等。

2. gcc

gcc（GNU Compiler Collection），是 GNU 项目中最具有代表性的作品。gcc 支持不同的编程语言，目前被许多 UNIX/Linux 系统作为默认的标准编译器。gcc 已经被移植到多种处理器架构上，并且在商业和开源软件开发环境中广泛使用。gcc 同样适用于嵌入式系统平台，如 Symbian、AMCC 和 Freescale Power 等。gcc 最初被命名为 GNU C Compiler，因为它仅仅处理 C 语言。1987 年 GCC 1.0 发布，同年 12 月它开始支持编译 C++语言。后来，gcc 支持越来越多的编译语言，包括 FORTRAN、Pascal、Objective-C、Java 和 Ada 等，而 gcc 的含义也不仅仅是 GNU C Compiler 了，而变成了更加强大的 GNU Compiler Collection。

gcc 是一个跨平台的编译器，目前支持几乎所有主流处理器平台，可以将源文件编译成在指定硬件平台上可执行的目标代码。gcc 不仅功能非常强大，结构也异常灵活，便携性与跨平台支持特性也是 gcc 的显著优点。gcc 还在不断推出新版本，但是在选择 gcc 版本时并不是越新越好。新版本虽然添加了一些新特性，但是同样也会带来许多潜在的问题，由于发布的时间短，并没有广泛推广使用。因此在实际开发过程中，应尽量选择稳定的版本。

gcc 编译过程一般分成 4 个阶段，分别是预处理、编译、汇编和链接。在预处理阶段，gcc 首先调用 cpp 命令，这个过程主要是对源文件中的包含文件和预编译语句进行分析并展开；接着进入编译阶段，用 cc 命令编译源文件生成目标文件；汇编过程是针对汇编语言的步骤，这一步通过调用 as 命令生成目标文件；最后就是链接，它由 ld 命令来完成。

gcc 是一个非常强大的编译工具，拥有众多的命令选项，其中包括常规选项、预警与错误选项、优化选项和体系相关选项。合理地使用 gcc 的各种选项，能有效地提高代码质量和编译效率。一般来说，在实际应用中前两者用得比较多，后面两种选项在项目工程规模比较大时才会用到。gcc 编译时提供的警告和错误信息可以帮助程序员改进代码，增加程序的健壮性。

3. binutils

binutils 是一组开发工具包，包括链接器、汇编器和其他用于目标文件和档案的工具。binutils 中的很多工具和 gcc 相类似。binutils 工具包是用户在开发嵌入式系统时必须掌握的，主要包括以下部分。

（1）addr2line：用来将程序地址转换成其对应的程序源文件及对应的代码行号，当然也可以得到对应的函数。前提是在编译时使用-g 选项，即在目标代码中加入调试信息。

（2）ar：用来管理归档文件，例如创建、修改、提取归档文件等。归档文件是一个包含多个文件的单一文件，有时也被称为库文件，其结构保证了可以从中检索并提取原始被包含的文件。在嵌入式系统开发中，ar 主要用于管理静态库。

（3）as：主要用来编译 gcc 输出的汇编文件，生成的目标文件由链接器 ld 链接。

（4）ld：GNU 提供的链接器，主要功能是将目标文件和库文件结合在一起重定位数据并链接符号引用。

（5）nm：用来列出目标文件中的符号清单，包括变量和函数等。如果没有指定目标文件，则默认使用 a.out。

（6）objdump：可以用来查看目标程序的信息，通过选项控制显示特定的信息，也可以用来对目标程序进行反汇编。程序是由多个段组成的，如.text 段用来存放代码，.data 段用来存放已经初始化的数据，.bss 用来存放尚未初始化的数据等。在嵌入式系统的开发过程中，也可以用它查看执行文件或库文件的信息。

（7）objcopy：可以用它来进行目标文件的格式转换。它使用 GNU BFD 库读/写目标文件。使用 BFD，objcopy 就能将原始的目标文件转换为不同格式的目标文件。

（8）ranlib：可以用来生成归档文件索引，这样使得存取归档文件中被包含文件的速度更快；它的功能和“ar-s”是相同的。

（9）readelf：用来显示 ELF 格式目标文件的信息，可通过参数选项控制显示特定的信息。ELF 格式是 UNIX/Linux 平台上应用最为广泛的二进制文件标准之一。

4. GDB

调试是软件开发过程中必不可少的环节之一。GDB 是 GNU C 自带的调试工具。它可以使程序的开发者了解程序运行时的细节，从而能够很好地消除程序的错误，达到调试的目的。英文 debug 的原意是“除虫”，而 GDB 的全称就是 GNU DeBugger。GDB 是一款功能非常强大的调试器，既支持多种硬件平台，也支持多种编程语言。目前 GDB 支持的调试语言有 C/C++、Java、FORTRAN 和 Modula-2 等。GDB 不仅可以用于本地调试，还可以用于远程调试，非常适合在嵌入式系统开发中使用。

使用 GDB 可以完成下面这些任务。

（1）运行程序，可以给程序加上所需的任何调试条件。

（2）在给定的条件下让程序停止。

（3）检查程序停止时的运行状态。

（4）通过改变一些数据，可以快速地改正程序的错误。

gdb 提供了大量的命令，用来完成程序的调试。gdb 本身只是基于命令行界面的程序，工作在终端模式。而 Xxgdb 在 gdb 的基础上实现了图形前端，它的调试界面比较友好。在使用 gdb 调试程序之前，必须使用“-g”编译选项编译源文件，从而在目标文件中加入调试信息，这些信息可以被 gdb 等调试工具使用。

在嵌入式 Linux 系统中，开发人员可以在宿主机上使用 gdb 以远程调试的方式调试目标机操作系统上运行的程序。在目标机操作系统和宿主机调试器内分别添加一些功能模块，然后二者互通信息调试，这种方案称为插桩（stub）。GDB 远程调试功能包括单步调试程序、设置断点和查看内存等。GDB 远程调试主要由宿主机 gdb 和目标机调试 stub 共同构成，两者又通过串口或 TCP 连接，采用的通信协议是标准的 GDB 远程串行协议（Remote Serial Protocol，RSP），通过这种机制实现对目标机上的系统内核和应用程序的控制和调试功能。GDB RSP 定义了宿主机 gdb 和被调试的目标机程序进行通信时的数据包格式。它是一种基于消息的 ASCII 码协议，包含内存读写、寄存器查询和程序运行等命令。图 10-4 所示为远程调试原理。

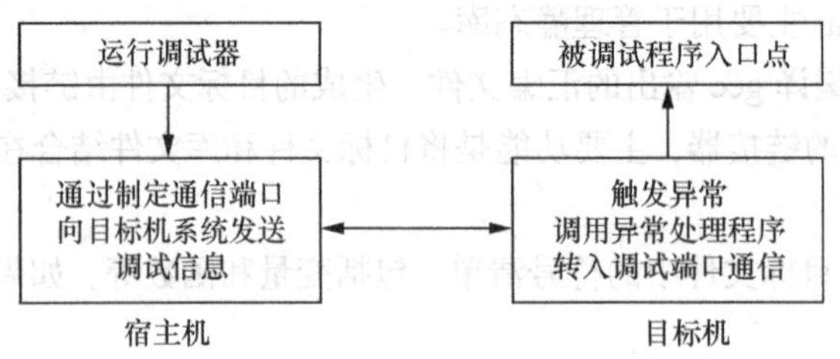

图 10-4　远程调试原理

10.3　Android 系统开发工具

10.3.1　Android 代码目录结构

Android 代码的组织方式是进行 Android 系统级开发的重要步骤。在 Android 四层架构中，内核部分是以 C 语言实现的，系统运行库层则用 C 语言和 C++语言来实现，因此要进行 Android 系统级开发必须要具有 C 和 C++两种语言基础。如果要开展上层应用的开发，则还需要 Java 语言基础。

Android 代码包括 3 个部分，分别是核心工程（Core Project）、扩展工程（External Project）和包（Package）。其中核心工程是建立 Android 系统的基础，在根目录的各个文件夹中。Android 的核心工程包含了对 Android 系统基本运行的支持，工程的内容包括 bionic、bootloader、build、dalvik、development、framework/base、frame- work/policies/base、hardware/libhardware、hardware/ril、kernel、prebuilt、system/core 和 system/extras 等。扩展工程是使用其他开源项目扩展功能，包含在 external 文件夹中，是一些经过修改后适应 Android 系统的开源工程。有一些工程在主机上运行，也有些在目标机上运行。包提供 Android 应用程序和服务，其中既包含要在 Android 设备上运行的代码，还包括主机编译工具、仿真环境等。

第一级别包含的目录和文件如下。

（1）Makefile：全局的 Makefile。

（2）bionic：一些基础库的源代码。

（3）bootloader：引导加载器，不同平台上的命名会稍有不同，但其含义相似；事实上有很多平台都有专有的 boot 目录，以满足这些平台特殊的引导要求。

（4）build：目录的内容不是目标所用的代码，而是编译和配置所需要的脚本和工具。

（5）dalvik：Android 系统中的 Java 虚拟机。

（6）development：程序开发所需要的模板和工具。

（7）device：与实际目标机器所用平台直接相关的库或源码。

（8）external：目标机器使用的一些库，实现了开源的扩展功能。

（9）frameworks：应用程序的框架层。

（10）hardware：与硬件相关的库，前面讲的 HAL 就是在这个目录下实现的。

（11）kernel：Linux 的源代码。

（12）packages：Android 的各种应用程序。

（13）prebuilt：Android 在各种平台下编译的预置脚本。

（14）recovery：与 S 标的恢复功能相关。

（15）system：Android 底层的一些库。

（16）vendor：有的处理器厂商用它来放置与 CPU 相关的 CSP 或 BSP 相关代码或库。

注意，上面有的目录可能在相应的 SDK 中不存在，或者在 SDK 中包含的目录在该列表中不存在，因此，还需要查看具体开发的机器与平台，但是，一般地，SDK 主体就是上述的 16 个目录。在上述目录中，SDK 全称为 Software Develop Kit，是指 Android 开发完整的软件包，是对上述代码的总称；CSP 全称是 CPU Support Package，是针对某操作系统而适配的，与 CPU 紧密相关的代码与库；BSP 全称是 Board Support Package，是针对某操作系统而适配的，与具体开发的 PCB 板紧密相关的代码与库；PCB 全称是 Print Circuit Board，一般是指印刷电路板，它是开发需要依赖的硬件基础。

编译完成后，将在根目录中生成一个 out 文件夹，生成的所有 Android 代码结构内容均放置在这个文件夹中。out 文件夹包含如下目录和文件：

（1）CaseCheck.txt；

（2）casecheck.txt；

（3）host；

（4）common；

（5）linux-x86；

（6）target；

（7）common；

（8）product。

其中，最主要的两个目录为 host 和 target，前者表示在主机（x86）生成的工具，后者表示目标机如 ARMv5 运行的内容。

10.3.2　Ubuntu 与虚拟机

为移动设备进行程序设计与开发，同样使用基于宿主机—目标机的交叉开发模式。目前宿主机上的操作系统一般使用 Linux 操作系统，编译采用 Android 操作系统，一个真正的 Linux 环境是必不可少的。Google 官方推荐 Ubuntu 系统作为 Android 的开发机，其名称来自非洲南部祖鲁语“ubuntu”。虽然其他的 Linux 发行版也可以作为开发机，但是需要手动配置大量的库。Ubuntu 是一个以桌面应用为主的开源 GNU/Linux 操作系统，基于 Debian GNU/Linux，支持 x86、amd64（即 x64）和 ppc 架构。

如果设定 Windows 为开发操作系统，工作难度很大。虽然使用 gcc 可以在 Windows 下交叉编译，但是 Android 自带的很多开发工具，如模拟器、ROM 生成脚本等，移植到 Windows 下十分困难。因此，若使用 Windows 作为工作系统，就需要通过虚拟机安装 Linux。虚拟机是独立运行主机操作系统的离散环境，加载虚拟机后，计算机就可以运行自己的操作系统和应用程序，并能在运行于桌面上的多台虚拟机之间切换，通过一个网络共享虚拟机（如一个公司的局域网）挂起、恢复和退出虚拟机，这一切操作都不会影响主机和任何操作系统或者其他正在运行的应用程序。

VMware 是一个常用的虚拟机平台。VMware Workstation 允许操作系统和应用程序在一台虚拟机内部运行。VMware 支持同时在主系统的平台上运行多个操作系统，在 Windows 系统中可以完成如同标准 Windows 应用程序切换的不同操作系统的切换。而且每个操作系统都可以进行虚拟的分区和配置，同时不影响真实硬盘的数据。图 10-5 所示为虚拟机架构。

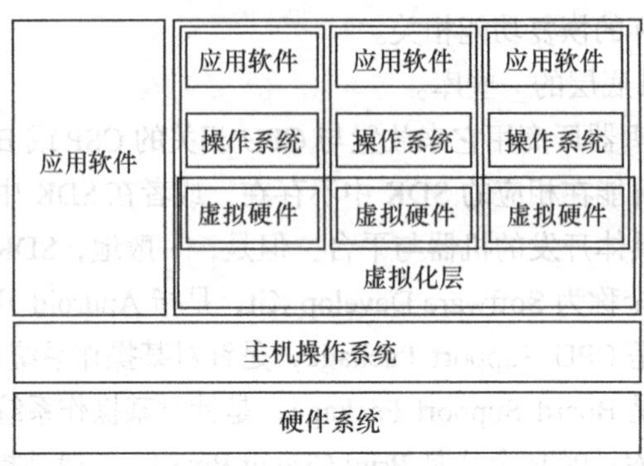

图 10-5　虚拟化架构

VirtualBox 是另一个可以采用的 x86/amd64 虚拟化产品。选择 VirtualBox 作为 Windows 下虚拟 Linux 的虚拟化平台，是因为 VirtualBox 是唯一免费、开源的虚拟机，同时 VirtualBox 还提供高性能的全硬件虚拟化功能。并且，VirtualBox 能提供对 Linux 客户机的良好的支持，包括文件共享、网络共享、USB 共享、鼠标与键盘间无缝切换等功能。VirtualBox 可以安装在 32 位和 64 位操作系统上。也可以在 32 位主机操作系统上运行 64 位的虚拟机，但必须在主机的 BIOS 中启用硬件虚拟化特性。安装 VirtualBox 需要在 VirtualBox 网站下载主机操作系统对应的二进制文件。运行二进制安装文件将开启一个简单的安装向导，允许用户定制 VirtualBox 特性，选择任意快捷方式并指定安装目录。USB 设备驱动以及 VirtualBox host-only 网络适配器将被一同安装。若要使虚拟机直接访问 Android 设备，例如程序下载，则还需要安装 VirtualBox 扩展包。VirtualBox 扩展包可以在下载 VirtualBox 安装程序的页面下载。

如果习惯使用 Windows 操作系统，则可以在完成虚拟机的安装后，在虚拟机支持下安装 Ubuntu 操作系统，然后在 Ubuntu 操作系统中完成 Android 系统级开发工作。当然这个顺序也可以变更为在 Ubuntu 操作系统中安装虚拟机，然后再安装 Windows 操作系统。具体可以根据使用和开发确定。

此外，还需要注意以下两点。第一，安装虚拟机和 Ubuntu 之前，要充分注意是否有充足硬盘空间，以支持系统的流畅执行和开发的高效率；第二，由于 Android 对 JDK 版本十分敏感，还需要确保安装了正确的 JDK 版本，这样才能正确编译 Android 源代码。

10.3.3　Android 系统级开发工具链

Android 系统运行于 Linux kernel 之上，但并不等同于 GNU/Linux。通常 GNU/Linux 里支持的功能，Android 系统大都不支持，包括 Cairo、X11、Alsa、FFmpeg、GTK、Pango 及 Glibc 等都被 Android 系统移除了。在 Android 系统中以 Bionic 取代 Glibc，以 Skia 取代 Cairo，以 OpenCORE 取代 FFmpeg。Android 为了达到商业应用的目的，必须移除被 GNU GPL 授权证约束的部分，例如 Android 系统将驱动程序移到 Userspace，使得 Linux drive 与 Linux kernel 彻底分开。Bionic/Libc/Kemel/并非标准的 Kernel header files。Android 系统的 Kernel header 是通过 Linux Kernel header 产生的，其存在的目的是为了保留常数、数据结构与宏。Android 系统的 Linux kernel

控制包括安全、存储器管理、程序管理、网络堆栈、驱动程序模型等。若要进行 Android 系统级开发，则还需要若干工具的支持。

Android 使用 Git 作为代码管理工具，开发 Gerrit 进行代码审核以便更好地对代码进行集中式管理。Git 是一款免费、开源的分布式版本控制系统，用于敏捷高效地处理的项目代码管理。它采用了分布式版本库的方式，无需服务器端软件支持。Git 和其他版本控制系统的主要差别在于，Git 只关注文件数据的整体是否发生变化，而大多数其他系统则只关注文件内容的具体差异。而传统的版本控制尤其是本地版本控制系统每次记录有哪些文件作了更新，以及都更新了哪些内容。而 Git 并不保存这些前后变化的差异数据。实际上，Git 更像是把变化的文件作快照后，记录在一个微型的文件系统中。每次提交更新时，它会纵览一遍所有文件的指纹信息并对文件做一次快照，然后保存一个指向这次快照的索引。为提高性能，若文件没有变化，Git 不会再次保存，而只对上次保存的快照产生一个链接。对于 Android 这种规模很大的代码系统管理，通过对 Git 部分命令封装，形成了 Repo 命令行工具，将多个 Git 库进行有效的组织。从本质上来看，Git 管理单独的模块，而 repo 管理所有的 Git 库，将多个 Git 库组合在一起，就能形成一个完整的大版本。所有的 Android 代码都可以通过 repo 进行下载。

Android 所用的交叉编译工具链可以在网络上下载获得。如果下载了完整的 Android 项目的源代码，则可以在相应的系统目录下找到交叉编译工具。Android 并没有采用 glibc 作为 C 库，而是采用了 Google 自己开发的 Bionic Libc，它的官方交叉编译工具链也是基于 Bionic Libc 而并非 glibc 的，这使得使用或移植其他工具链来用于 Android 比较麻烦。下载安装一个通用的工具链，用它来编译和移植 Android 的 Linux 内核是可行的，因为内核并不需要 C 库，但是开发 Android 的应用程序时，直接采用或者移植其他的工具链都比较麻烦，其他工具链编译的应用程序只能采用静态编译的方式才能运行于 Android 模拟器中，这显然是实际开发中所不能接受的方式。因此，如果要支持 Android 应用程序开发，建议使用官方或既有的 Android 系统级开发工具链来进行开发。

Android 系统级开发包括内核的移植或者驱动程序的开发，涉及内核的编译。从整体上来看，进行 Android 系统级开发时所涉及的内核等编译工作步骤并不多，基本的流程如图 10-6 所示。Android 编译系统（Build System）用来编译 Android 系统、Android SDK 以及相关文档，该系统主要由 make 文件、Shell 脚本以及 Python 脚本组成，支持多架构（Linux-x86、Windows、ARM 等）、多语言（汇编、C、C++、Java 等）、多目标和多编译方式。

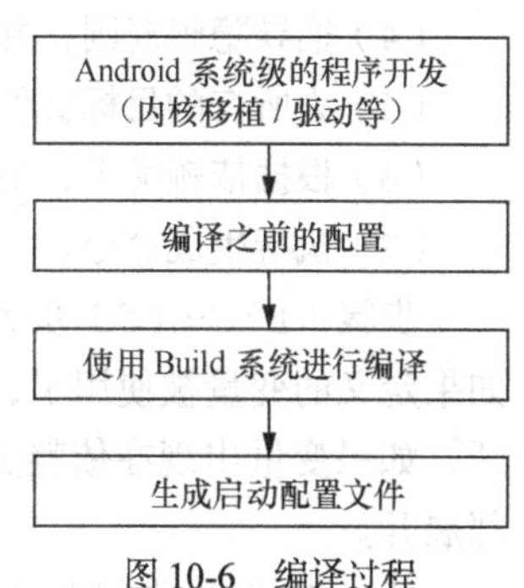

图 10-6　编译过程

Build 系统中最主要的处理逻辑都在 Make 文件（makefile）中，而其他的脚本文件只是起到一些辅助作用。整个 Build 系统中的 Make 文件可以分为三类。第一类是 Build 系统核心文件，此类文件定义了整个 Build 系统的框架，而其他所有 Make 文件都是在这个框架的基础上编写出来的；第二类是针对某个产品（一个产品可能是某个型号的手机或者平板电脑）的 Make 文件，这些文件通常位于 device 目录下，该目录下又以公司名以及产品名分为两级目录，对产品进行定义通常需要一组文件，这些文件共同构成了对于这个产品的定义；第三类是针对某个模块（关于模块后文会详细讨论）的 Make 文件。整个系统中，包含了大量的模块，每个模块都有一个专门的 Make 文件，这类文件的名称统一为“Android.mk”，该文件中定义了如何编译当前模块。Build 系统会在整个源码树中扫描名称为“Android.mk”的文件并根据其中的内容执行模块的编译。

在 Build 的产物中最重要的是 3 个镜像文件，都位于/out/target/product/<product_name>/目录下，这 3 个文件分别是 system.img、ramdisk.img 和 userdata.img。其中 system.img 包含了 Android OS 的系统文件、库、可执行文件以及预置的应用程序，将被挂载为根分区。ramdisk.img 在启动时将被 Linux 内核挂载为只读分区，它包含了/init 文件和一些配置文件，它用来挂载其他系统镜像并启动 init 进程。userdata.img 将被挂载为/data，包含了应用程序相关的数据以及和用户相关的数据。

make 命令是编译过程中一个非常重要的编译命令。利用 make 工具可以将大型的开发项目分解成为多个更易于管理的模块，对于一个包括几百个源文件的应用程序，使用 make 和 makefile 工具就可以简洁明快地理顺各个源文件之间纷繁复杂的相互关系。make 工具会自动完成编译工作，并且可以只对程序员在上次编译后修改过的部分进行编译。因此，有效地使用 make 和 makefile 工具可以大大提高项目开发的效率。

执行 make 命令时，需要一个 makefile 文件，以告诉 make 命令如何去编译和链接程序。以来源于 gnu 的 make 使用手册为例进行说明，工程有 8 个 c 文件，和 3 个头文件，要写一个 makefile 文件来告诉 make 命令如何编译和链接这几个文件，其规则是：

（1）如果这个工程没有编译过，那么，所有 c 文件都要被编译和链接；

（2）如果这个工程的某几个 c 文件被修改，那么，只编译被修改的 c 文件，并链接目标程序；

（3）如果这个工程的头文件被改变了，那么，需要编译引用了这几个头文件的 c 文件，并链接目标程序。

只要 makefile 编写合理，所有的这一切只用一个 make 命令就可以完成，make 命令会自动地根据当前的文件修改的情况来确定哪些文件需要重编译，从而自己编译所需要的文件和链接目标程序。

一般来说，make 工作时的执行步骤如下：

（1）读入所有的 Makefile；

（2）读入被 include 的其他 Makefile；

（3）初始化文件中的变量；

（4）推导隐晦规则，并分析所有规则；

（5）为所有的目标文件创建依赖关系链；

（6）根据依赖关系，决定哪些目标要重新生成；

（7）执行生成命令。

步骤（1）～（5）步为第一个阶段，步骤（6）～（7）为第二个阶段。在第一个阶段中，如果定义的变量被使用了，那么，make 会把其展开在使用的位置。但 make 并不会完全马上展开，如果变量出现在依赖关系的规则中，那么仅当这条依赖被决定要使用了，变量才会在其内部展开。

从 make 工作步骤中可以发现，make 会一层又一层地寻找 makefile 中的文件依赖关系，直到最终编译出第一个目标文件。在寻找的过程中，如果出现错误，如最后被依赖的文件找不到，那么 make 就会直接退出并报错。而对于定义的命令的错误，或是编译不成功，make 不会进行处理。make 只关注文件的依赖性，即如果在找了依赖关系之后，冒号后面的文件还是不存在，那么 make 就不工作了。

因此，虽然从整体上看，编译过程步骤不多，但是实际扩展后细节众多，需要完成的工作很多。而且在编译中还会出现各种各样的问题，需要耐心解决。

本 章 小 结

Android 系统是用于移动设备的系统软件，开发环境是进行 Android 系统开发的必要条件，本章对 Android 系统开发环境进行了阐述。本章首先介绍了交叉开发环境的基本概念和模式、设备与主机之间的连接方式、宿主机和目标机上的开发环境；然后介绍了 Linux 操作系统的特点、Linux 操作系统核心与驱动程序、Linux 交叉编译工具链，这是进行 Android 系统开发的重要基础；最后对作为基础的 Android 代码目录结构、虚拟机，以及 Android 系统开发所需的开发工具链进行了介绍，为后续的 Android 系统开发做好准备。

思 考 题

1. 什么是交叉开发环境？为什么要采用交叉开发环境来完成开发工作？
2. 在交叉开发模式下，宿主机与目标机的连接有哪些方式？它们各自有什么特点？
3. 什么是交叉编译工具链？交叉编译具有怎样的过程？
4. 目标机开发环境由哪些部分构成？它们各自有什么作用？
5. Linux 操作系统内核由哪些部分构成？它们之间具有怎样的关系？
6. Linux 交叉编译工具链由哪些工具软件构成？分别起什么作用？
7. 什么是远程调试？在 Linux 操作系统上如何进行远程调试？
8. Android 系统的代码包括哪些部分？这些代码分别在 Android 系统中起什么作用？
9. 什么是虚拟机？为什么要采用虚拟机进行开发？
10. Android 系统开发包含哪些内容？具有怎样的开发流程？
11. 进行 Android 系统开发时采用了哪些工具软件构建了工具链？

第11章 Boot Loader

Boot Loader 就是在操作系统内核运行之前的一小段程序。通过执行这段程序，初始化基本的硬件设备及建立内存映射，为最终调用操作系统内核作铺垫。正因为如此，Boot Loader 是十分依赖于硬件环境的，也就是说，不同的 CPU 体系结构甚至不同的嵌入式板级配置需要不同的 Boot Loader。

Boot Loader 也是 Android 系统的重要组成部分，负责 Android 移动设备的启动、Image 的烧写、关机、充电等，这些都是与内核要实现的关键器件的驱动分不开的。考虑到系统启动资源有限，以及尽量缩短机器启动时间的要求，这些驱动通常只实现最精简的功能。因此在 Android 中，Boot Loader 又有一个简称 LK (Little Kernel)。

本章主要介绍 Android 系统开发中的重要组成 Boot Loader，主要包括了 Boot Loader 的主要功能、操作模式与通信方式，Boot Loader 的工作过程以及典型的两阶段 Boot Loader 启动过程，以开放源码项目 U-Boot 为示例的 Boot Loader 代码结构分析、启动流程分析和代码修改。通过对本章的学习，读者能够了解 Boot Loader 的概念和功能，熟悉两阶段 Boot Loader 的工作过程，以 U-Boot 为对象熟悉 Boot Loader 的修改方法。

本章主要内容包括：

- Boot Loader 的主要功能与操作模式；
- Boot Loader 的主要工作过程；
- Boot Loader 阶段 1 的详细过程；
- Boot Loader 阶段 2 的详细过程；
- U-Boot 的代码结构与启动流程；
- Boot Loader 的修改方法。

11.1 Boot Loader 概述

11.1.1 Boot Loader 主要功能

操作系统（包括其他软件）可以就地在非易失（Non-Volatile）的介质如 ROM 或 Flash 中执行，从而可以不需要任何的引导装入程序。然而，实际上绝大多数嵌入式系统还是采用 Boot Loader 的。Bootloader 要完成的子任务很多。但这些任务的目的就是要准备初始运行环境，使操作系统能够在不用过于关注设备硬件细节的基础上顺利开始执行。

嵌入式系统加电或复位后，CPU 通常都从由 CPU 制造商预先安排的地址上取指。例如，ARM

处理器在复位时通常都从地址 0x00000000 处取第一条指令，而基于这种处理器构建的嵌入式系统通常都有某种类型的固态存储设备（如 ROM、EEPROM 或 Flash 等）被映射到这个预先安排的地址上。因此，如果将 Boot Loader 映射到安装地址上，则系统加电后，CPU 将首先执行 Boot Loader 程序。

具体来说，Boot Loader 的功能大致可以分为如下几部分：

（1）对 PLL 时钟进行初始化。处理器在启动时，为了获得更好的设备兼容性，其工作频率都很低。在 Boot Loader 程序中会提高处理器的时钟频率，以加快运行速度，速度一旦调好就不会发生改变。随着 PLL 时钟频率的提高，运行速度的加快，系统耗电量也随着增加。因此，对于处理器所支持的“节电模式”，也会使得 PLL 时钟频率发生变化；

（2）初始化 SDRAM 内存控制器。Boot Loader 自身也需要用到内存，大多 Boot Loader 都会将自己加载到内存中。内存的配置一般包括行地址和列地址的配置以及自动刷新频率的配置；

（3）初始化中断控制器和中断服务程序；

（4）初始化各地址空间的片选地址寄存器和读写时序；

（5）初始化堆栈寄存器。例如，在 x86 中初始化 ESP 寄存器；

（6）Boot Loader 中需要访问的其他硬件设备进行初始化。例如，作为控制台（Console）的串口就需要在 Boot Loader 中进行相应的初始化，才能够接受用户的命令，响应用户的请求。由此可见，Boot Loader 中存在着一定的命令处理程序；

（7）将 Boot Loader 加载到内存的过程中，如果需要解压，还需要完成解压操作；

（8）加载需要运行的应用程序，并最终运行被加载的应用程序。

通常，嵌入式系统的 Boot Loader 非常依赖于硬件。每种不同的 CPU 体系结构都有不同的 Boot Loader。有些 Boot Loader 也支持多种体系结构的 CPU，如 U-Boot 就同时支持 ARM 体系结构和 MIPS 体系结构的 CPU。除了依赖于 CPU 的体系结构外，Boot Loader 实际上也依赖于具体的嵌入式板级设备的配置。对于两块不同的嵌入式板而言，即使它们是基于同一种 CPU 构建的，要想让运行在一块板子上的 Boot Loader 程序也能运行在另一块板子上，通常也需要修改 Boot Loader 的源程序。

在嵌入式系统领域，Bootloader 的种类繁多。ARM 处理器系列的 Bootloader 大多数以 U-Boot 为基础，U-Boot 是一个开源的项目，读者可以从网络上下载到最新源码。

11.1.2 Boot Loader 操作模式

大多数 Boot Loader 都包含两种不同的操作模式：“启动加载”模式和“下载”模式，这种区别仅对开发人员才有意义。从用户的角度看，Boot Loader 的作用就是用来加载操作系统。

1. 启动加载（Boot Loading）模式

启动加载模式也称为“自主”（Autonomous）模式，即 Boot Loader 从目标机上的某个固态存储设备上将操作系统加载到 RAM 中运行，整个过程无需用户介入。操作系统（包括其他软件）需要运行在易失性（Volatile）RAM 中。因为 RAM 相对于非易失性的介质如 ROM 和 Flash 的读写速度更快，所以先把映像从 ROM 或 Flash 中复制到 RAM 中，再在 RAM 空间运行是非常高效的，且在调试阶段可以暂时修改代码而不损坏原始映像。另外，操作系统的映像通常处于压缩状态而节省存储空间，在解压后，映像会被搬运至 RAM 中。复制和解压都需要一段程序来控制，这段程序只能在非易失性的存储器中且就地执行，并且有别于操作系统。这就是引导装入程序的一个主要功能，对应于 Boot Loader 的启动加载模式。这种模式是 Boot Loader 的正常工作模式，因此在嵌入式产品启动的时候，Boot Loader 都工作在这种模式下。

2. 下载（Downloading）模式

在这种模式下，目标机上的 Boot Loader 将通过串口连接或网络连接等通信手段从主机（Host）下载文件，例如下载内核映像和根文件系统映像等。从主机下载的文件通常首先被 Boot Loader 保存到目标机的 RAM 中，然后再被 Boot Loader 写到目标机上的 Flash 类固态存储设备中。Boot Loader 的这种模式通常在第一次安装内核与根文件系统时被使用，以后的系统更新也会使用。这种模式下的 Boot Loader 通常都会向它的终端用户提供一个简单的命令行接口。

像 Blob 或 U-Boot 等这样功能强大的 Boot Loader 通常同时支持这两种工作模式，而且允许用户在这两种工作模式之间进行切换。例如 Blob 在启动时处于正常的启动加载模式，但是它会延时 10 秒等待终端用户按下任意键而将 Blob 切换到下载模式。如果在 10 秒内用户没有按键，则 Blob 继续启动 Linux 内核。

11.1.3 Boot Loader 的通信

宿主机和目标机之间一般通过串口建立连接，Boot Loader 程序在执行时通常会通过串口进行 I/O 操作，如输出打印信息到串口，从串口读取用户控制字符等。传输协议通常是 xmodem/ymodem/zmodem 协议中的一种。但是，串口传输的速度是有限的，因此通过以太网连接并借助 TFTP 下载文件是更好的选择。此外，主机平台所用的软件也是需要考虑的。例如，在通过以太网连接和 TFTP 下载文件时，主机平台中必须有一个软件用来提供 TFTP 服务。

在 Boot Loader 程序的设计与实现中，只有从串口终端正确地收到打印信息才能表明实现的成功。此外，向串口终端打印信息也是一个非常重要而又有效的调试手段。但是，经常会遇到串口终端显示乱码或者设备上电后没有任何反应的情况，造成这个问题主要有两种可能的原因：

（1）Boot Loader 对串口的初始化设置不正确；

（2）运行在主机端的终端仿真程序对串口的设置不正确，包括波特率、奇偶校验、数据位和停止位等。

此外，有时也会碰到这样的问题：在 Boot Loader 的运行过程中可以正确地向串口终端输出信息，但当 Boot Loader 启动内核后却无法看到内核的启动输出信息。产生这一问题的原因可以从以下几个方面来考虑：

（1）首先确认内核在编译时配置了对串口终端的支持，并配置了正确的串口驱动程序；

（2）Boot Loader 对串口的初始化设置可能会和内核对串口的初始化设置不一致，如果 Boot Loader 和内核对其 CPU 时钟频率的设置不一致，也会使串口终端无法正确显示信息；

（3）确认 Boot Loader 所用的内核基地址和内核映像在编译时所用的运行基地址一致。假设内核在编译时的基地址是 0xc0008000，但 Boot Loader 却将它加载到 0xc0010000 处去执行，那么内核当然不能被正确地执行了。

Boot Loader 的设计与实现是一个非常复杂的过程。只有从串口收到类似“booting the kernel……”的内核启动信息，才说明 Boot Loader 已经成功运行。

11.2 Boot Loader 工作过程

11.2.1 Boot Loader 工作过程概述

从操作系统的角度看，Boot Loader 的总目标就是正确地调用内核并执行。通常，多阶段的

Boot Loader 能提供更为复杂的功能以及更好的可移植性。从固态存储设备上启动的 Boot Loader 大多都有两个阶段的启动过程，即启动过程可以分为阶段 1 和阶段 2。

根据大多数 Boot Loader 分两个阶段的实现方法，依赖于 CPU 体系结构的代码（如设备初始化代码等）通常都放在阶段 1 中，而且通常都用汇编语言来实现，使代码部分更加简洁、有效；而阶段 2 则通常用 C 语言来实现，这样可以实现一些复杂的功能，而且代码具有更好的可读性和可移植性。

Boot Loader 的阶段 1 通常包括以下步骤：

（1）硬件设备初始化；

（2）为加载 Boot Loader 的阶段 2 准备 RAM 空间；

（3）复制 Boot Loader 的阶段 2 到 RAM 空间中；

（4）设置堆栈；

（5）跳转到阶段 2 的 C 入口点。

Boot Loader 的阶段 2 通常包括以下步骤：

（1）初始化本阶段要使用的硬件设备；

（2）检测系统内存映射（Memory Map）；

（3）将内核映像和根文件系统映像从 Flash 读到 RAM 空间中；

（4）为内核设置启动参数；

（5）调用内核。

11.2.2　Boot Loader 阶段 1

1. 基本的硬件初始化

这是 Boot Loader 一开始就执行的操作，其目的是为阶段 2 的执行以及随后内核的执行准备好基本的硬件环境，这个阶段通常包括以下步骤：

（1）屏蔽所有的中断。为中断提供服务通常是操作系统设备驱动程序的责任，因此，在 Boot Loader 的执行过程中可以不必响应任何中断；

（2）设置 CPU 的速度和时钟频率；

（3）RAM 初始化。包括正确地设置系统的内存控制器的功能寄存器以及各内存库控制寄存器等；

（4）初始化 LED。通过 GPIO 来驱动 LED，其目的是表明系统的状态是 OK 还是 Error。如果板子上没有 LED，也可以通过初始化 UART 向串口打印 Boot Loader 的 Logo 字符信息来完成这一点。

2. 为加载阶段 2 准备 RAM 空间

为了达到更快的执行速度，通常把阶段 2 加载到 RAM 空间中来执行，因此必须为加载 Boot Loader 的阶段 2 准备好一段可用的 RAM 空间范围。

由于阶段 2 通常是 C 语言执行代码，因此在考虑空间大小时，除了阶段 2 可执行映像的大小外，还必须把堆栈空间也考虑进来。此外，空间大小最好是内存页面（memory page）大小（通常是 4 KB）的倍数。一般而言，1 MB 的 RAM 空间已经足够了。具体的地址范围可以任意安排，如 Blob 就将它的阶段 2 可执行映像安排到从系统 RAM 起始地址 0xc0200000 开始的 1 MB 空间内执行。

为了叙述方便，这里把安排的 RAM 空间范围的大小记为 stage2_size（B），把起始地址和终止地址分别记为 stage2_start 和 stage2_end（这两个地址均以 4B 边界对齐）。因此，stage2_end = stage2_start+stage2_size。

另外，还必须确保安排的地址范围的确是可读写的 RAM 空间，因此，必须对安排的地址范围进行测试。具体的测试方法可以采用类似于 Blob 的方法，即以 memory page 为测试单位，测试每个 memory page 开始的两个字是否是可读写的。记这个检测算法为 test_mp，其具体步骤如下：

（1）保存 memory page 一开始两个字的内容；

（2）向这两个字中写入任意的数字。例如，向第一个字写入 0x55，向第二个字写入 0xaa；

（3）将这两个字的内容读出。显然，读到的内容应该分别是 0x55 和 0xaa。如果不是，则说明这个 memory page 所占据的地址范围不是一段有效的 RAM 空间；

（4）向这两个字中写入任意的数字。比如：向第一个字写入 0xaa，第二个字中写入 0x55；

（5）将这两个字的内容立即读回。显然，读到的内容应该分别是 0xaa 和 0x55。如果不是，则说明这个 memory page 所占据的地址范围不是一段有效的 RAM 空间；

（6）恢复这两个字的原始内容。测试完毕。

为了得到一段干净的 RAM 空间范围，也可以对安排的 RAM 空间范围进行清零操作。

3. 复制阶段 2 到 RAM 中

复制时要确定以下两点：

（1）阶段 2 的可执行映像在固态存储设备的存放起始地址和终止地址；

（2）RAM 空间的起始地址。

4. 设置堆栈指针

设置堆栈指针是为执行 C 语言代码做好准备。通常可以把 sp 的值设置为（stage2_end-4），即在前面安排的 1 MB 的 RAM 空间的最顶端（堆栈向下生长）。此外，在设置堆栈指针 sp 之前，也可以关闭 LED 灯，以提示用户准备跳转到阶段 2。经过上述步骤，系统的物理内存布局应该如图 11-1 所示。

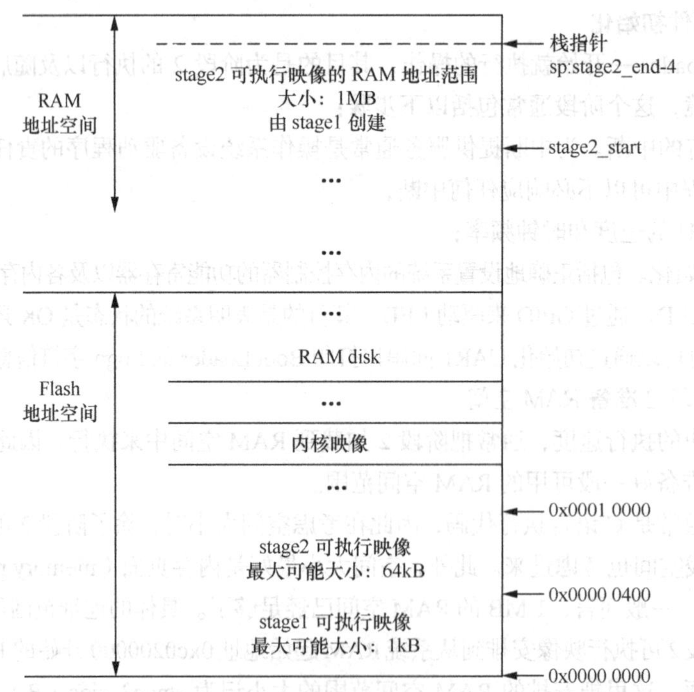

图 11-1　Boot Loader 阶段 2 可执行映象刚被复制到 RAM 空间时的系统内存布局

5. 跳转到阶段 2 入口

在上述步骤都就绪后，就可以跳转到 Boot Loader 的阶段 2 执行。例如，在 ARM 系统中，可以通过修改 PC 寄存器为合适的地址来实现这个操作。

11.2.3 Boot Loader 阶段 2

正如前面所说，阶段 2 的代码通常用 C 语言实现，以便于实现更复杂的功能和获得更好的代码可读性和可移植性。但是，与普通 C 语言应用程序不同的是，在编译和链接 Boot Loader 这样的程序时，不能使用 glibc 库中的任何支持函数。这就带来一个问题，那就是从哪里跳转进 main()函数。直接把 main()函数的起始地址作为整个阶段 2 执行映像的入口点或许是最直接的想法。但是这样做有两个缺点：一是无法通过 main()函数传递函数参数；二是无法处理 main()函数返回的情况。一种更为巧妙的方法是利用 trampoline 的概念，即用汇编语言写一段 trampoline 小程序，并将这段 trampoline 小程序作为阶段 2 可执行映像的执行入口点，然后在 trampoline 汇编小程序中用 CPU 跳转指令跳入 main()函数中去执行；而当 main()函数返回时，CPU 执行路径就会再次回到 trampoline 程序。简而言之，这种方法的思想就是：用这段 trampoline 小程序作为 main()函数的外部包裹（External Wrapper）。

在 stage2 完成的工作包括如下主要内容。

1. 初始化阶段要用到的硬件设备

通常包括：

（1）初始化至少一个串口，以便向终端用户输出信息；

（2）初始化计时器等。

在初始化这些设备之前，也可以重新把 LED 灯点亮，以表明已经进入 main()函数执行。设备初始化完成后，可以输出一些信息，如程序名、版本号等。

2. 检测系统的内存映射

内存映射，就是指在整个 4 GB 物理地址空间中哪些地址范围被分配用来作为寻址系统的 RAM 单元。虽然 CPU 通常预留出一大段足够的地址空间给系统 RAM，但是在搭建具体的嵌入式系统时却不一定会实现 CPU 预留的全部 RAM 地址空间。也就是说，具体的嵌入式系统往往只把 CPU 预留的全部 RAM 地址空间中的一部分映射到 RAM 单元上，而让剩下的那部分预留 RAM 地址空间处于未使用状态。基于上述这个事实，Boot Loader 的阶段 2 必须在执行任何操作（如将存储在 Flash 上的内核映像读入 RAM 空间中）之前检测整个系统的内存映射情况，即必须知道 CPU 预留的全部 RAM 地址空间中的哪些被真正映射到 RAM 地址单元，而哪些处于“未使用”状态。为此，必须设计相应的用于描述内存映射的数据结构，以及用来检测整个 RAM 地址空间内存映射情况的算法。在算法检测完系统的内存映射情况后，Boot Loader 也可以将内存映射的详细信息打印到串口。

3. 加载内核映像和根文件系统映像

（1）规划内存占用的布局

这里包括两个方面：①内核映像所占用的内存范围；②根文件系统映像所占用的内存范围。在规划内存占用的布局时，主要考虑基地址和映像的大小两个方面。

对于内核映像，一般将其复制到从（MEM_START + 0x8000）这个基地址开始的大约 1 MB（嵌入式 Linux 的内核一般都不操过 1 MB）大小的内存范围内。为什么要把从 MEM_START 到 MEM_START + 0x8000 这段 32 KB 大小的内存空出来呢？这是因为 Linux 内核要在这段内存中放置一些全局数据结构，例如启动参数和内核页表等信息。

而对于根文件系统映像，则一般将其复制到 MEM_START+0x00100000 开始的地方。如果用 RAM disk 作为根文件系统映像，则其解压后的大小一般是 1 MB。

（2）从 Flash 上复制

由于像 ARM 这样的嵌入式 CPU 通常都是在统一的内存地址空间中寻址 Flash 等固态存储设备的，因此从 Flash 上读取数据与从 RAM 地址单元中读取数据并没有什么不同。

4. 设置内核启动参数

在将内核映像和根文件系统映像复制到 RAM 地址空间中后，就可以准备启动 Linux 内核了。但是在调用内核之前，应该做一步准备工作，即设置 Linux 内核的启动参数。通过设置启动参数来进行启动的配置。Linux 内核在启动时可以以命令行参数的形式来接收信息，利用这一点可以向内核提供其不能检测的硬件参数信息，或者重载内核检测到的信息。

5. 调用内核

Boot Loader 调用 Linux 内核的方法是直接跳转到内核的第一条指令处，即直接跳转到 MEM_START + 0x8000 地址处。跳转时要满足下列条件：

（1）CPU 寄存器的设置

- R0 = 0；
- R1 = 机器类型 ID；
- R2 = 启动参数标记列表在 RAM 中的起始基地址。

（2）CPU 模式

- 必须禁止中断（IRQs 和 FIQs）；
- CPU 必须使用 SVC 模式。

（3）Cache 和 MMU 的设置

- MMU 必须关闭；
- 指令 Cache 可以打开也可以关闭；
- 数据 Cache 必须关闭。

11.3 U-Boot 启动流程分析

11.3.1 U-Boot 概述

U-Boot（Universal Boot Loader）是遵循 GPL 条款的开放源码项目。U-Boot 不仅支持 Linux 系统的引导，还支持 NetBSD、VxWorks、QNX 以及 LynxOS 嵌入式操作系统。它支持很多处理器，如 PowerPC、ARM、MIPS 和 x86 等。U-Boot 源代码可以从网络上下载。

U-Boot 支持 IP 和 MAC 等的预置功能，这一点和其他 Boot Loader（如 BLOB 等）类似。但 U-Boot 还具有以下特有的功能。

（1）在线读写 Flash、IDE、IIC、EEROM 和 RTC。

（2）支持串行口 kermit 和 S-record 下载代码，U-Boot 可以把 ELF32 格式的可执行文件转换成为 S-record 格式，直接从串口下载并执行。

（3）识别二进制、ELF32、uImage 格式的 Image，对 Linux 引导有特别的支持。U-Boot 将 Linux 内核进一步封装为 uImage。增加了特殊的头信息，包括目标操作系统的种类（如 Linux、VxWorks 等）、目标 CPU 的体系机构（如 ARM、PowerPC 等）、映像文件压缩类型（如 gzip、bzip2 等）、加载地址、入口地址、映像名称和映像的生成时间。当系统引导时，U-Boot 会对这个文件头进行

CRC 校验，只有校验正确才会跳转到内核执行。

（4）单任务软件运行环境。U-Boot 可以动态加载和运行独立的应用程序，这些独立的应用程序可以利用 U-Boot 控制台的 I/O 函数、内存申请和中断服务等。这些应用程序还可以在没有操作系统的情况下运行，是测试硬件系统很好的工具。

（5）监控命令集：读写 I/O、内存、寄存器、外设测试功能等。

（6）脚本语言支持（类似 bash 脚本）。利用 U-Boot 中的 autoscr 命令，可以在 U-Boot 中运行脚本。首先在文本文件中输入需要执行的命令，然后用 tools/mkimage 封装，最后下载到开发板上，用 autoscr 执行就可以了。

（7）支持 WatchDog、LCD logo 和状态指示功能等。如果系统支持 splash screen（闪屏），U-Boot 启动时会把这个图像显示到 LCD 上用于向用户展示启动信息。

（8）支持 MTD（内存技术设备）和文件系统。U-Boot 作为一种强大的 Boot Loader，不仅支持 MTD，而且可以在 MTD 基础上支持多种文件系统，如 cramfs、fat 和 jffs2 等。

（9）支持中断。由于传统的 Boot Loader 分为阶段 1 和阶段 2，因此在阶段 2 中添加中断处理服务十分困难，如 BLOB；而 U-Boot 把两个部分放到了一起，所以添加中断服务程序非常方便。

（10）详细的开发文档。U-Boot 具有充分的开发参考资料。

11.3.2 U-Boot 代码结构

一般而言，U-Boot 主要由以下几个部分构成。

（1）Board：包含一些和开发板相关的文件，如 Makefile 和 u-boot.lds 等都和具体开发板的硬件和地址分配有关。

（2）common：与体系结构无关的文件，实现各种命令的 C 语言程序文件。

（3）cpu：与 CPU 相关的文件，其中的子目录都以 U-Boot 支持的 CPU 为名，如 arm926ejs、mips、mpc8260 和 nios 等，每个特定的子目录中都包括 cpu.c、interrupt.c 和 start.S。其中 cpu.c 初始化 CPU、设置指令 Cache 和数据 Cache 等；interrupt.c 设置系统的各种中断和异常，如快速中断、开关中断、时钟中断、软件中断、预取中止和未定义指令等；start.S 是 U-Boot 启动时执行的第一个文件，它主要设置系统堆栈和工作方式，为进入 C 语言程序奠定基础，即完成 U-Boot 阶段 1 的启动工作。

（4）disk：disk 驱动的分区处理代码。

（5）doc：相关文档。

（6）drivers：通用设备驱动程序，如各种网卡、支持 CFI 的 Flash、串口和 USB 总线的驱动程序等。

（7）dtt：数字温度测量器或传感器的驱动程序。

（8）examples：一些独立运行的应用程序例子。

（9）fs：支持文件系统的文件，U-Boot 支持 cramfs、fat、fdos、jffs2 和 registerfs 等文件系统。

（10）include：头文件，支持各种硬件平台的汇编文件，系统的配置文件和支持文件系统的文件。

（11）net：与网络有关的代码，BOOTP 协议、TFTP 协议、RARP 协议和 NFS 文件系统的实现。

（12）lib_xxx：与处理器体系结构相关的文件，如 lib_mips 目录与 MIPS 体系结构相关，lib_arm 目录与 ARM 相关，board.c（位于 lib_arm 目录）是阶段 2 的入口点。

（13）tools：创建 S-Record 格式文件和 U-Bootimages 的工具。

11.3.3 U-Boot 启动流程分析

现在 Android 手机都具有两个处理器：应用处理器 AP（Application Processor）和通信处理器

CP（Communication Processor）。其中，AP负责主操作系统、与用户交互的应用程序的执行；CP负责无线电话通信功能，并通过AP向Android终端用户提供相应的无线通信功能。在U-Boot启动中，这两类处理器都会涉及。但由于CP相对稳定，而且这部分工作复杂而机密，一般都由芯片厂商适配。所以作为用户主要注意AP侧。

按代码执行顺序和代码编写语言划分，U-Boot的启动过程可分成两个阶段：第一阶段，常称汇编代码阶段，在这个阶段由于要考虑存储空间受限和启动速度要尽量快，所以其代码编写采用效率更高的汇编语言；第二阶段，C代码阶段，到此阶段已可以开始与用户交互，而且机器的硬件大多已激活，所以一般采用C语言编写。

在Android Boot loader中，第一阶段的代码在start.S中实现。在该段代码里，U-Boot要完成DDR、Nand和Nand控制器等基础硬件的初始化，该阶段的主要流程如图11-2所示。

就ARM处理器而言，具体要做的工作如下：

（1）设置CPU进入SVC（系统管理模式），CPSR[4:0]=0xd3。

（2）关闭中断，INTMSK=Oxffffffff，INTSUBMSK=0x3ff。

（3）关闭看门狗，WTCON=Ox0。

（4）调用xxx_cache_flush_all函数，使得CPU上的TLBS、ICache/DCache、WB中数据失效。

（5）设置CPU当前工作时钟。

（6）检查系统的复位状态并记录，以确定后面要执行何种开机流程（正常开机、插充电器开机、按复位键开机、执行复位命令开机、进入recovery模式开机、睡眠后唤醒开机等）。

（7）关闭MMU，打开ICache和Fault checking，并调用memsetup.S中的memsetup函数来建立对RAM的访问时序。

（8）调用relocate函数，加载Nand Flash中其他U-Boot代码到SRAM中，并执行。

最后一步的流程要完成的任务较多，如图11-3所示。

事实上，start_armboot()函数在board.c中实现，至此就进入了U-Boot的C代码阶段，第二阶段的主要流程如图11-4所示。

以下步骤为U-Boot第二阶段主体工作顺序。

（1）进行相应数据结构的定义，并进行初始化工作。

（2）完成CPU与板级各U_Boot所需基本功能模块的初始化。

（3）配置可用的flash空间，并打印出相关信息，由功能函数flash_init()和display_flash_config()分别完成这两个任务。

（4）调用mem_malloc_init()函数分配堆空间。

（5）调用erw_relocate()函数，将机器环境参数复制到上面分配的堆空间中。

（6）调用环境变量列表中的ipaddr参数、MAC地址，并设置好机器的以太网相关的参数。

（7）调用devices_init函数，创建devlist，但该设备列表中目前只有一个串口。

（8）调用console_init_r()函数，完成控制台的最终初始化。至此，可以调用serial_getc()、serial_putc()、putc()和getc()等功能函数，来获取U-Boot相关的调试信息。

（9）使能中断。

（10）如果要用网卡设备，设置好网卡的MAC和IP地址。

（11）调用main_loop()函数。该函数将完成U-Boot的初始化工作。该函数将接收标准输入设备，根据输入的不同将执行不同的开机流程。

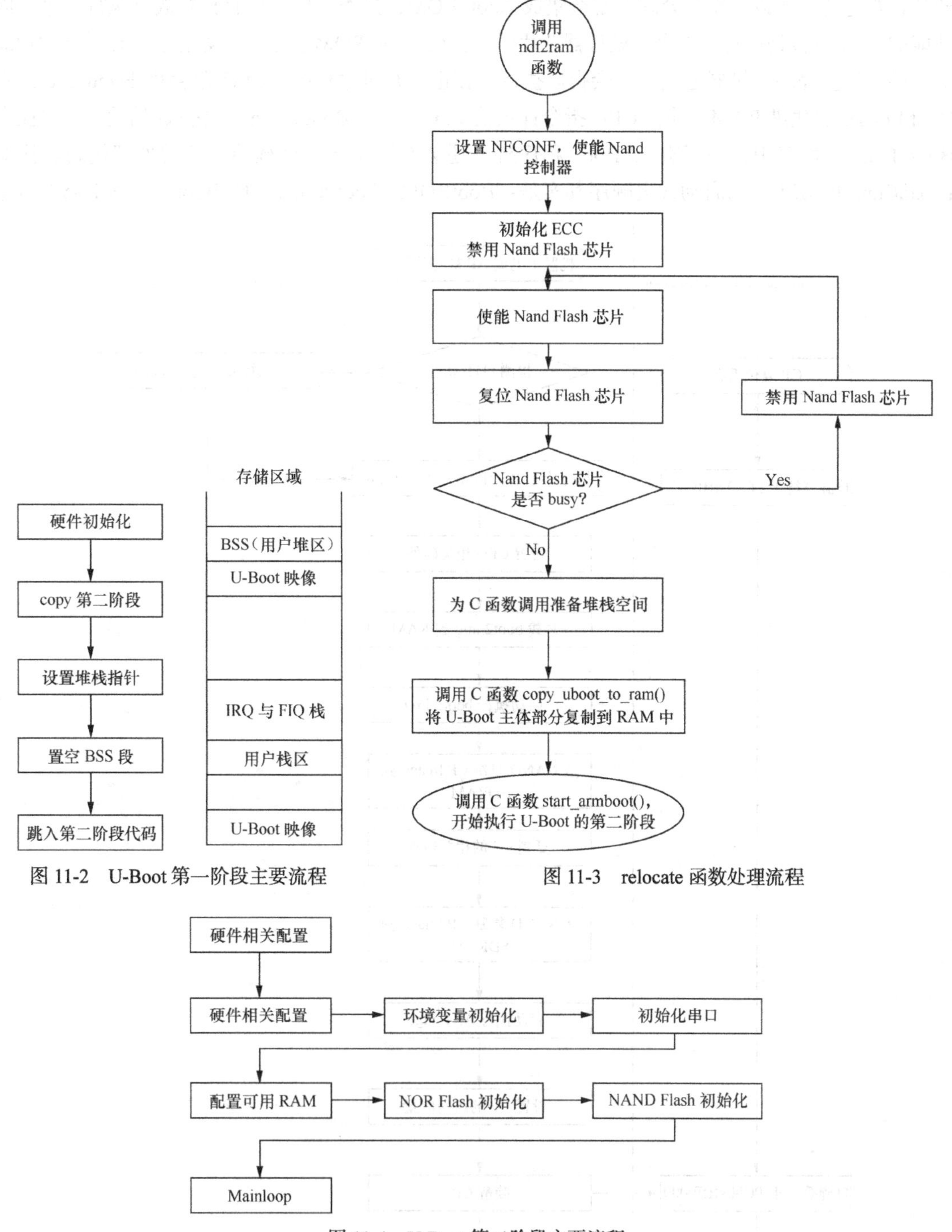

图 11-2　U-Boot 第一阶段主要流程

图 11-3　relocate 函数处理流程

图 11-4　U-Boot 第二阶段主要流程

此时，main_loop()函数的实际执行流程是：接收开发者所配置的 bootcmd 环境，直接加载 Linux 内核 Image 到机器 RAM 中，并将 CPU 的控制权交给新加载的 Linux 内核。

由于移动设备硬件本身具有很多有差异的地方，启动时的代码执行顺序可能会有所不同。为了节省成本和增加 Flash 存储容量，现在嵌入式系统都会使用 Nand Flash 作为操作系统和程序的存储体。但 Nand Flash 不能直接运行程序，因此通过它难以做到上电就启动程序，也不能维持机器的正常运转。所以，现在处理器都会集成 Boot ROM，这类存储可以直接存放可执行程序，以便能被 CPU 直接访问程序指令。处理器芯片厂商会在 Boot ROM 上烧写初始化硬件提供下载功能等程序，这些程序在机器上电后就会得以执行。在正常开机过程中，CPU 就会将 Nand Flash 中 Boot Loader 加载进 RAM，并将 CPU 指令计数器（PC）指向 Bootloader 程序的起始地址。往往在 Boot Loader 程序中，除了有 U-Boot 程序外，还会有特定于某处理器芯片的处理代码。比如 BroadCom BCM2157 的启动代码顺序其实是：BootROM->bootl/boot2->U- Boot，如图 11-5 所示。

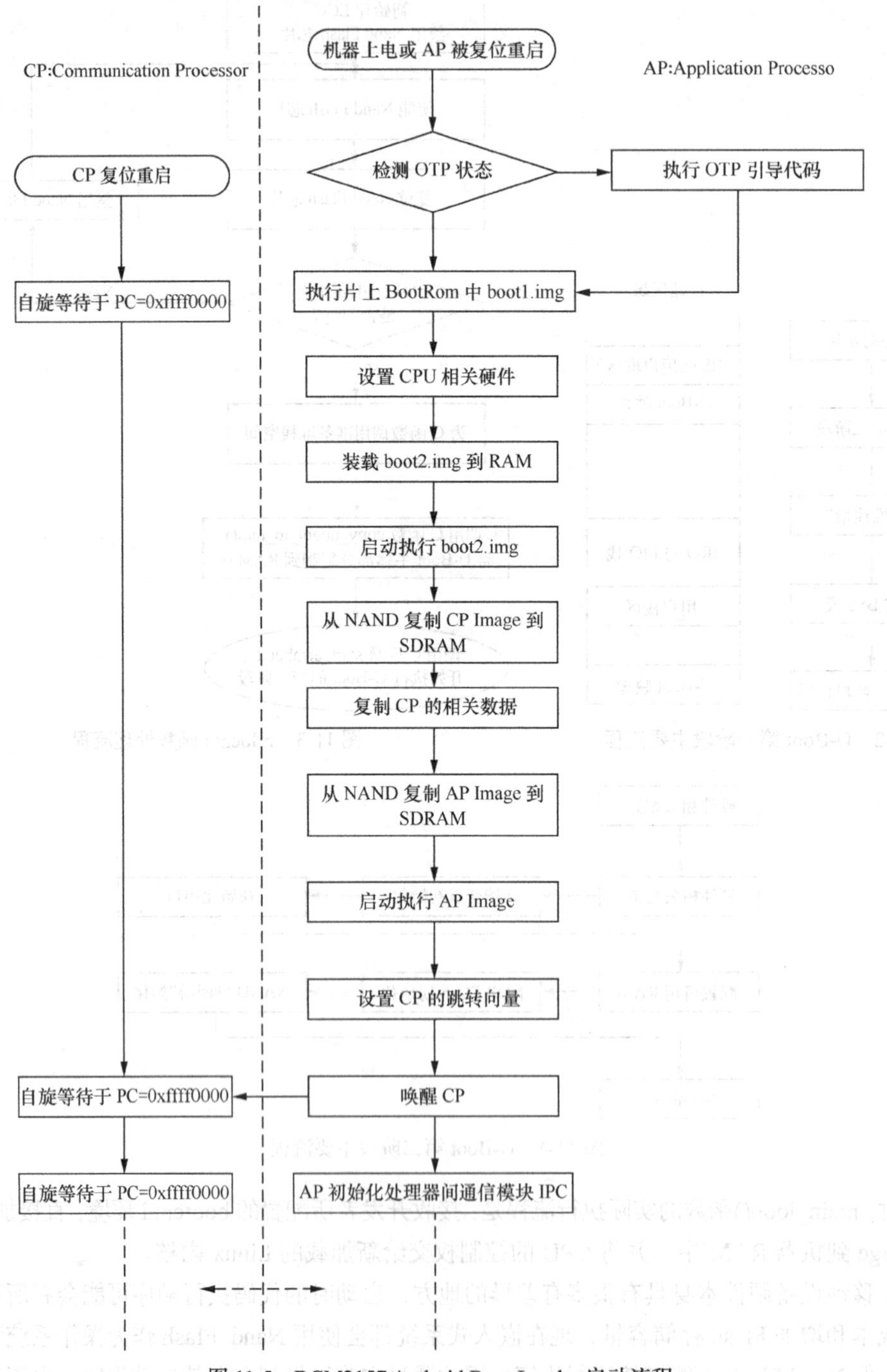

图 11-5　BCM2157 Android Boot Loadcr 启动流程

11.3.4 Boot Loader 的修改

作为在操作系统之前运行的程序，Boot Loader 会顺序执行，并且没有其他程序和它并行。Boot Loader 中没有进程或线程切换的概念）。但作为机器初始启动的程序，它的某些功能是 Linux 操作系统所不能具备的。这些功能包括：

（1）开机上电的第一帧图；

（2）特殊的按键组合，使机器进入 fastboot 模式，以支持 Android 系统各 Images 的烧写和升级；

（3）启动模式的判断、分析与响应。

因此，许多厂商在 Boot Loader 中封装它们定制化专有的标识。例如，通常运营商的定制 Android 手机都会要求在这里加上运营商相应的徽标，而且不允许用户通过升级程序将其删除。

1. 第一帧图的修改

Android 机器在启动后，可显示的第一帧图不是由 Linux 提供的，更不是经常看到的 Android 开机动画，而是在 Boot Loader 中加载的 Splash 画面。为了在 Boot Loader 中显示图像，需要将相应的驱动（framebuffer 驱动及 LCM 的 display 驱动）集成在 Boot Loader 中。而图像数据的存储方式主体上有两种：一种是将要显示的图像数据存放在 Flash 存储器上，另一种则是将图像数据转换成数组隐含在 Boot Loader 程序中。这两种方式各有优缺点，不同的厂商可能会选择不同的方式。所以在 BootLoader 中修改要显示的第一帧 Splash 图片，要查看相应厂商的参考代码。

作为开发人员，修改工作主要包括以下内容。

（1）找到 LCM display 驱动代码所在的地方。

（2）针对自己所选 LCM，编写合适的显示屏驱动。

（3）查看代码编译脚本，将自己的 LCM 驱动替换原厂参考代码中的 LCM 显示驱动。

（4）framebuffer 驱动一般由原厂在参考代码中适配好。

（5）找到 Splash 图像数据的存储方式。

（6）根据存储方式准备自己的图像数据，并替换参考代码中的数据。

厂商往往会用宏来控制与关闭这部分的功能代码，如高通公司在 MSM 系列芯片中就用到了宏 DISPLAY_SPLASH_SCREEN。根据这些宏就能很容易地找到想要修改的代码与数据。

2. 开机模式的定制

事实上，实现 Boot Loader 的关键就是对机器上电开机模式的判断、分析与响应。如前所述，Android 机器开机重启，运行到 Boot Loader 的原因有很多种。而有些原厂所给的参考代码中，没有对某种启动原因的判断或对策种启动有很好的响应处理。例如，有的代码中就没有针对充电开机的处理，所以在此种情形下，机器是直接从 Boot Loader 启动到 Linux，再在 Linux 电源管理系统运行后，利用 Linux 睡眠唤醒机制处理这类充电开机启动。因为要等较长的时间开机启动 Linux，Linux 运行到合适的阶段才能判断是充电开机，还是正常的睡眠与唤醒。那么，在短时间里用户其实很难知道机器是否正常响应了，结果是用户开机体验很不好。如果基于开机模式的定制，往往可以获得一些意想不到的独存机器特性。所以，基于原厂的 Boot Loader 参考代码，进行开机定制方面的修改是很有必要的。

要想掌握定制这方面的内容，必须从 Boot Loader 代码入手。因为这部分内容的平台相关性很强，不同的 CPU、不同的硬件板子，就可能意味着需要不同的平台。通过对代码的分析，确定以下两个事件：

（1）如何判断开机的模式？

（2）针对不同的开机，应有何种处理响应？

在Boot Loader代码中，会定义一个全局变量g_boot_mode来记录开机模式。以MTK的mt65xx为例看开机模式的判定。在进入Boot Loader之后，会调用boot_mode_Select()函数，而该函数将会读取CPU寄存器、特殊的管脚、按键的组合等来判断机器启动原因，并将这些原因记录在变量g_boot_mode中。其中的UNKOWN BOOT就代表未知的开机原因，并且未能发现与充电开机相关的处理，换句话说，充电开机有可能被当做UNKOWN BOOT处理了。如果是这种处理方式，那么，移动设备在充电开机的情况下，将不能正常开机。为了保证充电开机下能正常开机，将变量g_boot_ mode默认设置值为NORMAL_BOOT。但在这种处理方式下，Boot Loader对充电开机基本不作为，会导致充电图标明显出现得慢、关机充电比睡眠充电慢等问题。

为此可以针对充电开机做如下修改：

（1）在变量g_boot_mode中增加CHARGING_BOOT成员；

（2）在boot_mode_select()函数中增加CHARGING_BOOT检测分支。

而在获得无法充电开机的原因后，开发者就可以在Boot Loader中用相应的方法对充电开机问题进行处理，如图11-6所示。

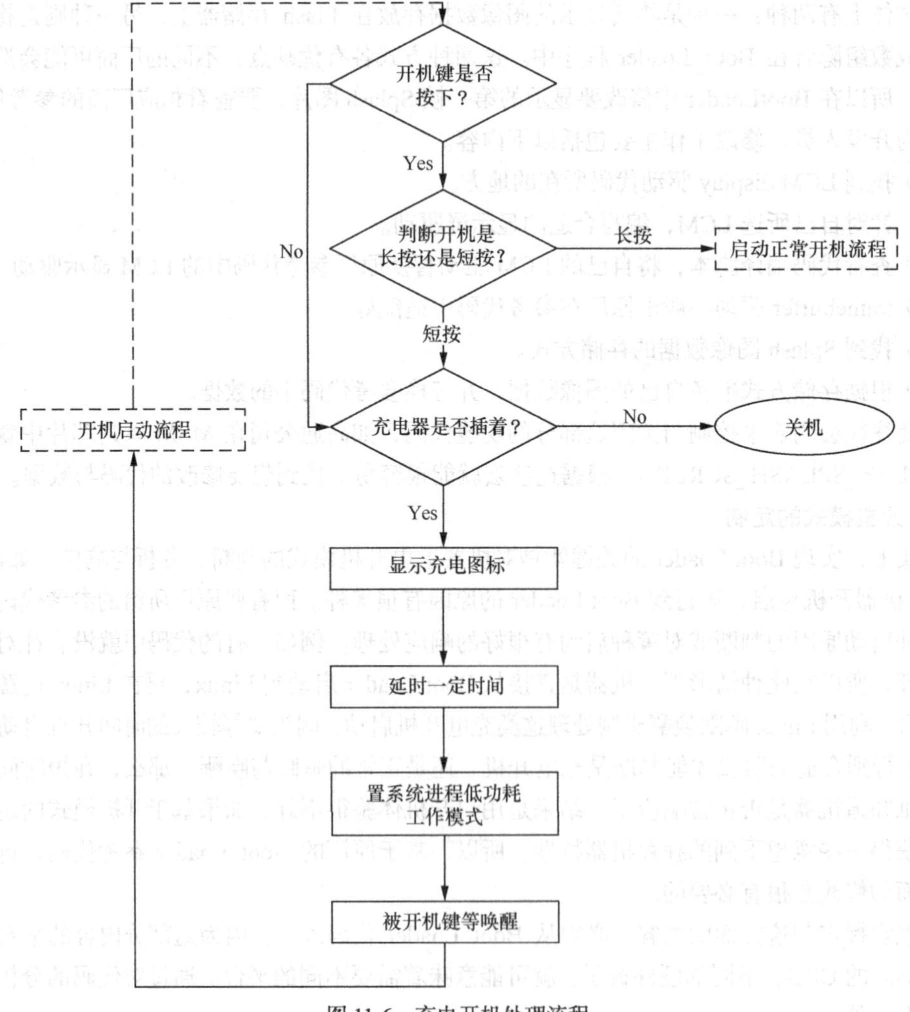

图11-6　充电开机处理流程

本章小结

Boot Loader 是操作系统内核运行之前的程序，主要用于完成硬件的初始化、内存映射和其他初始化工作。本章首先介绍了 Boot Loader 的主要功能，阐述了 Boot Loader 的操作模式，并介绍了 Boot Loader 的通信方式；然后对 Boot Loader 的启动过程进行了详尽分析，这是了解 Boot Loader 的重要方式；最后，本章以常用的 U-Boot 为例，介绍了 U-Boot 的基本概念和核心代码结构，对 U-Boot 启动流程进行了分析，并通过具体案例分析了 U-Boot 的修改方法。

思考题

1. 什么是 Boot Loader？它的主要功能是什么？
2. 嵌入式系统的 Boot Loader 与硬件具有怎样的关系？
3. Boot Loader 有几种操作模式？它们分别以何种方式工作？
4. 当 Boot Loader 启动内核后却无法看到内核的启动输出信息时，可以从哪些方面来考虑解决该问题？
5. Boot Loader 的总目标是什么？为什么要将 Boot Loader 分阶段的执行？
6. Boot Loader 的工作过程一般来说分为哪两个阶段？每个阶段的核心工作是什么？
7. Boot Loader 阶段 1 的详细工作过程是怎样的？
8. Boot Loader 阶段 2 的详细工作过程是怎样的？
9. 什么是 U-Boot？它具有怎样的代码结构？
10. U-Boot 的启动流程是如何完成的？它完成了哪些工作？

第 12 章 Android 驱动开发

设备驱动程序是 Android 系统的重要组成部分。用户可以通过一组标准化的程序接口调用这些不同功能的驱动程序。而将这些调用映射到实际设备的操作上的任务则是通过设备驱动程序来实现。在编写驱动程序时，应该要注意编写的硬件内核代码不要给用户强加任何特定策略，因为不同的用户有不同的需求。驱动程序应该处理如何使硬件可用，而怎样使用的问题应该留给上层应用程序，这样就能令驱动程序更加灵活。由于在本书随后的两章中，将详细介绍 Android 系统中 Input 子系统和传感器系统的驱动开发。

本章从整体角度对 Android 驱动开发进行了介绍，主要包括了 Android 系统中的 Linux 内核与驱动程序的结构，Android 系统需要移植的驱动程序的主要类型与主要内容，实现软硬件相对分离的 Android 硬件抽象层，Android 硬件抽象层的架构和代码结构，以及支持 Android 硬件抽象层的驱动程序。通过对本章的学习，读者能够熟悉 Android 内核与驱动程序的结构，了解 Android 硬件抽象层的概念和架构，熟悉 Android 驱动开发的方法。

本章主要内容包括：

- Android 中的 Linux 内核与驱动结构；
- Android 系统移植的主要内容；
- Android 硬件抽象层的概念；
- Android HAL Legacy 架构；
- Android HAL 架构；
- 支持 HAL 的驱动程序。

12.1 Android 驱动开发概述

12.1.1 Android 驱动概述

在常用的 Windows 系统中，要使用主板、光驱、显卡、声卡等硬件，需要通过驱动程序来进行控制，其他的外接硬件设备也需要安装相应的驱动程序。与 Windows—样，在 Android 移动设备上，也需要通过为外部硬件（如蓝牙耳机、摄像头等）安装对应的驱动程序，从而为这些硬件的使用提供支持。驱动程序是添加到操作系统的一段代码，包含了硬件相关的设备信息和操作接口。用户可以通过设备的操作接口来操作硬件。图 12-1 所示为 Android 系统中的 Linux 内核与驱动结构。

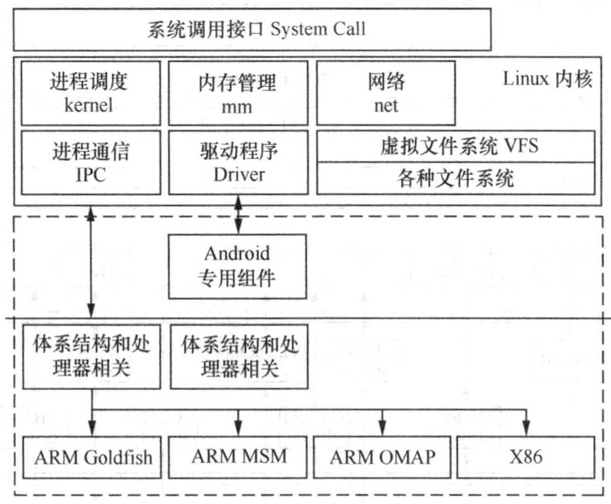

图 12-1　Android 中的 Linux 内核与驱动

Android 是在标准的 Linux 内核基础上开发出来的操作系统，它将系统的驱动分成两层，分别是硬件抽象层和具体的设备驱动。硬件抽象层 HAL（Hardware Abstraction Layer）是建立在驱动程序上的一套程序库，主要作用是对操作系统内核驱动程序的封装，向上提供接口，屏蔽底层的实现细节，从而加快开发人员在不同的硬件平台上进行代码移植。在 Android 系统中，HAL 运行在用户空间，属于 Linux 内核层之上的层次。而 Android 的 HAL 同时也是为保护一些硬件提供商的知识产权而提出的。设备驱动程序是硬件和上层软件的接口，在 Android 系统中，需要基本的 LCD 屏幕、触摸屏、键盘等驱动，以及音频、摄像头、电话的 Modem、WiFi、蓝牙等多种设备的驱动程序。

12.1.2　Android 系统移植

在 Android 系统中，在移植过程中主要移植驱动方面的内容。在移植 Android 系统驱动的过程中，既可能是未在 Android 系统上使用的硬件开发驱动程序，也可以实现 Linux 内核中的驱动程序。此外，也可能需要完成一些配置工作。Android 的移植主要可以分为如下几个类型。

（1）基本图形用户界面（GUI）部分：包括显示部分、用户输入部分和硬件相关的加速部分，还包括媒体编解码和 OPenGL 等。

（2）音视频输入/输出部分：包括音频、视频输出和摄像头等。

（3）连接部分：包括无线局域网、蓝牙、GPS 等。

（4）电话部分：包括通话、GSM 等。

（5）附属部件：包括传感器、背光、振动器等。

具体来说，主要移植以下内容，如图 12-2 所示。

（1）Display 显示部分：包括 FrameBuffer 驱动和 Gralloc 模块。

（2）Input 用户输入部分：包括 Event 驱动和 EventHub。

（3）Codec 多媒体编解码：包括硬件 Codec 驱动和 Codec 插件，例如 OpenMax。

（4）3D Accelerator（3D 加速器）部分：包括硬件 OpenGL 驱动和 OpenGL 插件。

（5）Audio 音频部分：包括 Audio 驱动和 Audio 硬件抽象层。

（6）Video Out 视频输出部分：包括视频显示驱动和 Overlay 硬件抽象层。

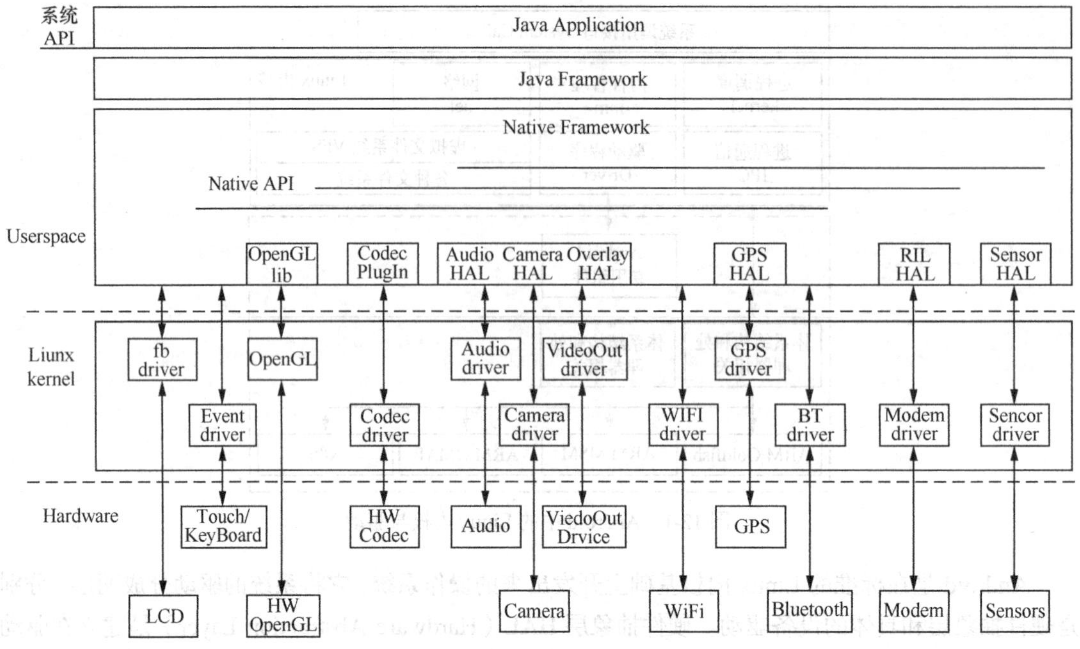

图 12-2 Android 系统移植的主要内容

（7）Camera 摄像头部分：包括 Camera 驱动（通常是 v412）和 Camera 硬件抽象层。

（8）Phone 电话部分：包括 Modem 驱动程序和 RIL 库。

（9）GPS 全球定位系统部分：包括 GPS 驱动（例如串口）和 GPS 硬件抽象层。

（10）WiFi 无线局域网部分：包括 Wlan 驱动协议和 WiFi 的适配层。

（11）BlueTooth 蓝牙部分：包括 BT 驱动协议和 BT 的适配层。

（12）Sensor 传感器部分：包括 Sensor 驱动和 Sensor 硬件抽象层。

（13）Vibrator 振动器部分：包括 Vibrator 驱动和 Vibrator 硬件抽象层。

（14）Light 背光部分：包括 Light 驱动和 Light 硬件抽象层。

（15）Alarm 警告器部分：包括 Alarm 驱动、RTC 系统和用户空间调用。

（16）Battery 电池部分：包括电池部分驱动和电池的硬件抽象层。

12.2 Android 硬件抽象层

12.2.1 Android 硬件抽象层概述

Linux 内核采用了 GPL 协议，要求 Linux 内核在发布时必须公布所有源代码。如果把对硬件的支持逻辑放在 Linux 驱动层，则在公布源代码的同时，也就等于公开了硬件的相关参数和实现。而这些硬件参数和实现细节关系到技术专利和商业秘密，会对硬件厂商的利益造成很大的损害。为了保护这些厂商的利益，Google 决定将对硬件的支持分为了硬件抽象层和内核驱动层。因此 Android 系统允许各厂家对 Android 系统源码进行改动但不公开。

在 Android 系统中，业务逻辑代码通常放在硬件抽象层中，Linux 内核层只保留与寄存器交互的代码。也就是说，Linux 驱动相当于一个空壳，仅提供简单的硬件访问逻辑，例如，读写硬件寄存器的通道，至于从硬件中读到了什么值或者写了什么值到硬件中的逻辑，都放在硬件抽象层中去了。有了硬件抽象层后，Android 系统的上层结构与 Linux Kernel 被分隔开来，Android 不至于过度依赖 Linux Kernel，因此达成了 Kernel Independent 的概念，Android Framework 的开发工作也能够在不考虑驱动程序的前提下进行。硬件抽象层提供了简单的设备驱动程序接口，应用程序使用设备驱动程序与底层硬件进行通信，另外，硬件抽象层的应用程序接口和 ANSIC 标准库结合在一起，用户可以使用 C 语言函数来访问 Android 文件系统。通过这种分层的方式，硬件厂商不用再提供其 HAL 层的源码，有力地保护了这些硬件厂商的知识产权。另外，通过这种分层的方式，屏蔽了底层驱动的差异性，为同一类设备向上提供统一的接口。

通过 HAL，Android 达到了如下目的：

（1）统一硬件的调用接口。由于 HAL 有标准的调用接口，因此，可以利用 HAL 屏蔽 Linux 驱动复杂、不统一的接口；

（2）解决了 GPL 版权问题。由于 Linux 内核基于 GPL 协议，而 Android 基于 Apache License 2.0 协议。通过 HAL 将原本位于 Linux 驱动中的敏感代码向上移了一个层次。这样这些敏感代码就摆脱了 GPL 协议的束缚，那些不想开源的 Linux 驱动作者也就没必要开源了。

（3）针对一些特殊的要求。对某些硬件，可能需要访问一些用户空间的资源，或要完成在内核空间不方便完成的工作以及满足特殊需求。在这些情况下，可以利用位于用户空间的 HAL 代码来辅助 Linux 驱动完成一些工作。

在 Android 系统中，定义硬件抽象层接口的代码具有以下 5 个特点。这些特点也是设计 HAL 层的原则所在，硬件抽象层具有与硬件设备的操作无关性。

（1）硬件抽象层具有与硬件密切的相关性。

（2）硬件抽象层具有与操作系统无关性。

（3）接口定义的功能应包含硬件或系统所需硬件支持的所有功能。

（4）接口定义简单明了，接口函数过多会增加软件模拟的复杂性。

（5）具有可测性的接口设计有利于系统的软硬件测试和集成。

12.2.2　HAL Legacy 和 HAL

从 Android 源码上来分析，HAL 层的主要对应源码目录如下。

（1）libhardware_legacy：旧架构，采用链接库模块的思想设计。

（2）libhardware：新架构，采用 HAL Stub 的方式来实现设计。

HAL Legacy 是原有的 HAL 实现。Android 用户应用程序或框架层代码由 Java 实现，Java 运行在 Dalvik 虚拟机中，没有办法直接访问底层硬件，只能通过调用 so 本地库代码实现，在 so 本地库代码里有对应的底层硬件操作代码，如图 12-3 所示。

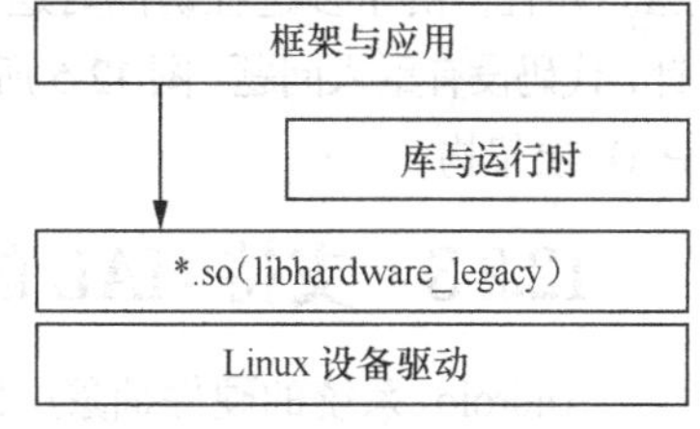

图 12-3　HAL Legacy 架构

应用层或框架层 Java 代码，通过 JNI 技术调用 C 或 C++ 编写的 so 库代码，在 so 库代码中调用底层驱动，实现上层应用的发出的硬件请求操作命令。实现硬件操作的 so 库为 module。Java 代码访问硬件效率比 C 代码效率低，但是 Android 系统在软件框架和硬件处理器的设计能缩小和 C 代码执行效率的差距，据既有测试的结果来看，基本上能达到 C 代码效率的 95%左右。图 12-4 所示为 Libhardware_legacy 下的底层调用。

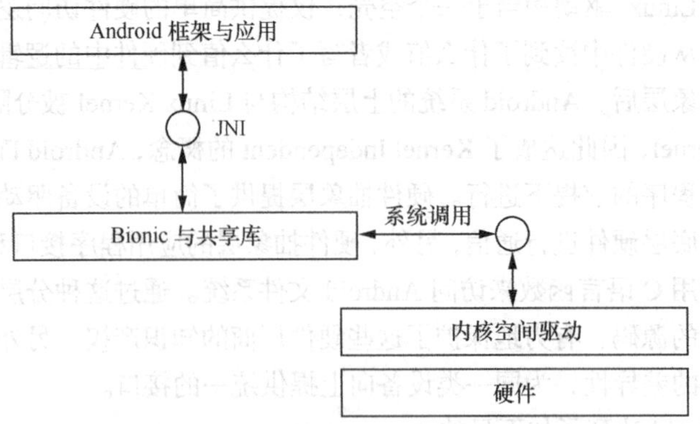

图 12-4 Libhardware_legacy 下的底层调用

这种设计架构虽然满足了 Java 应用访问硬件的需要，但是，代码上下层次间的耦合太高，用户程序或框架代码必须要加载 module 库。如果底层硬件有变化，moudle 就要重新编译，上层也要做相应的变化。另外，如果多个应用程序同时访问硬件，都去加载 module 库，同一 module 被多个进程映射多次，就会产生代码的重入问题。

libhardware 架构中 HAL 层使用的是 HAL Stub 模式，Stub 是存根或桩的意思，就是指一个对象代表，Stub 以动态链接库的方式存在。就操作方面而言，HAL 层实现了对库的隐藏。Android 系统的 HAL 层包含很多的 Stub，采用统一的调用方式对硬件进行操作。上层在 HAL 层调用 Stub 的函数，然后再回调这些操作函数。通过这样的模式，实现接口统一，而且各 Stub 没有关系，上层若要对某个硬件设备进行操作，只要提供模块 ID，就能对相关设备进行操作。

由下图的架构可知，上层应用层或框架层代码加载 so 库代码，so 库代码被称为 module。在 HAL 层注册了每个硬件对象的存根 stub，当上层需要访问硬件时，就从当前注册的硬件对象 stub 里查找，找到之后 stub 会向上层 module 提供该硬件对象的 operations interface（操作接口），该操作接口就保存在了 module 中，上层应用或框架再通过这个 module 操作接口来访问硬件。可见新的 Stub 框架虽然也要加载 module 库，但是这个 module 已经不包含操作底层硬件驱动的功能了，它里面保存的只是底层 Stub 提供的操作接口，底层 Stub 扮演了“接口提供者”的角色，当 Stub 第一次被使用时加载到内存，后续再使用时仅返回硬件对象操作接口，不会存在设备多次打开问题。并且，由于多进程访问时返回的只是函数指针，代码没有重入问题。图 12-5 所示为 libhardware HAL 层架构。

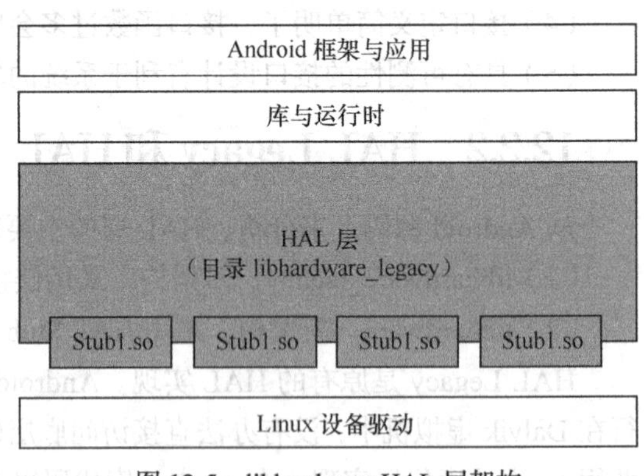

图 12-5 libhardware HAL 层架构

12.2.3 支持 HAL 的驱动程序

Android 系统的硬件抽象层以模块的形式来管理各个硬件访问接口，每一个硬件模块都对应一个动态链接库.so 文件。这些动态链接库的编写需要符合一定的规范，否则不能正常运行。对于 HAL Stub 的构成，主要是 3 个结构体、两个常量和一个函数，它们在 hardware/libhardware/include/hardware/hardware.h 中定义，在 hardware/libhardware/hardware.c 中实现。在 HAL module 中，这 3

个重要数据结构为：

（1）struct hw_module_t：模块类型；

（2）struct hw_module_methods_t：模块方法；

（3）struct hw_device_t：设备类型。

Android 系统中的每个硬件通过 hw_module_t 来进行，称之为一个硬件对象。可以“继承”这个 hw_module_t，然后扩展自己的属性。硬件对象必须定义为一个固定的名字 HMI（Hardware Module Information）。每一个硬件对象里都封装了一个函数指针 open 用于打开该硬件，为硬件对象的 open 方法。该函数指针实际封装在 hw_module_methods_t 中。open 调用后返回这个硬件对应的操作接口（Operation Interface）。Operation interface 由 hw_device_t 结构体来描述。可见，在 Android 系统内部，每一个硬件抽象层模块都使用结构体 hw_module_t 来描述，而硬件设备则使用结构体 hw_device_t 来描述。

如果为了使 Android 开发能够支持 HAL 的驱动程序，就不但是要开发完成驱动程序本身，可能还需要提供额外的支持以便于通过 HAL 向上层提供服务。因此要完成驱动程序的开发，主要分为以下两个步骤。

1. 在内核空间编写硬件驱动程序

在这一步骤中，需要完成一个硬件设备的驱动程序。需要为该驱动程序配置必要的头文件、定义相关常量宏、定义设备结构体等。也就是使用 Linux 驱动程序自定义设备结构体的标准方法。定义传统的设备文件访问方法，主要是打开、释放、读和写设备文件的方法。最后还要定义模块加载和卸载方法。为了将驱动程序加入到系统，还需要进入 Android 源码下的 kernel/drivers 目录，为新增设备驱动建立目录、增加配置文件和 makefile 文件。这里主要是指 Kconfig 和 Makefile 两个文件，其中 Kconfig 是再编译前配置命令 make menuconfig 时用到的，而 Makefile 是执行编译命令 make 时用到的。编译成功后就可以找到生成的驱动程序。

2. 在 Android HAL 中添加接口支持访问硬件

在这一步骤中，将上一步完成的驱动程序加入到 HAL 中。进入到 hardware/libhardware/include/hardware 目录，为设备建立相应的头文件，按照 Android 硬件抽象层规范的要求，分别定义模块 ID、模块结构体、硬件接口结构体（hw_module_t 和 hw_device_t）以及设备打开方法的结构体（hw_module_methods_t）。然后进入 hardware/libhardware/modules 目录，新建设备目录，并添加相应的 C 文件。按照 Android 硬件抽象层规范，进行实例变量名和相应变量的定义。然后生成设备的获取、设置和关闭等设备访问函数。完成其他配置，并建立相应的 Android.mk 文件进行编译。编译成功后对应的.so 文件就生成了。

本 章 小 结

驱动程序为 Android 系统提供硬件的支持服务，驱动程序开发是 Android 系统开发的重要组成部分。本章介绍了 Android 驱动开发相关的概念与方法，本章首先对 Android 驱动的基本情况进行了介绍，分析了 Android 系统中的内核与驱动架构，指出了 Android 系统移植的主要内容；然后对 Android 硬件抽象层进行了描述，给出了 Android 硬件抽象层的结构及其与 Android 系统其他层次的关系，并对 Android 系统中与硬件抽象层关联的驱动程序进行了分析。

思　考　题

1. 什么是驱动程序？Android 系统中驱动程序起什么作用？
2. Android 系统中的 Linux 内核与驱动具有怎样架构？
3. Android 系统的移植可以分为哪些类型？这些类型各自包含了哪些内容？
4. 什么是硬件抽象层？硬件抽象层的作用是什么？
5. Android 系统中定义硬件抽象层接口的代码具有哪些特点？
6. Android 系统中的 HAL Legacy 指什么？HAL Legacy 具有怎样的架构？
7. Android 系统中的 HAL Legecy 如何实现底层调用？
8. Libhardware 架构中的 Android 系统 HAL 层使用什么模式？具有什么特点？
9. Libhardware 架构中的 Android 系统 HAL 层具有怎样的架构？如何实现底层调用？
10. 在 Android 系统的硬件抽象层中如何来实现设备的管理？

第 13 章 input 输入子系统

本章对 Android 系统的 input 输入子系统驱动程序的移植进行介绍，主要包括了 Android 输入子系统的软硬件架构，Android 输入子系统移植所需要完成的核心工作，作为基础的 Linux input 子系统架构及其驱动开发方法，Android 输入子系统驱动程序的开发工作及其在模拟器上的实现。通过对本章的学习，读者能够熟悉 Android input 输入子系统的架构，并能够对 input 输入子系统驱动程序的移植具有较为深入的理解。

本章的主要内容包括：

- Android 输入系统的结构；
- 移植 Android 输入系统时需要完成的工作；
- Linux input 子系统的结构；
- Android input 驱动程序核心结构；
- Android input 驱动程序开发的方法。

13.1 用户输入系统介绍

Android 中，用户输入系统的结构比较简单，实现输入功能的硬件设备包括键盘、触摸屏和轨迹球等。在 Android 的上层应用中，可以通过获得这些设备产生的事件，并对设备的事件做出响应。在 Java 框架和应用程序层中，通常使用运动事件来获取触摸屏和轨迹球等设备的信息，用按键事件获得各种键盘的信息。

Android 输入系统的框架结构如图 13-1 所示。

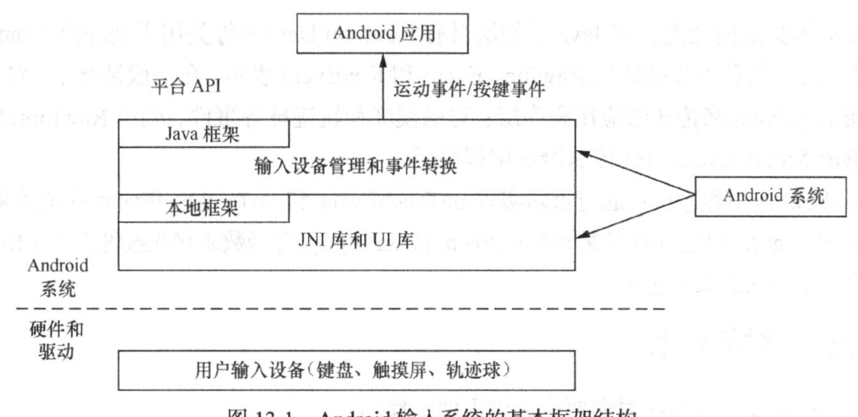

图 13-1　Android 输入系统的基本框架结构

13.1.1 Android 输入系统的结构

Android 输入系统的结构比较简单，从下到上包含了驱动程序、本地库处理部分、Java 类对输入事件的处理和对 Java 的接口等。Android 用户输入系统的结构如图 13-2 所示。

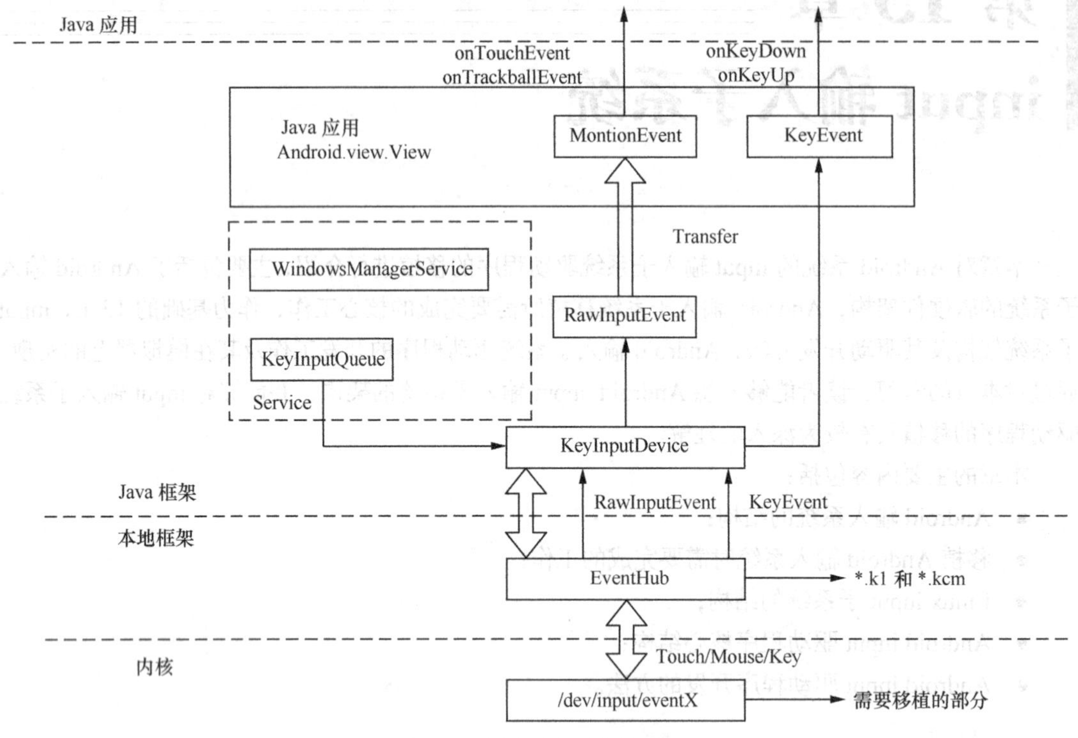

图 13-2 用户输入系统的结构

按从下到上的顺序，Android 的用户输入系统分成以下几个部分。

（1）驱动程序：保存在/dev/input 目录中，通常是 Event 类型的驱动程序。

（2）EventHub：本地框架层的 EventHub 是 libui 中的一部分，它实现了对驱动程序的控制，并从中获得信息。

（3）KeyLayout（按键布局）和 KeyCharacterMap（按键字符映射）文件，同时，libui 中有相应的代码对其进行操作。定义按键布局和按键字符映射需要运行时配置文件的支持，它们的后缀名分别为 kl 和 kcm。

（4）Java 框架层的处理：在 Java 框架层具有 KeyInputDevice 等类用于处理由 EventHub 传送上来的信息，通常信息由数据结构 RawInputEvent 和 KeyEvent 表示。在一般情况下，对按键事件，则直接使用 KeyEvent 来传送给应用程序层；对触摸屏和轨迹球等事件，则由 RawInputEvent 经过转换后，形成 MotionEvent 事件传送给应用程序层。

（5）Android 应用程序层：通过重新实现 onTouchEvent 和 onTrackballEvent 等函数来接收运动事件（MotionEvent），通过重新实现 onKeyDown 和 onKeyUp 等函数来接收按键事件（KeyEvent）。这些类包含在 android.view 包中。

13.1.2 移植工作

在移植 Android 输入系统时需要完成以下两个操作。

（1）移植输入（input）驱动程序。

（2）在用户空间中动态配置“kl”和“kcm”文件。

因为 Android 输入系统的硬件抽象层是 libui 库中的 EventHub，此部分是系统的标准部分。所以在实现特定硬件平台的 Android 系统时，通常改变输入系统的硬件抽象层。

EventHub 使用 Linux 标准的输入设备作为输入设备，并且大多使用实用的 Event 设备。基于上述原因，为了实现 Android 系统的输入，必须使用 Linux 标准输入驱动程序作为标准的输入。

由此可见，输入系统的标准化程度较高，在用户空间实现时一般不需要更改代码。唯一的变化是使用不同的“ki”和“kcm”文件，使用按键的布局和按键字符映射关系。

13.2　Linux input 子系统

在 Linux 系统中，input 输入子系统驱动主要可以分为：设备驱动层、input core 层和 input handler 事件处理层。设备驱动层提供具体用户设备驱动，由 struct input-dev 结构表示，通过 input_register_device 来注册；input handler 事件处理层，主要与用户空间进行交互；input core 层负责管理系统中的 input dev 设备和 inputhander 事件处理，并起到承上启下作用，负责输入设备驱动和 input handler 之间信息传输。input 子系统结构如图 13-3 所示。

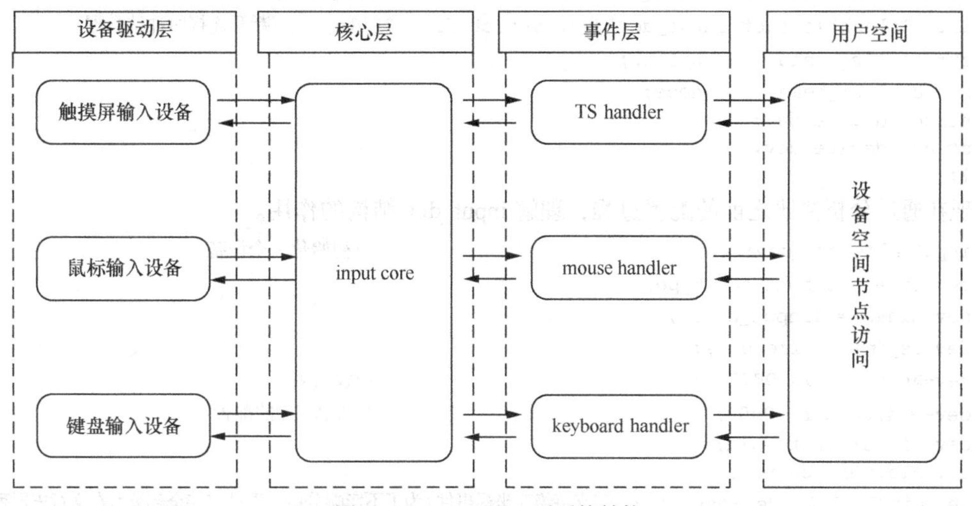

图 13-3　Linux input 子系统结构

input 子系统的驱动程序需要完成注册过程，主要分为两部分：设备驱动层的注册和 handler 的注册，在注册的过程中会有 handle 的创建以及它的作用，会说明设备驱动与 handler 是如何匹配的。

13.2.1　设备驱动层的注册

注册 input 设备主要是为了对 input_register_device 进行分析。

1. input_dev 结构

```
struct input_dev {
const char *name;                //设备名
struct input_id id;              //id号,用于匹配事件处理层handler
```

```
unsigned longevbit[BITS_TO_LONGS(EV_CNT)];          //用于记录支持的事件类型的位图
unsigned longkeybit[BITS_TO_LONGS(KEY_CNT)];        //记录支持的按键值的位图
unsigned longrelbit[BITS_TO_LONGS(REL_CNT)];        //记录支持的相对坐标的位图
unsigned longabsbit[BITS_TO_LONGS(ABS_CNT)];        //记录支持的绝对坐标的位图
unsigned long mscbit[BITS_TO_LONGS(MSC_CNT)];
unsigned longledbit[BITS_TO_LONGS(LED_CNT)];        //led
unsigned longsndbit[BITS_TO_LONGS(SND_CNT)];        //beep
unsigned int keycodemax;                            //支持的按键值的个数
void *keycode;                                      //存储按键值的数组首地址
int (*setkeycode)(structinput_dev *dev, const struct input_keymap_entry *ke,
                unsigned int *old_keycode);         //修改键值的函数，可选
int (*getkeycode)(structinput_dev *dev,
                struct input_keymap_entry *ke);     //获取扫描码的键值，可选
unsigned int repeat_key;                            //最近一次按键值，用于连击
struct timer_list timer;                            //自动连击计时器
struct input_mt *mt;                                //多点触控状态
struct input_absinfo *absinfo;   //绝对轴信息（当前值，最小值，最大值，平，模糊，解析度）
unsigned longkey[BITS_TO_LONGS(KEY_CNT)];           //反映当前按键状态的位图
unsigned longled[BITS_TO_LONGS(LED_CNT)];           //反映当前 led 状态的位图
unsigned longsnd[BITS_TO_LONGS(SND_CNT)];           //反映当前 beep 状态的位图
int (*open)(struct input_dev*dev);                  //打开函数
void (*close)(struct input_dev*dev);                //关闭函数
int (*flush)(struct input_dev*dev, struct file *file); //断开连接时冲洗数据
struct list_head     h_list;
struct list_head     node;
struct device dev;
struct device dev;
};
```

现在通过分析注册之前的配置过程，理解 input_dev 结构的作用。

```
input_allocate_device()                             //初始化一个设备
dev.type = &input_dev_type;
dev.class = &input_class;
device_initialize(dev);
dev->name = xxx_DEVICE;                             //设备名
dev->id.vendor =0x00;                               //设备 id 的配置
dev->id.product =pid;
dev->id.version=vid;
set_bit(EV_ABS, dev->evbit); //支持绝对坐标事件(为了不影响分析，事件支持全部类型在文章末尾列出)
set_bit(EV_KEY, dev->evbit);                        //支持按键事件
set_bit(ABS_X, dev->absbit);                        //相对于屏幕的绝对 x 坐标
set_bit(ABS_Y, dev->absbit);                        //相对于屏幕的绝对 y 坐标
set_bit(ABS_PRESSURE, dev->absbit);                 //绝对坐标事件压力值
set_bit(BTN_TOUCH,tpd->dev->keybit);                //触摸接触事件
set_bit(INPUT_PROP_DIRECT,dev->propbit);            //表明设备的坐标直接和屏幕坐标向对应
//设置坐标的位置范围(例如 480*720 的屏幕 TPD_RES_X=480,TPD_RES_Y=720)，预示着超出这个范围不再有效
input_set_abs_params(tpd->dev,ABS_MT_POSITION_X, 0, TPD_RES_X, 0, 0);
input_set_abs_params(tpd->dev,ABS_MT_POSITION_Y, 0, TPD_RES_Y, 0, 0);
```

2. input_register_device 函数操作

```
device_add(&dev->dev);                              //input_dev->dev 注册
list_add_tail(&dev->node,&input_dev_list);          //加入 input 链表
```

```
//遍历 input_handler_list，取出每一个 handler 进行 input_attach_handler 操作
list_for_each_entry(handler,&input_handler_list, node)
            input_attach_handler(dev,handler);
----- >input_attach_handler(structinput_dev *dev, struct input_handler *handler)
     ----- > input_match_device(handler,dev);
          handler->connect(handler, dev,id);
```

input_dev 与 handler 匹配，匹配成功之后进行 connect 操作，查看 input_match_device 源码，可以发现匹配的关键是 input_dev->id。这里暂时不分析 connect 操作，这一步在 handler 注册的时候再进行分析。到此就完成了 input_dev 的注册。

13.2.2　handler 的注册过程

1. input_handler 结构

```
struct input_handler {
void *private;
void (*event)(structinput_handle *handle, unsigned int type, unsigned int code, int
value);                                                          //事件处理程序
void (*events)(structinput_handle *handle,
            const struct input_value *vals, unsignedint count);   //事件序列处理程序
bool (*filter)(structinput_handle *handle, unsigned int type, unsigned int code,
int value);                                                      //事件处理适配器
bool (*match)(structinput_handler *handler, struct input_dev *dev); // id 比较
int (*connect)(structinput_handler *handler, struct input_dev *dev, const struct
input_device_id*id);                                     //上面用到的 connect 程序
void (*disconnect)(structinput_handle *handle);          // disconnect 处理程序
void (*start)(structinput_handle *handle);               //启动处理程序
int minor;                                               //input 设备结点的次设备号
const char *name;
const struct input_device_id*id_table;                   //id_table
struct list_head        h_list;
struct list_head        node;
};
```

2. 一个具体的 handler 注册过程

这里以 input 自带的 evdev 为例，分析 handler 是如何注册的。源码位置：kernel/input/evdev.c。

```
staticint __init evdev_init(void){
          returninput_register_handler(&evdev_handler);
}
int input_register_handler(struct input_handler *handler){
     list_add_tail(&handler->node,&input_handler_list);        //把 handler 假如 list
     list_for_each_entry(dev,&input_dev_list, node)            //与 input_dev 匹配(这里
在 input_dev 注册的最后出现过的)
          input_attach_handler(dev,handler);
}
```

继续分析 connect 操作（上面未分析的），这里显示了 handle 把 handler 和 input 联系起来。

```
static struct input_handler evdev_handler = {
   .event     = evdev_event,
   .events     = evdev_events,
   .connect   = evdev_connect,                                 //这个操作
   .disconnect  = evdev_disconnect,
```

```
    .legacy_minors    = true,
    .minor      = EVDEV_MINOR_BASE,
    .minor      = EVDEV_MINOR_BASE,
    .name       = "evdev",
    .id_table   = evdev_ids,
};
static void evdev_disconnect(struct input_handle *handle){
    struct evdev *evdev;
    dev_set_name(&evdev->dev, "event%d", dev_no);                //设备的 name
    evdev->handle.dev = input_get_device(dev);  //已经匹配成功后，得到 handle->dev(在
handle 定义 struct input_dev *dev;)
    evdev->handle.name = dev_name(&evdev->dev);
    evdev->handle.handler = handler;                             //handle->handler
    device_initialize(&evdev->dev);
     error =input_register_handle(&evdev->handle);               //注册 handle(把 handle 加
到一个 list 里面)
     error =device_add(&evdev->dev);                             //创建设备(上层访问的设
备)，它的主设备号在 kernel/drivers/input/input.c 中定义，并实现访问方法
}
```

到此，就完成了 input 子系统分析。

13.3 input 驱动程序开发

input 输入驱动程序是 Linux 输入设备的驱动程序，可以进一步分成游戏杆（Joystick）、鼠标（Mouse）和事件设备 3 种驱动程序。其中事件驱动程序是目前通用的驱动程序，可以支持键盘、鼠标、触摸屏等多种输入设备。

input 驱动程序的主设备号是 13，每一种 input 设备占用 5 位，因此每种设备包含的个数是 32 个。Event 设备在用户空间使用如下三种文件系统来操作接口。

（1）Read：用于读取输入信息。

（2）Ioctl：用于获得和设置信息。

（3）Poll：调用可以进行用户空间的阻塞，当内核有按键等中断时，通过在中断中唤醒 poll 的内核实现，这样在用户空间的 poll 调用也可以返回。

Event 设备在文件系统中的设备节点为/dev/input/eventX 目录。主设备号为 13，次设备号按照递增顺序生成，为 64～95，各个具体的设备保存在 misc、touchscreen 和 keyboard 等目录中。

Android 输入设备驱动程序的头文件是 include/linux/input.h，核心文件是 drivers/input/input.c，Event 部分的代码文件是 drivers/input/evdev.c。

13.3.1 文件 input.h

在手机系统中使用的键盘（Keyboard）和小键盘（Kaypad）属于按键设备 EV_KEY，轨迹球属于相对设备 EV_REL，触摸屏属于绝对设备 EV_ABS。在文件 input.h 中定义按键数值的代码如下所示。

```
#define KEY_RESERVED        0
#define KEY_ESC             1
#define KEY_1               2
```

```
#define KEY_2           3
#define KEY_3           4
#define KEY_4           5
#define KEY_5           6
#define KEY_6           7
#define KEY_7           8
#define KEY_8           9
#define KEY_9           10
#define KEY_0           11
#define KEY_MINUS       12
#define KEY_EQUAL       13
#define KEY_BACKSPACE   14
#define KEY_TAB         15
#define KEY_Q           16
#define KEY_W           17
#define KEY_E           18
#define KEY_R           19
#define KEY_T           20
```

input.h 中定义了 struct input_dev 结构，它表示 input 驱动程序的各种信息。可将 Event 设备分为同步设备、键盘、相对设备（鼠标）、绝对设备（触摸屏）等。

input_dev 中定义并归纳了各种设备的信息，例如按键、相对设备、绝对设备、杂项设备、LED、声音设备、强制反馈设备和开关设备等。

```
struct input_dev {
     const char *name;
     const char *phys;
     const char *uniq;
     struct input_id id;

     unsigned long propbit[BITS_TO_LONGS(INPUT_PROP_CNT)];

     unsigned long evbit[BITS_TO_LONGS(EV_CNT)];
     unsigned long keybit[BITS_TO_LONGS(KEY_CNT)];
     unsigned long relbit[BITS_TO_LONGS(REL_CNT)];
     unsigned long absbit[BITS_TO_LONGS(ABS_CNT)];
     unsigned long mscbit[BITS_TO_LONGS(MSC_CNT)];
     unsigned long ledbit[BITS_TO_LONGS(LED_CNT)];
     unsigned long sndbit[BITS_TO_LONGS(SND_CNT)];
     unsigned long ffbit[BITS_TO_LONGS(FF_CNT)];
     unsigned long swbit[BITS_TO_LONGS(SW_CNT)];

     unsigned int hint_events_per_packet;

     unsigned int keycodemax;
     unsigned int keycodesize;
     void *keycode;

     int (*setkeycode)(struct input_dev *dev,
                 const struct input_keymap_entry *ke,
                 unsigned int *old_keycode);
     int (*getkeycode)(struct input_dev *dev,
                 struct input_keymap_entry *ke);

     struct ff_device *ff;
```

```
    unsigned int repeat_key;
    struct timer_list timer;

    int rep[REP_CNT];

    struct input_mt_slot *mt;
    int mtsize;
    int slot;
    int trkid;

    struct input_absinfo *absinfo;

    unsigned long key[BITS_TO_LONGS(KEY_CNT)];
    unsigned long led[BITS_TO_LONGS(LED_CNT)];
    unsigned long snd[BITS_TO_LONGS(SND_CNT)];
    unsigned long sw[BITS_TO_LONGS(SW_CNT)];

    int (*open)(struct input_dev *dev);
    void (*close)(struct input_dev *dev);
    int (*flush)(struct input_dev *dev, struct file *file);
    int (*event)(struct input_dev *dev, unsigned int type, unsigned int code, int value);

    struct input_handle __rcu *grab;

    spinlock_t event_lock;
    struct mutex mutex;

    unsigned int users;
    bool going_away;

    bool sync;

    struct device dev;

    struct list_head    h_list;
    struct list_head    node;
};
```

在实现具体的 Event 驱动程序时，如果得到按键的事件，通常需要通过以下的接口向上进行通知，这些内容也是在 input.h 中定义的代码，如下所示。

```
void input_event(struct input_dev *dev, unsigned int type, unsigned int code, int value);
void input_inject_event(struct input_handle *handle, unsigned int type, unsigned int
code, int value);

static inline void input_report_key(struct input_dev *dev, unsigned int code, int value)
{
     input_event(dev, EV_KEY, code, !!value);
}

static inline void input_report_rel(struct input_dev *dev, unsigned int code, int value)
{
     input_event(dev, EV_REL, code, value);
}

static inline void input_report_abs(struct input_dev *dev, unsigned int code, int value)
```

```
{
    input_event(dev, EV_ABS, code, value);
}

static inline void input_report_ff_status(struct input_dev *dev, unsigned int code,
int value)
{
    input_event(dev, EV_FF_STATUS, code, value);
}

static inline void input_report_switch(struct input_dev *dev, unsigned int code, int value)
{
    input_event(dev, EV_SW, code, !!value);
}

static inline void input_sync(struct input_dev *dev)
{
    input_event(dev, EV_SYN, SYN_REPORT, 0);
}
```

13.3.2 文件 KeycodeLabels.h

触摸屏和轨迹球上报的是坐标、按下、抬起等信息，信息量比较少。按键处理的过程稍显复杂，从驱动程序到 Android 的 Java 层收到的信息，键表示方式经过了两次转化。

键扫描码 Scancode 是由 Linux 的 input 驱动框架定义的整数类型。键扫描码 Scancode 经过一次转化后，形成按键的标签 KeycodeLabel，是一个字符串的表示形式。按键的标签 KeycodeLabel 经过转换后，再次形成整数型的按键码 keycode。在 Android 应用程序层，主要使用按键码 keycode 来区分。

在文件 KeycodeLabels.h 中，按键码整数值的格式，在此文件中是通过枚举实现的。进而定义了数组 KEYCODES[]，功能是存储从字符串到整数的映射关系。左列内容即表示按键标签 KeyCodeLabel，右列的内容为按键码 KeyCode（与 KeyCode 的数值对应）。在按键信息第二次转化时，就已经将字符串类型 KeyCodeLabel 转换成整数的 KeyCode。定义数组 KEYCODES[]的代码如下所示。

```
static const KeycodeLabel KEYCODES[] = {
    { "SOFT_LEFT", 1 },
    { "SOFT_RIGHT", 2 },
    { "HOME", 3 },
    { "BACK", 4 },
    { "CALL", 5 },
    { "ENDCALL", 6 },
    { "0", 7 },
    { "1", 8 },
    { "2", 9 },
    { "3", 10 },
    { "4", 11 },
    { "5", 12 },
    { "6", 13 },
    { "7", 14 },
    { "8", 15 },
    { "9", 16 },
    { "STAR", 17 },
    { "POUND", 18 },
    { "DPAD_UP", 19 },
```

```
{ "DPAD_DOWN", 20 },
{ "DPAD_LEFT", 21 },
{ "DPAD_RIGHT", 22 },
{ "DPAD_CENTER", 23 },
{ "VOLUME_UP", 24 },
{ "VOLUME_DOWN", 25 },
{ "POWER", 26 },
{ "CAMERA", 27 },
{ "CLEAR", 28 },
{ "A", 29 },
{ "B", 30 },
{ "C", 31 },
{ "D", 32 },
{ "E", 33 },
{ "F", 34 },
{ "G", 35 },
{ "H", 36 },
{ "I", 37 },
{ "J", 38 },
{ "K", 39 },
{ "L", 40 },
{ "M", 41 },
{ "N", 42 },
{ "O", 43 },
{ "P", 44 },
{ "Q", 45 },
{ "R", 46 },
{ "S", 47 },
{ "T", 48 },
{ "U", 49 },
{ "V", 50 },
{ "W", 51 },
{ "X", 52 },
{ "Y", 53 },
{ "Z", 54 },
{ "COMMA", 55 },
{ "PERIOD", 56 },
{ "ALT_LEFT", 57 },
{ "ALT_RIGHT", 58 },
{ "SHIFT_LEFT", 59 },
{ "SHIFT_RIGHT", 60 },
{ "TAB", 61 },
{ "SPACE", 62 },
{ "SYM", 63 },
{ "EXPLORER", 64 },
{ "ENVELOPE", 65 },
{ "ENTER", 66 },
{ "DEL", 67 },
{ "GRAVE", 68 },
{ "MINUS", 69 },
{ "EQUALS", 70 },
{ "LEFT_BRACKET", 71 },
{ "RIGHT_BRACKET", 72 },
{ "BACKSLASH", 73 },
{ "SEMICOLON", 74 },
{ "APOSTROPHE", 75 },
{ "SLASH", 76 },
{ "AT", 77 },
```

```
{ "NUM", 78 },
{ "HEADSETHOOK", 79 },
{ "FOCUS", 80 },
{ "PLUS", 81 },
{ "MENU", 82 },
{ "NOTIFICATION", 83 },
{ "SEARCH", 84 },
{ "MEDIA_PLAY_PAUSE", 85 },
{ "MEDIA_STOP", 86 },
{ "MEDIA_NEXT", 87 },
{ "MEDIA_PREVIOUS", 88 },
{ "MEDIA_REWIND", 89 },
{ "MEDIA_FAST_FORWARD", 90 },
{ "MUTE", 91 },
{ "PAGE_UP", 92 },
{ "PAGE_DOWN", 93 },
{ "PICTSYMBOLS", 94 },
{ "SWITCH_CHARSET", 95 },
{ "BUTTON_A", 96 },
{ "BUTTON_B", 97 },
{ "BUTTON_C", 98 },
{ "BUTTON_X", 99 },
{ "BUTTON_Y", 100 },
{ "BUTTON_Z", 101 },
{ "BUTTON_L1", 102 },
{ "BUTTON_R1", 103 },
{ "BUTTON_L2", 104 },
{ "BUTTON_R2", 105 },
{ "BUTTON_THUMBL", 106 },
{ "BUTTON_THUMBR", 107 },
{ "BUTTON_START", 108 },
{ "BUTTON_SELECT", 109 },
{ "BUTTON_MODE", 110 },
{ "ESCAPE", 111 },
{ "FORWARD_DEL", 112 },
{ "CTRL_LEFT", 113 },
{ "CTRL_RIGHT", 114 },
{ "CAPS_LOCK", 115 },
{ "SCROLL_LOCK", 116 },
{ "META_LEFT", 117 },
{ "META_RIGHT", 118 },
{ "FUNCTION", 119 },
{ "SYSRQ", 120 },
{ "BREAK", 121 },
{ "MOVE_HOME", 122 },
{ "MOVE_END", 123 },
{ "INSERT", 124 },
{ "FORWARD", 125 },
{ "MEDIA_PLAY", 126 },
{ "MEDIA_PAUSE", 127 },
{ "MEDIA_CLOSE", 128 },
{ "MEDIA_EJECT", 129 },
{ "MEDIA_RECORD", 130 },
{ "F1", 131 },
{ "F2", 132 },
```

```
{ "F3", 133 },
{ "F4", 134 },
{ "F5", 135 },
{ "F6", 136 },
{ "F7", 137 },
{ "F8", 138 },
{ "F9", 139 },
{ "F10", 140 },
{ "F11", 141 },
{ "F12", 142 },
{ "NUM_LOCK", 143 },
{ "NUMPAD_0", 144 },
{ "NUMPAD_1", 145 },
{ "NUMPAD_2", 146 },
{ "NUMPAD_3", 147 },
{ "NUMPAD_4", 148 },
{ "NUMPAD_5", 149 },
{ "NUMPAD_6", 150 },
{ "NUMPAD_7", 151 },
{ "NUMPAD_8", 152 },
{ "NUMPAD_9", 153 },
{ "NUMPAD_DIVIDE", 154 },
{ "NUMPAD_MULTIPLY", 155 },
{ "NUMPAD_SUBTRACT", 156 },
{ "NUMPAD_ADD", 157 },
{ "NUMPAD_DOT", 158 },
{ "NUMPAD_COMMA", 159 },
{ "NUMPAD_ENTER", 160 },
{ "NUMPAD_EQUALS", 161 },
{ "NUMPAD_LEFT_PAREN", 162 },
{ "NUMPAD_RIGHT_PAREN", 163 },
{ "VOLUME_MUTE", 164 },
{ "INFO", 165 },
{ "CHANNEL_UP", 166 },
{ "CHANNEL_DOWN", 167 },
{ "ZOOM_IN", 168 },
{ "ZOOM_OUT", 169 },
{ "TV", 170 },
{ "WINDOW", 171 },
{ "GUIDE", 172 },
{ "DVR", 173 },
{ "BOOKMARK", 174 },
{ "CAPTIONS", 175 },
{ "SETTINGS", 176 },
{ "TV_POWER", 177 },
{ "TV_INPUT", 178 },
{ "STB_POWER", 179 },
{ "STB_INPUT", 180 },
{ "AVR_POWER", 181 },
{ "AVR_INPUT", 182 },
{ "PROG_RED", 183 },
{ "PROG_GREEN", 184 },
{ "PROG_YELLOW", 185 },
{ "PROG_BLUE", 186 },
{ "APP_SWITCH", 187 },
```

```
        { "BUTTON_1", 188 },
        { "BUTTON_2", 189 },
        { "BUTTON_3", 190 },
        { "BUTTON_4", 191 },
        { "BUTTON_5", 192 },
        { "BUTTON_6", 193 },
        { "BUTTON_7", 194 },
        { "BUTTON_8", 195 },
        { "BUTTON_9", 196 },
        { "BUTTON_10", 197 },
        { "BUTTON_11", 198 },
        { "BUTTON_12", 199 },
        { "BUTTON_13", 200 },
        { "BUTTON_14", 201 },
        { "BUTTON_15", 202 },
        { "BUTTON_16", 203 },
        { "LANGUAGE_SWITCH", 204 },
        { "MANNER_MODE", 205 },
        { "3D_MODE", 206 },
        { "CONTACTS", 207 },
        { "CALENDAR", 208 },
        { "MUSIC", 209 },
        { "CALCULATOR", 210 },
        { "ZENKAKU_HANKAKU", 211 },
        { "EISU", 212 },
        { "MUHENKAN", 213 },
        { "HENKAN", 214 },
        { "KATAKANA_HIRAGANA", 215 },
        { "YEN", 216 },
        { "RO", 217 },
        { "KANA", 218 },
        { "ASSIST", 219 },
        /// M:[SmartBook] Special key @{
        { "WIFI_TOGGLE", 220 },
        { "BT_TOGGLE", 221 },
        { "LOCK_TOGGLE", 222 },
        { "IME_TOGGLE", 223 },
        { "MESSAGING", 224 },
        { "GALLERY", 225 },
        /// @}
```

// 注意：如果需要加入新的 keycode，除了在本文件中添加，还需要在其他几个文件中进行修改，具体请参考 frameworks/base/core/java/android/view/KeyEvent.java 来获取完整列表

```
        { NULL, 0 }
    };
```

KeycodeLabel 的 Flags 的定义如下所示。

```
static const KeycodeLabel FLAGS[] = {
        { "WAKE", 0x00000001 },
        { "WAKE_DROPPED", 0x00000002 },
        { "SHIFT", 0x00000004 },
        { "CAPS_LOCK", 0x00000008 },
        { "ALT", 0x00000010 },
        { "ALT_GR", 0x00000020 },
        { "MENU", 0x00000040 },
```

```
        { "LAUNCHER", 0x00000080 },
        { "VIRTUAL", 0x00000100 },
        { "FUNCTION", 0x00000200 },
        { NULL, 0 }
};
```

KeycodeLabel 表示按键的附属标识。

13.3.3 文件 KeyCharacterMap.h

文件 frameworks/base/include/ui/KeyCharacterMap.h 也是本地框架层 libui 的头文件，在其中定义了按键的字符映射关系。其实 KeyCharacterMap 只是一个辅助的功能，因为按键码只是一个与 UI 无关的证书，通常用程序对其进行捕获处理。如果将按键事件转换为用户可见的内容，需要经过这个层次的转换。其中，定义类 KeyCharacterMap 的实现代码如下所示。

```
class KeyCharacterMap : public RefBase {
public:
     enum KeyboardType {
        KEYBOARD_TYPE_UNKNOWN = 0,
        KEYBOARD_TYPE_NUMERIC = 1,
        KEYBOARD_TYPE_PREDICTIVE = 2,
        KEYBOARD_TYPE_ALPHA = 3,
        KEYBOARD_TYPE_FULL = 4,
        KEYBOARD_TYPE_SPECIAL_FUNCTION = 5,
        KEYBOARD_TYPE_OVERLAY = 6,
     };

     enum Format {
        // 基本键盘布局，可以包含设备定制选项，如“type”声明。
        FORMAT_BASE = 0,
        // 叠加键盘布局，可以由应用程序发布，具有更多的限制，
        // 不能重载设备定制选项。
        FORMAT_OVERLAY = 1,
        // 基本或叠加布局都可以。
        FORMAT_ANY = 2,
     };

     // 为回退操作而定义的替代 keycode 的元数据。
     struct FallbackAction {
          int32_t keyCode;
          int32_t metaState;
     };

     // 从指定文件上加载 key character 映射。
     static status_t load(const String8& filename, Format format, sp<KeyCharacterMap>*
outMap);

     // 从字符串内容加载 key character 映射。
     static status_t loadContents(const String8& filename,
               const char* contents, Format format, sp<KeyCharacterMap>* outMap);

     // 合并基本 key character 映射与叠加映射。
     static sp<KeyCharacterMap> combine(const sp<KeyCharacterMap>& base,
               const sp<KeyCharacterMap>& overlay);
```

```
    // 返回空 key character 映射。
    static sp<KeyCharacterMap> empty();

    // 获取键盘类型。
    int32_t getKeyboardType() const;

    // 获得取此键的主字符，与物理打印的标签上一致。如果没有则返回 “0”。
    char16_t getDisplayLabel(int32_t keyCode) const;

    // 如果键盘作为拨号盘使用，获取由些键产生的数字或符号的 Unicode 字符。若未产生数字或符号，则返回 “0”。
    char16_t getNumber(int32_t keyCode) const;

    获取由此键和元键修饰符产生的 Unicode 字符。如果没有任何字符产生，则返回 “0”。
    char16_t getCharacter(int32_t keyCode, int32_t metaState) const;

    // 若应用程序未处理指定的键，则获取默认使用的回退操作。若该操作可用，则返回“true”，否则返回“false”。
    bool getFallbackAction(int32_t keyCode, int32_t metaState,
            FallbackAction* outFallbackAction) const;

    // 获取能由该键产生的、并首先匹配的 Unicode 字符。建议获取具有指定元键修饰符的字符。若没有匹配的字符产生，则返回 “0”。
    char16_t getMatch(int32_t keyCode, const char16_t* chars,
            size_t numChars, int32_t metaState) const;

    //获取具有最大可能产生指定字符序列的键事件序列。
    bool getEvents(int32_t deviceId, const char16_t* chars, size_t numChars,
            Vector<KeyEvent>& outEvents) const;

    //如果该键映射以某种方式重载了这个映射关系，则将一个scan code和usage code映射到这个key code。
    status_t mapKey(int32_t scanCode, int32_t usageCode, int32_t* outKeyCode) const;

#if HAVE_ANDROID_OS
    // 从 parcel 中读取键映射。
    static sp<KeyCharacterMap> readFromParcel(Parcel* parcel);

    // 将键映射写到 parcel 中。
    void writeToParcel(Parcel* parcel) const;
#endif

protected:
    virtual ~KeyCharacterMap();

private:
    struct Behavior {
        Behavior();
        Behavior(const Behavior& other);

        // 列表中的下一个 behavior，若没有则为 NULL。
        Behavior* next;

        // 该 behavior 的元键修饰符
        int32_t metaState;

        // 需要插入的字符。
        char16_t character;
```

```
        若该键未被处理，则回退 KeyCode。
        int32_t fallbackKeyCode;
    };

    struct Key {
        Key();
        Key(const Key& other);
        ~Key();

        // 由该键打印的单个字符若没有则返回“0”。
        char16_t label;

        // 由该键产生的数字或字符，若没有则返回“0”。
        char16_t number;

        // 键的 behavior 列表，按照最具体到最不具体的顺序对元键绑定排序
        Behavior* firstBehavior;
    };

    class Parser {
        enum State {
            STATE_TOP = 0,
            STATE_KEY = 1,
        };

        enum {
            PROPERTY_LABEL = 1,
            PROPERTY_NUMBER = 2,
            PROPERTY_META = 3,
        };

        struct Property {
            inline Property(int32_t property = 0, int32_t metaState = 0) :
                    property(property), metaState(metaState) { }

            int32_t property;
            int32_t metaState;
        };

        KeyCharacterMap* mMap;
        Tokenizer* mTokenizer;
        Format mFormat;
        State mState;
        int32_t mKeyCode;

    public:
        Parser(KeyCharacterMap* map, Tokenizer* tokenizer, Format format);
        ~Parser();
        status_t parse();

    private:
        status_t parseType();
        status_t parseMap();
        status_t parseMapKey();
        status_t parseKey();
        status_t parseKeyProperty();
```

```
        status_t finishKey(Key* key);
        status_t parseModifier(const String8& token, int32_t* outMetaState);
        status_t parseCharacterLiteral(char16_t* outCharacter);
    };

    static sp<KeyCharacterMap> sEmpty;

    KeyedVector<int32_t, Key*> mKeys;
    int mType;

    KeyedVector<int32_t, int32_t> mKeysByScanCode;
    KeyedVector<int32_t, int32_t> mKeysByUsageCode;

    KeyCharacterMap();
    KeyCharacterMap(const KeyCharacterMap& other);

    bool getKey(int32_t keyCode, const Key** outKey) const;
    bool getKeyBehavior(int32_t keyCode, int32_t metaState,
            const Key** outKey, const Behavior** outBehavior) const;
    static bool matchesMetaState(int32_t eventMetaState, int32_t behaviorMetaState);

    bool findKey(char16_t ch, int32_t* outKeyCode, int32_t* outMetaState) const;

    static status_t load(Tokenizer* tokenizer, Format format, sp<KeyCharacterMap>*
outMap);

    static void addKey(Vector<KeyEvent>& outEvents,
            int32_t deviceId, int32_t keyCode, int32_t metaState, bool down,
nsecs_t time);
    static void addMetaKeys(Vector<KeyEvent>& outEvents,
            int32_t deviceId, int32_t metaState, bool down, nsecs_t time,
            int32_t* currentMetaState);
    static bool addSingleEphemeralMetaKey(Vector<KeyEvent>& outEvents,
            int32_t deviceId, int32_t metaState, bool down, nsecs_t time,
            int32_t keyCode, int32_t keyMetaState,
            int32_t* currentMetaState);
    static void addDoubleEphemeralMetaKey(Vector<KeyEvent>& outEvents,
            int32_t deviceId, int32_t metaState, bool down, nsecs_t time,
            int32_t leftKeyCode, int32_t leftKeyMetaState,
            int32_t rightKeyCode, int32_t rightKeyMetaState,
            int32_t eitherKeyMetaState,
            int32_t* currentMetaState);
    static void addLockedMetaKey(Vector<KeyEvent>& outEvents,
            int32_t deviceId, int32_t metaState, nsecs_t time,
            int32_t keyCode, int32_t keyMetaState,
            int32_t* currentMetaState);
};
```

KeyCharacterMap 需要从本地层传送到 Java 层，JNI 的代码路径如下所示：

```
frameworks/base/core/jni/android_text_KeyCharacterMap.cpp
```

KeyCharacterMap Java 框架层的代码如下所示：

```
frameworks/base/core/Java/android/view/KeyCharacterMap.Java
```

android.view.KeyCharacterMap 类是 Android 平台的 API，可以在应用程序中使用这个类。

android.text.method 中有各种 Linstener，相互之间可以监听与 KeyCharacterMap 相关的信息。

上面关于按键码和按键字符映射的内容是在代码中实现的内容，还需要配合动态的配置文件来使用。在实现 Android 系统的时候，很可能需要更改这两个文件。需要动态配置下面的两个文件。

（1）KL（Keycode Layout）：后缀名为 kl 的配置文件。

（2）KCM（KeyCharacterMap）：后缀名为 kcm 的配置文件。

Donut 及其之前版本的配置文件路径为：

```
development/emulator/keymaps/
```

Ecliar 及其之后配置文件的路径为：

```
sdk/emulator/keympas/
```

当系统生成上述配置文件后，文件将会被放置在目标文件系统的“/system/usr/keylaout/”目录中或“/system/usr/keychars/”目录中。另外，kl 文件将被直接复制到目标文件系统中：由于尺寸较大，kcm 文件被放置在目标文件系统中之前，需要经过压缩处理。KeyLayoutMap.cpp 负责解析处理 kl 文件，KeyCharacterMap.cpp 负责解析 kcm 文件。

13.3.4　kl 格式文件

Android 默认提供的按键布局文件主要包括 qwerty.kl 和 AVRCP.kl。其中 qwerty.kl 是全键盘布局文件，是系统中主要按键使用的布局文件。AVRCP.kl 用于多媒体的控制，ACRCP 的含义为 Audio/Video Remote Control Profile。

文件 qwerty.kl 的主要代码如下所示。

```
key 399   GRAVE
key 2     1
key 3     2
key 4     3
key 5     4
key 6     5
key 7     6
key 8     7
key 9     8
key 10    9
key 11    0
key 158   BACK              WAKE_DROPPED
key 230   SOFT_RIGHT        WAKE
key 60    SOFT_RIGHT        WAKE
key 107   ENDCALL           WAKE_DROPPED
key 62    ENDCALL           WAKE_DROPPED
key 229   MENU              WAKE_DROPPED
```

在按键布局文件中，第 1 列为按键的扫描码，是一个整数值；第 2 列为按键的标签，是一个字符串。即完成了按键信息的第一次转换，将整形的扫描码，转换成字符串类型的按键标签。第 3 列表示按键的 Flag，带有 WAKE 字符，表示此按键可以唤醒系统。

扫描码来自驱动程序，显然不同的扫描码可以对应同一个按键标签。表示物理上的两个按键可以对应同一个功能按键。例如，上面的扫描码为 158 时，对应的标签为 BACK，再经过第二次转换，根据 KeycodeLabels.h 的 KEYCODES 数组，其对应的按键码为 4。

13.3.5　kcm 格式文件

kcm 格式文件是按键字符映射文件，用于表示按键字符的映射关系，功能是将整数类型按键码（keycode）转化成可以显示的字符。kcm 文件将被 makekcharmap 工具转化成二进制的格式，放置在目标系统的/system/usr/keychars/目录中。

文件 qwerty.kcm 表示全键盘的字符映射关系，主要代码如下所示。

```
type ALPHA

key A {
    label:                              'A'
    number:                             '2'
    base:                               'a'
    shift, capslock:                    'A'
    alt:                                '#'
    shift+alt, capslock+alt:            none
}

key B {
    label:                              'B'
    number:                             '2'
    base:                               'b'
    shift, capslock:                    'B'
    alt:                                '<'
    shift+alt, capslock+alt:            none
}

key C {
    label:                              'C'
    number:                             '2'
    base:                               'c'
    shift, capslock:                    'C'
    alt:                                '9'
    shift+alt, capslock+alt:            '\u00e7'
}

key D {
    label:                              'D'
    number:                             '3'
    base:                               'd'
    shift, capslock:                    'D'
    alt:                                '5'
    shift+alt, capslock+alt:            none
}

key E {
    label:                              'E'
    number:                             '3'
    base:                               'e'
    shift, capslock:                    'E'
    alt:                                '2'
    shift+alt, capslock+alt:            '\u0301'
}

key F {
    label:                              'F'
    number:                             '3'
    base:                               'f'
    shift, capslock:                    'F'
    alt:                                '6'
    shift+alt, capslock+alt:            '\u00a5'
```

```
}

key G {
    label:                          'G'
    number:                         '4'
    base:                           'g'
    shift, capslock:                'G'
    alt:                            '-'
    shift+alt, capslock+alt:        '_'
}

key H {
    label:                          'H'
    number:                         '4'
    base:                           'h'
    shift, capslock:                'H'
    alt:                            '['
    shift+alt, capslock+alt:        '{'
}
......
```

在上述代码中，key 表示转换之前的按键码，结构体中的内容表是标签（Label）和数字（Number）等。这些转化的内容和 KeyCharacterMap.h 中定义的 getDisplayLabel()、getNumber()等函数相对应，具体内容是此文件的 getDisplayLabel()和 getNumber()等函数定义的。

除了 QWERTY 映射类型，还可以映射 Q14（单键多字符对应的键盘）和 NUMERIC（12 键的数字键盘）。

kcm 文件将被 makekcharmap 工具转化成二进制的格式，放置在目标系统的/system/usr/keychars/目录中。

13.3.6 文件 EventHub.cpp

文件 EventHub.cpp 位于 libhui 库中的 frameworks/base/libs/ui 目录下，此文件是输入系统的核心控制文件，整个输入系统的主要功能都是在此文件中实现的。例如，当按下电源键后，系统把 scanCode 写入对应的设备节点，文件 EventHub.cpp 会读这个设备节点，并把 scanCode 通过 kl 文件对应成 keyCode 发送到上层。

在文件 EventHub.cpp 中需要定义设备节点所在的路径，定义代码如下所示。

```
static const char *DEVICE_PATH = "/dev/input";
```

在具体处理过程时，在函数 openPlatformInput()中通过调用 scan_dir()函数搜索路径下面所有 Input 驱动的设备节点，函数 scan_dir()会从目录中查找设备，找到后调用 open_device()函数以打开查找到的设备。

```
bool EventHub::openPlatformInput(void)
{
    ......
    res = scan_dir(device_path);
    return true;
}
```

EventHub 的 getEvents()函数负责处理事件，处理过程是在一个无限循环内，调用阻塞的函数等待事件到来。

```
size_t EventHub::getEvents(int timeoutMillis, RawEvent* buffer, size_t bufferSize) {
    ALOG_ASSERT(bufferSize >= 1);
```

```
        AutoMutex _l(mLock);

        struct input_event readBuffer[bufferSize];

        RawEvent* event = buffer;
        size_t capacity = bufferSize;
    bool awoken = false;

        for (;;) {
              nsecs_t now = systemTime(SYSTEM_TIME_MONOTONIC);
              ……
              for(i = 1; i < mFDCount; i++) {
                   if(mFDs[i].revents) {
                       if(mFDs[i].revents & POLLIN) {
                       res = read(mFDs[i].fd, &iev, sizeof(iev));
                        ……
                   }
               }
           }
        }
    }
```

poll()函数将会阻塞程序的运行，此时为等待状态，无开销，直到 Input 设备的相应事件发生后，poll()将返回，然后通过 read()函数读取 Input 设备发生的事件的代码。

注意，EventHub 在默认情况下可以在/dev/input 之中扫描各个设备进行处理，通常情况下，所有的输入设备均在这个目录中。

实际上，系统中可能有一些 input 设备不被 Android 整个系统使用，也就是说不需要经过 EventHub 的处理。在这种情况下，可以根据 EventHub 中 open_device()函数的处理，设置驱动程序中的一些标志，屏蔽一些设备。例如，open_device()函数处理了键盘、轨迹球和触摸屏等几种设备，可以略过其他设备。另外一个简单的方法就是将不需要 EventHub 处理的设备的节点放置在除/dev/input 之外的其他目录中。

13.4　模拟器的实现

GoldFish 虚拟处理器键盘输入部分的驱动程序是 event 驱动程序，这个驱动程序是一个标准的 event 驱动程序，在用户空间的设备节点为/dev/event/event0，其核心代码为：

```
static void enqueue_event(events_state *s, unsigned int type, unsigned int code, int value)
{
     int  enqueued = s->last - s->first;

     if (enqueued < 0)
          enqueued += MAX_EVENTS;

     if (enqueued + 3 > MAX_EVENTS) {
          fprintf(stderr, "##KBD: Full queue, lose event\n");
          return;
     }

     if(s->first == s->last) {
     if (s->state == STATE_LIVE)
```

```
            qemu_irq_raise(s->irq);
        else {
            s->state = STATE_BUFFERED;
        }
        }

        //fprintf(stderr, "##KBD: type=%d code=%d value=%d\n", type, code, value);

        s->events[s->last] = type;
        s->last = (s->last + 1) & (MAX_EVENTS-1);
        s->events[s->last] = code;
        s->last = (s->last + 1) & (MAX_EVENTS-1);
        s->events[s->last] = value;
        s->last = (s->last + 1) & (MAX_EVENTS-1);
}
static void  events_put_generic(void*  opaque, int  type, int  code, int  value)
{
        events_state *s = (events_state *) opaque;

        enqueue_event(s, type, code, value);
}
```

该函数实现的是按键事件的中断处理函数，当中断发生后，读取虚拟寄存器的内容，将信息上报。实际上，虚拟寄存器中的内容由模拟器根据主机环境键盘按下的情况得到。

在模拟器环境中，默认使用所有的 KL 和 KCM 文件，由于模拟器环境支持全键盘，因此基本上包含了大部分的功能。在模拟器环境中，实际上按键的扫描码对应的是桌面电脑的键盘（效果和鼠标点击模拟器的控制面板类似）。当按下键盘的某些按键后会转换为驱动程序中的扫描码，然后再由上层的用户空间处理。上述过程与实际系统是类似的，通过更改默认 KL 文件的方式，就可以更改实际按键的映射关系。

本 章 小 结

input 输入子系统是 Android 系统的重要组成部分，通过 input 接口函数来实现对设备的驱动。本章介绍了 Android 系统中的 input 输入子系统及其移植。本章首先对 Android 输入系统的多层结构进行了分析，对每个部分进行了说明，并介绍了在进行输入系统移植时需要完成的主要工作；然后对 Linux 的 input 子系统进行了介绍，分析了设备驱动层的注册、handler 的注册过程；最后对 input 子系统驱动移植的核心内容进行了详尽的分析，并简明扼要地说明了其在模拟器中的实现过程。

思 考 题

1. Android 输入子系统具有怎样的架构？该子系统如何向上层提供支持？
2. Android 输入子系统可以分成哪些部分？每个部分都具有怎样的功能？
3. 如果要移植 Android 输入子系统，需要完成哪两个方面的工作？
4. Linux input 子系统在 Linux 系统中具有什么作用和架构？

5. 在 Linux input 子系统进行设备驱动层的注册中使用的 input_dev 结构具有什么作用？
6. 在 Linux input 子系统完成 handler 的注册过程中使用的 input_handler 结构具有什么作用？
7. 在 input 驱动程序中，文件 input.h 中定义了哪些内容？
8. 在 input 驱动程序中，文件 KeycodeLabels.h 中定义了哪些内容？
9. 在 input 驱动程序中，文件 KeyCharacterMap.h 中定义了哪些内容？
10. 在 input 驱动程序中，有哪些格式文件？它们分别起到了什么作用？

第14章 传感器系统

随着物联网概念的推出和物联网技术的发展，传感器这一名词逐渐为开发人员所熟知。传感器在移动设备上的应用十分广泛，如智能手机就使用了各种传感器。

本章对将 Android 系统的传感器子系统驱动程序的移植进行介绍，主要包括了 Android 传感器子系统的软硬件架构，Android 传感器子系统移植所需要完成的驱动程序、硬件抽象层和上层部分的开发工作，通过传感器驱动的硬件抽象层实例进行了实际的分析。通过对本章的学习，读者能够熟悉 Android 传感器子系统的架构，并能对传感器子系统驱动程序的移植具有较为深入的理解。

本章主要内容包括：

- Android 传感器子系统的结构；
- Android 传感器子系统驱动程序移植；
- Android 传感器子系统硬件抽象层移植；
- Android 传感器子系统上层部分实现。

14.1 传感器系统的结构

Android 的传感器系统用于获取外部的信息，在传感器系统下层的硬件是各种传感器设备。这些传感器包括加速度（Accelerometer）、磁场（Magnetic Field）、方向（Orientation）、陀螺测速（Gyroscope）、光线——亮度（Light）、压力（Pressure）、温度（Temperature）、距离（Proximity）等 8 种类型，它们都基于不同的物理硬件来实现。

传感器系统对上层的接口主动上报传感器数据和精度变化，也提供了设置传感器的精度等接口。这些接口在 Java 框架和 Java 应用中被使用。Android 传感器的基本层次结构如图 14-1 所示。

Android 传感器系统自下而上包含了驱动程序、传感器硬件抽象层、传感器 Java 框架类、Java 框架中对传感器的使用和 Java 应用层，其结构如图 14-2 所示。

Android 传感器系统系统的框架代码路径如下所示。

（1）驱动层

驱动层的代码路径是：kernel/driver/hwmon/$(PROJECT)/sensor。

在库 sensor.so 中提供了以下 API 函数。

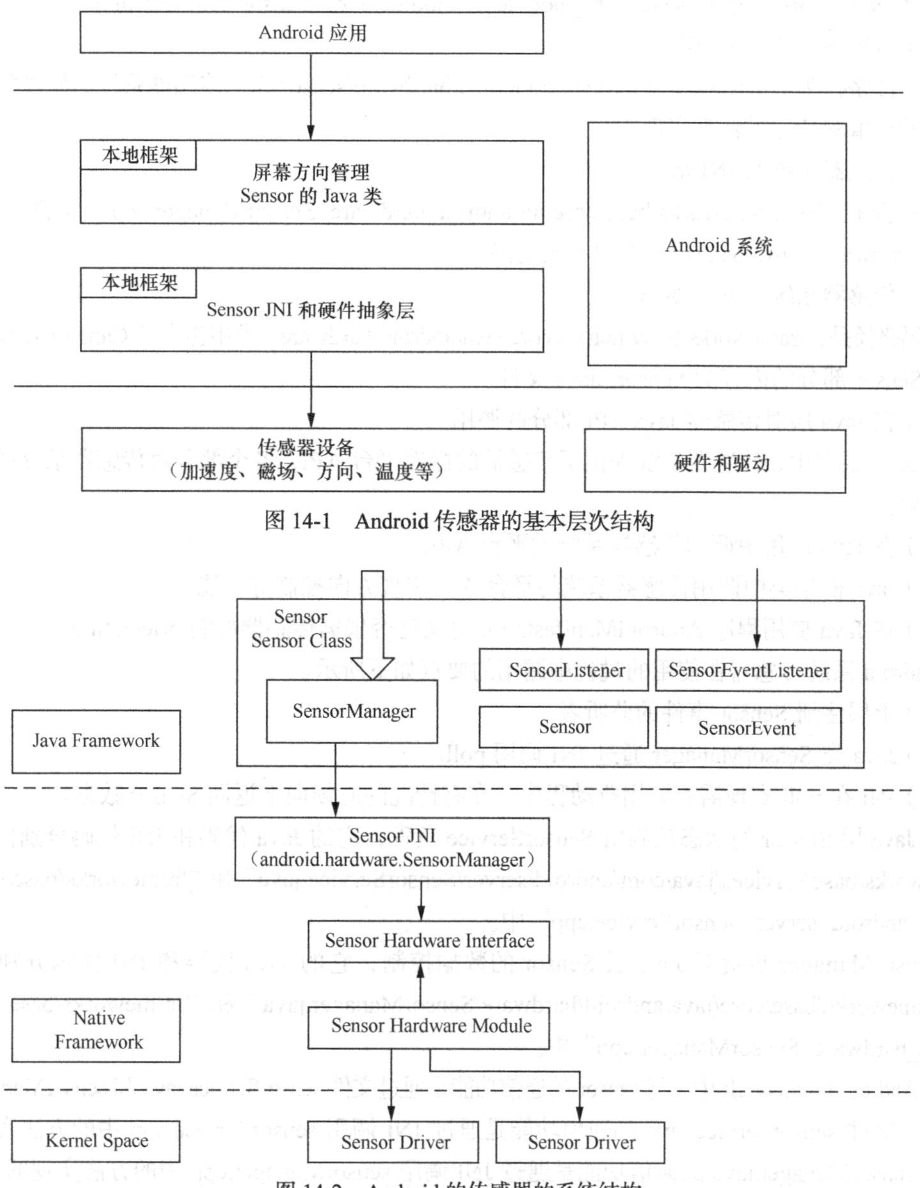

图 14-1　Android 传感器的基本层次结构

图 14-2　Android 的传感器的系统结构

控制方面：在结构体 ensors_control_device_t 中定义。

① int(*open_data_source)(structsensors_control_device_t *dev)

② int(*activate)(structsensors_control_device_t *def, int handle, int enabled)

③ int(*set_delay)(structsensors_control_device_t *dev, int32_t ms)

④ int(*wake)(structsensors_control_device_t *dev)

数据方面：在结构体 sensors_data_device_t 中定义。

① int(*data_open)(structsensors_data_device_t *dev, intfd)

② int(*data_close)(structsensors_data_device_t *dev)

③ int(*poll)(structsensors_data_device_t *dev, sensors_data_t *data)

模块方面：在结构体 sensors_module_t 中定义。

int(*get_sensors_list)(structsensors_module_t* module, structsensor_tconst** list)

（2）传感器系统 HAL 层

头文件路径为：hardware/libhardware/include/hardware/sensors.h，传感器系统的硬件抽象层需要根据所移植的特定平台来实现。

（3）传感器系统的 JNI 部分

代码路径是：frameworks/base/core/jni/androd_hardware_SensorManager.cpp，本部分提供了 android.hardware.SensorManager 类的本地支持。

（4）传感器系统的 Java 部分

代码路径是：frameworks/base/include/core/java/android/hardware，类中包含了 Camera 和 Sensor 两部分，Sensor 部分的内容为 Sensor*.java 文件。

（5）在 Java 层对传感器 Java API 部分的调用

在 Java 层次中，传感器系统提供了传感器的标准平台 API，各个部分对传感器系统调用包括以下内容。

（1）在 Java 应用中调用传感器系统的平台 API。

（2）Java 框架类中调用传感器系统的平台 API 实现方向控制等功能。

（3）在 Java 应用程序 AndroidManifest.xml 定义是否根据传感器控制 orientation。

Android 系统传感器在使用的过程中调用的要点如下所示。

（1）上层注册 Sensor 事件的监听者。

（2）Java 类 SensorManager 通过 JNI 调用 poll。

（3）JNI 在 poll 实现需要调用驱动程序，在有情况的时候向上返回 Sensor 数据。

在 Java 层 Sensor 的状态控制由 SensorService 负责，它的 Java 代码和 JNI 代码分别位于文件“frameworks/base/services/java/com/android/server/SensorService.java”和“frameworks/base/services/jni/com_android_server_SensorService.cpp”中。

SensorManager 负责对 Java 层 Sensor 的数据控制，它的 Java 代码和 JNI 代码分别位于文件“frameworks/base/core/java/android/hardware/SensorManager.java”和“frameworks/base/core/jni/android_hardware_SensorManager.cpp”中。

在 Android Framework 中，与 sensor 的通信功能是通过文件 sensorService.java 和 sensorManager.java 实现的。文件 sensorService.java 的通信功能是通过 JNI 调用 sensorService.cpp 中的方法实现的，而文件 sensorManager.java 的通信功能是通过 JNI 调用 sensorManager.cpp 中的方法实现的。

文件 sensorService.cpp 和 sensorManager.cpp 通过文件 hardware.c 与 sensor.so 通信。其中，文件 sensorService.cpp 负责控制 sensor 的状态，文件 sensorManager.cpp 负责控制 sensor 的数据。库 sensor.so 通过 ioctl 控制 sensor driver 的状态，通过打开 sensor driver 对应的设备文件读取 G-sensor 采集的数据。

14.1.1 传感器系统 Java 层

在 Android 系统中，传感器系统的 Java 部分的实现文件是/sdk/apps/SdkController/src/com/android/tools/sdkcontroller/activities/SensorActivity.java。

通过阅读文件 SensorActivity.java 的源码可知，在应用程序中使用传感器需要用到 hardware 包中的 ScnsorManager、SensorListener 等相关的类，具体实现代码如下所示。

```
public class SensorActMty extends BaseBindingActivity
```

```
implements android.os.Handler.Callback {

@SuppressWamings("hiding")
public static String TAG = SensorActivity.class.getSimpleName();
private static boolean DEBUG = true;

private static final int MSG_UPDATE_ACTUAL_HZ = 0x31415;

private TableLayout mTableLayout;
private TextVIew mTextError;
private TextView mTextStatus;
private TextVIew mTextTargetHz;
private TextView mTextActualHz;
private SensorChannel mSensorHandter;
        private final Map<MonitoredSensor, Displaylnfo> mDisplayedSensors =
        new HashMap<SensorChannel.MonitoredSensor,
        SensorActivity.Displayinfo>();
        private final android.os.Handler mUiHandler = new android.os.Handler(this);
        private int mTargetSampleRate; private lor>g mLastActualUpdateMs;

//第一次创建 activity 时调用
@Override
        public void onCreate(Bundle savedlnstanceState) {
        super.onCreate(saved InstanceState);
        setContentView(R.layout.sensors);
        mTableLayouts (TableLayout)
        findView6yld(R.id.tableUayout);
        mTextError = (T extView) findViewByld(R.id.textError);
        mTextStatus = (TextView) findViewByld(R.id.textStatus);
        mTextTargetHz = (TextView) findViewByld(R.id.textSampleRate);
        mTextActualHz = (TextView) findViewByld(R.id.textActualRate);
        updateStatusCWaiting for connection");
    }

    mTextTar9etHz.setOnKeyU5tener(new OnKeyListener() {
    @ Override
    public booiean onKey(View v, int keyCode, KeyEvent event) {
    updateSampleRate();
    return false;
}

    mTextTargetHz.setOnFoc<JsChangeUstoner(new OnFocusChangeListenef() {
    @ Override
    public void onFocusChange(View v, boolean hasFocus) {
          updateSampleRate();
    }
}
}
@ Override
protected void onResume() {
    If (DEBUG) Log.d(TAG, 'onResume-);
         //BaseBindingActivity 绑定后服务
         super.onResumeO;
         updateError();
    }
}

@ Override
protected void onPause<) {
```

```
    if (DEBUG) Log.d(TAG.-onPause-);
         super.onPause();
    }
}

@ Override
protected void onDestroy() {
if (DEBUG) Log.d(TAG, "onDestroy");
    super.onDestroy();
    removeSen$orUi();
}

@ Override
protected void onServiceConnected() {
if (DEBUG) Log.d(TAG, "onServiceConnected");
    createSensorUi();
}

@ Override
protected void onSefviceDisconnected() {
If (DEBUG) Log.d(TAG, "onServiceDisconnected");
     removeSensorUi();
}

@ Override
protected ControllerListener createContfx>llerListener() {
return new SensorsControlierListener();
private class SensorsControllerUstener implements ControllerUstener {

     @Override
    public void onErrorChanged() {
    mnOnUiThread(new Runnabte() {
    @Override
    public void run() { updateErrorQ;
    }
}

@Override
public void onStatusChanged() {
    mnOnUiThread(new Runnable() {
        @Override public void run() {
        ControllerBinder binder= getServiceBinder();
        if (binder != null) {
            boolean connected = bir>def.isEnmjConr>ected();
            mT ableLayout.setEnabled(connected);
            updateStatus(connected ? "Emulated connected": "Emulator disconnected");
            }
        }
    }
}

private void createSensorUi() {
    final Layoutlnflater inflater = getLayoutlnf)ater();
    if (!mDisplayedSenserfS.isEmpty()) { removeSensorUi();
    mSensorHandler = (SensorChannel) getServiceBinder.getChannel
    (Channel.SENSOR_CHANNEL);
    if (mSensorHandler != null) {
        mSensorHandler.addUiHandler(niUiHancner);
        mUiHandler.sendEmptyMessage<MSG_UPDATE_ACTUAL_HZ);
        assert mOisplayedSensors.isEmpty();
```

```
        List<MonitoredSensor> sensors = mSensorHandler.getSensors();
    }

    for (MonitoredSensor sensor: sensors) {
    final TableRow row = (TableRow) inflater.inflate(R.layout.sensor_row,
    mTableLayout,false);
    mTableLayout.addView(row);
    mDisplayedSensors.put(sensor, new Displayfnfo(sensor, row));
    }

    private void removeSensorUi() {
    if (mSensorHandler != null) {
        mSdnsorHandler.removeUiHandler(mUiHandler);
        mSensorHandler = null;
    }

    mTableLayoutremoveAHViewsO;
    for (Oisplaylnfo info: mDisplayedSensors.values()) {
        info.release();
    }
    mDisplayedSensors.clear();
}

    private class Displaylnfo implements CompoundButton.OnCheckedChangeListener {
    private MonitoredSensor mSensor;
    private CheckBox mChk;
    private TextView mVal;

    public Displaylnfo(MonitoredSensor sensor, TableRow row) {
    mSensor = sensor;

    mChk = (CheckBox) row.findVieweyld(R.ld.row_checkbox);
    mChk.setText(sensor.getUiName());
    mChk.setEnabled(sensor.isEnabledByEmulator());
    mChk.setChecked(sensor.isEnabledByUser());
    mChk.setOnCheckedChangeUstener(this);

//初始化 ffl 表示该传感器的文本框
    mVal = (TextView) row.findView6yld(R.icl.row_textview);
    mVal.setText(sensor.getValue());
    }

//
*为相关的复选框选中状态进行变化的处理
*当复选框被选中时会注册传感器变化
*如果不加以控制会取消传感器的变化

    ◎Override
    public void onCheckedChanged(CompoundBuRon buttonView,
    boolean isChecked) {
    if {mSensor != null} {
        mSensor.onCheclcedChanged(isChecked):
        public void release() {
        mChk = null;
        mVal = null;
        mSensor = null;
    }
}
```

```
    public void updateState() {
    if (mChk !=null && mSensor != null) {
        mChk.setEnabled(mSensor.isEnabledByEmulator());
        mChk.setChedced(mSensor.isEnabledByUser());
    }
}

    public vdd updateValue() {
        if (mVal != null && mSensor null) {
            mVal.setText(mSensor.getValue());
        }
    }
}

// 实现回调处理程序
@0verride
public boolean handleMessage(Me$sage msg) {
    Displaylnfo info = null; switch (msg.what) {
    case SensorChanneI.SENSOR_STATE_CHANGED:
    info = mDisplayedSensors.get(msg.obj);
    if (info != null) {
        info.updateState();
        }
    }
    break;
    case SensorChannel.SENSOR_DISPLAY_MODIFIEO:
    info = mDisptayedSensors.get(msg.ob));
     if (info 1= null) {
        info.updateValue();
    }
        if (mSensorHandler != null) {
        updateStatus(lnteger.toString(mSensorHandler.getMsgSentCount()) + events sent");
//如果值已经修改，则更新
        actual rate long ms = mSensorHandler.getActual(JpdateMs();
        if (ms != mLastActualUpdateMs) {
        mLastActualllpdateMs = ms;
        String hz * mLastActualUpdateMs <= 0 ? "--":
        lntegertoString((int) Math.ceHl(1000./ ms));
        mTextActualHz.setText(hz);
    }
    }
    break;
    case MSG_UPDATE_ACTUAL_HZ:
        if (mSensorHandler != null) {
//如果值已经修改，则更新
        actual rate long ms = mSensorHandler.getActualUpdateMs();
        if (ms != mLastActualUpdateMs) {
            mLastActualUpdateMs = ms;
            String hz = mLastActualUpdateMs <= 0 ?"--"
            lnteger.toString({int} Math.ceil(1000./ ms));
            mTextActualH2.setText(hz);
        }
        mUiHandler.sendEmptyMessageDelayed(MSG_UPDATE_ACTUAL_HZ, 1000./*1s*/);
        }
        }
            return true;
        }
```

```
    }
        private void updateStatus(String status) {
        mTextStatus.setVisibility(status == null ? View.GONE : View.VISIBLE);
        if (status != null) mTextStatus.setText(status);
        }
        private void updateError() {
        ControllerBinder binder = getServtceBinder();
        String enxjr = binder == null ?"": binder.getServtceErroro;
        if (error == null) {
        error =""
        }

        mTextError.setVisibility(error.length() == 0 ? View.GONE : View.VISIBLE);
        mTextError.setText(error);
    }

    private void updateSampleRate() {
        String str = mTextTargetH2.getText().toString();
        try{
             int hz s Integer.parselntCstr.trim());

    if(hz <=0|| hz>50){
        hz = 50;
    }

    if (hz!= mTargetSampleRate) {
              mTargetSampleRate = hz;
              if (mSensorHandler != null) {
              mSensorHandler.setUpdateTargetMs(hz <=0?0: (int)(1000.0f / hz));
    }
    } catch (Exception ignore) {}
    }
    }
```

14.1.2　传感器系统 Frameworks 层

在 Android 系统中，传感器系统的 Frameworks 层的代码路径是 frameworks/basc/indudc/corc/java/android/hardware。

Frameworks 层是 Android 系统提供的应用程序开发接口和应用程序框架，与应用程序的调用通过类实例化或突继承进行的。对应用程序来说，最重要的就是把 SensorListener 注册到 SensorManager 上，从而才能以观察者身份接收到数据的变化。因此，开发者应该更关注 SensorManager 的构造函数、RcgisterListener()函数和通知机制相关的代码上。

本节将介绍传感器系统中 Frameworks 层的核心架构内容。

（1）监听传感器的变化

在 Android 传感器系统的 Frameworks 层中，文件 SensorListener.java 用于监听从 Java 应用层中传递过来的变化。文件 SensorUstener.java 比较简单，具体代码如下所示。

```
package android-hardware:
@Deprecated
public interface SensorListener {
public void onSensorChanged(int sensor, float[]values);
public void onAccuracyChanged(int sensor, int accuracy);
}
```

（2）注册监听

当 Sensorlistener 监听到变化之后，会通过 SensorManager 向服务注册监听变化，并调度 Sensor

的具体任务。例如，在开发 Android 传感器应用程序时，上层的通用开发流程如下所示。

① 通过 getSystemService(SENSOR_SERVICE); 语句获取传感器服务，这样就得到一个用来管理分配调度、处理 Sensor 工作的 SensorManager。SensorManager 并不服务运行于后台，真正属于 Sensor 的系统服务是 SensorService，在终端#service list 中可以看到 sensorservice: [android.gui.SensorServer]

② 通过 getDefaultSensor(Sensor,TYPE_GRAVITY); 获传感器类型，传感器的类型有很多具体可以查阅 Android 官网 API 或者源码 Sensor.java。

③ 注册监听器 SensorEventListcner。在应用程序中打开一个监听接口，专门用于处理从传感器收集到的数据。

④ 通过回调函数 onSensoi Changed()和 onAccuracyChanged()实现实时监听。例如，由回调函数实现对重力感应器的 x、y、z 值的算法变换得到左右、上下、前后方向等。

14.2 传感器驱动开发

Android 传感器系统自传感器硬件抽象层接口以下的部分是非标准的，因此传感器系统移植包括传感器的驱动程序和硬件抽象层。

Sensor 的硬件抽象层被 Sensor 的 JNI（SensorManager）调用，Sensor 的 JNI 被 Java 的程序调用。因此，传感器系统实现的核心是硬件抽象层，Sensor 的 HAL 必须满足硬件抽象层的接口要求。

传感器的硬件抽象层使用了 Android 中标准的硬件模块的接口，这是一种纯 C 语言的接口，基本依靠填充函数指针来实现。Android 中 Sensor 的驱动程序是非标准的，它是为了满足硬件抽象层的需要而被开发出来的。

14.2.1 移植驱动程序

从 Linux 操作系统的角度，Sensor 的驱动程序没有公认的标准定义。因此，在 Android 中构建的 Sensor 驱动程序也没有标准，属于非标准的 Linux 驱动程序。开发人员编写的 Sensor 驱动程序的目的是从硬件中获取传感器的信息，并通过接口将这些信息传递给上层，开发人员可以通过如下接口来实现 Sensor 驱动程序。

（1）使用 Event 设备：因为传感器本身就是一种获取信息的工具，所以使用 Event 设备就理所当然了。通过使用 Event 设备，可以实现阻塞 poll 调用，在中断到来的时候将 poll 解除阻塞，然后通过 read 调用将数据传递给用户空间。当使用 Event 设备时，可以使用 input 驱动框架中定义的数据类型。

（2）使用 Misc 杂项字符设备：和使用 Event 设备方式类似，可以直接通过 file_operations 中的 read、poll 和 ioctl 接口来实现对应的功能。

（3）实现一个字符设备的主设备：和上面的使用 Misc 杂项字符设备方式相同。

（4）使用 Sys 文件系统：可以实现基本的读、写功能，对应驱动中的 show 和 store 接口实现。虽然使用 Sys 文件系统可以实现阻塞，但是通常不采用这种方法。

14.2.2 移植硬件抽象层

Sensor 传感器系统 HAL 层的实现文件目录是“hardware/libhardware/include/hardware/”。其中

的 Android.mk 文件，代码如下所示。

```
LOCAL_PATH:= $(call my-dir)
include $(CLEAR_VARS)

LOCAL_SHARED_LIBRARIES := libcutils

LOCAL_INCLUDES += $(LOCAL_PATH)

LOCAL_CFLAGS  += -DQEMU_HARDWARE
QEMU_HARDWARE := true

LOCAL_SHARED_LIBRARIES += libdl

LOCAL_SRC_FILES += hardware.c

LOCAL_MODULE:= libhardware

include $(BUILD_SHARED_LIBRARY)
```

在此需要注意对 LOCAL_MODULE 的赋值，这里的模块名称都是定义好的，具体可以参考文件“hardware/libhardware/hardware.c”。

在文件 sensors.h 中实现了 Sensor 传感器系统硬件层的接口，这是一个标准的 Android 硬件模块。其中，SENSOR_TYPE_*等常量表示各种传感器的类型。

Sensor 模块 sensors_module_t 的定义如下所示：

```
structsensors_module_t {
structhw_module_t common;

    // 枚举所有可用的传感器，再将传感器列表返回到“list”中，@返回列表中传感器的数量。
int (*get_sensors_list)(structsensors_module_t* module,
structsensor_tconst** list);
};
```

在标准的硬件模块（hw_module_t）的基础上增加了 get_sensors_list()函数，用于获取传感器列表。

sensor_t 描述了一个传感器，如下所示：

```
structsensor_t {
    // 传感器名称
const char*     name;
    // 硬件部份厂商名称
const char*     vendor;
    // 硬件与驱动的版本。当驱动升级后，该域的值必须填充。它将以特定方式改变传感器的输出。当融合算
法升级时，这对融合传感器非常重要。
int             version;
    // 识别传感器的句柄。该句柄用于激活或关闭该传感器。句柄值在本代码 API 版本中心须是 8 位的。
int             handle;
    // 传感器类型
int             type;
    // 该传感器值的最大范围（公制单位）
floatmaxRange;
    // 由该传感器所采集数据中相邻数据的最小差值
float           resolution;
    // 以 mA 估算的该传感器的功耗。
float           power;
```

```
    // 以微秒计允许的两个事件的最小延迟。0 值表示该传感器不以常量速率上报数据，在有新数据引用时才上报。
int32_tminDelay;
    // 保留域必须为"0"。
void*           reserved[8];
};
```

sensors_vec_t 表示的是一个传感器数据向量的结构体，如下所示：

```
typedefstruct {
union {
float v[3];
struct {
float x;
float y;
float z;
        };
struct {
float azimuth;
float pitch;
float roll;
        };
    };
int8_t status;
uint8_t reserved[3];
} sensors_vec_t;
```

按照上述的定义，sensors_vec_t 数据结构的大小为 16 个字节，其中第 1 个成员是一个公用体，可以表示为 3 个单精度浮点数，或者轴坐标和极坐标的单精度浮点数的格式。最后的 3 个字节补足了这个结构体，令其的长度为 16 个字节。

sensors_data_t 数据结构表示传感器的数据，如下所示：

```
typedefstruct {
    int sensor;
    union {
        sensors_vec_t vector;
        sensors_vec_t orientation;
        sensors_vec_t acceleration;
        sensors_vec_t magnetic;
        float        temperature;
};
        int64_t          time;
        uint32_t         reserved;
} sensors_data_t;
```

在 sensors_data_t 中，使用一个共用体表示不同的传感器各自的数据类型，sensor 则是具体传感器的标识。

sensors_control_device_t 和 sensors_data_device_t 两个数据结构分别表示传感器系统的用户控制设备和数据设备，它们分别扩展了 hw_device_t 类。

sensors_control_device_t 的定义如下所示：

```
structsensors_control_device_t {
    structhw_device_t common;
    native_handle_t* (*open_data_source)(structsensors_control_device_t *dev);
    int (*activate) (structsensors_control_device_t *dev, int handle, int enabled);
    int(*set_delay) (structsensors_control_device_t *dev, int32_t ms);
    int(*wake) (structsensors_controle_device_t *dev);
};
```

open_data_source 函数指针用于获得传感器设备的句柄（native_handle_t），进而以它作为上下文建立数据设备，activate、set_delay 和 wake 这 3 个函数指针主要用来实现辅助功能。

sensors_data_device_t 的定义如下所示：

```
structsensors_data_device_t {
     structhw_device_t common;
     int (*data_open) (structsensors_data_device_t *dev, native_handle_t* nh);
     int (*data_close) (structsensors_data_device_t* dev);
     int (*poll)(structsensors_data_device_t *dev, sensors_data_t* data);
};
```

data_open 和 data_close 函数指针用于打开和关闭传感器数据设备，打开的过程从 native_handle_t 开始。

14.2.3 实现上层部分

传感器部分的上层部分包含了以下内容：

（1）传感器的 JNI 部分和传感器的 Java 框架；

（2）在 Java Framework 中对传感器部分的调用；

（3）在应用程序中对传感器部分的调用。

1. 实现传感器的 JNI 部分和 Java 框架部分

Android 中 Sensor 传感器系统的 JNI 部分的实现文件是“frameworks/base/core/jni/android_hardware_SensorManager.cpp”，它提供了对类 android.hardware.Sensor.Manage 的本地支持。此文件是 Sensor 的 Java 部分和硬件抽象层的接口。Sensor 的 JNI 部分直接调用硬件抽象层，需要包含本地的头文件“hardware/sensors.h”。实际上，Java 层得到的 Sensor 数据，是在通过该接口获得并且赋值的。文件 com_android_server_SensorService.cpp 和 android_hardware_SensorManager.cpp 联合使用，通过文件“android\hardware\libhardware\hardware.c”与 sensor.so 实现通信。

在文件 android_hardware_SensorManager.cpp 中，首先实现方法注册，里面包含了文件的功能方法。

```
staticJNINativeMethodgMethods[] = {
      {"nativeClassInit", "()V",             (void*)nativeClassInit },
      {"sensors_module_init","()I",          (void*)sensors_module_init },
      {"sensors_module_get_next_sensor","(Landroid/hardware/Sensor;I)I",
                                             (void*)sensors_module_get_next_sensor },

      {"sensors_create_queue",  "()I",        (void*)sensors_create_queue },
      {"sensors_destroy_queue", "(I)V",       (void*)sensors_destroy_queue },
      {"sensors_enable_sensor", "(ILjava/lang/String;II)Z",
                                                   (void*)sensors_enable_sensor },

      {"sensors_data_poll",   "(I[F[I[J)I",     (void*)sensors_data_poll },
};
```

在 sensors_module_init()函数中，调用 hw_get_module()打开 Sensor 的硬件模块，实现的内容如下所示：

```
staticjint
sensors_module_init(JNIEnv *env, jclassclazz)
{
SensorManager::getInstance();
return 0;
}
```

nativeClassInit()函数实现 Java 中 Sensor 类的初始化工作，实现的内容如下所示：

```
static void
nativeClassInit (JNIEnv *_env, jclass _this)
{
jclasssensorClass = _env->FindClass("android/hardware/Sensor");
SensorOffsets&sensorOffsets = gSensorOffsets;
    sensorOffsets.name = _env->GetFieldID(sensorClass, "mName", "Ljava/lang/String;");
sensorOffsets.vendor = _env->GetFieldID(sensorClass, "mVendor",  "Ljava/lang/String;");
sensorOffsets.version = _env->GetFieldID(sensorClass, "mVersion",    "I");
sensorOffsets.handle = _env->GetFieldID(sensorClass, "mHandle",    "I");
sensorOffsets.type = _env->GetFieldID(sensorClass, "mType",      "I");
sensorOffsets.range = _env->GetFieldID(sensorClass, "mMaxRange",   "F");
sensorOffsets.resolution = _env->GetFieldID(sensorClass, "mResolution","F");
sensorOffsets.power = _env->GetFieldID(sensorClass, "mPower",     "F");
sensorOffsets.minDelay = _env->GetFieldID(sensorClass, "mMinDelay",   "I");
}
```

这里使用的类是 android/hardware/Sensor，调用过程是在本地代码中完成的，直接对 Java 类的各个成员进行操作。这实际上是一个 JNI 反向为 Java 类赋值的过程。

sensors_data_poll 是 Sensor JNI 实现核心内容，主要的代码如下所示：

```
staticjint
sensors_data_poll(JNIEnv *env, jclassclazz, jintnativeQueue,
jfloatArray values, jintArray status, jlongArray timestamp)
{
sp<SensorEventQueue> queue(reinterpret_cast<SensorEventQueue *>(nativeQueue));
if (queue == 0) return -1;
status_t res;
ASensorEvent event;

res = queue->read(&event, 1);
if (res == 0) {
res = queue->waitForEvent();
if (res != NO_ERROR)
return -1;
          // 此处确保有一个事件。
res = queue->read(&event, 1);
          ALOGE_IF(res==0, "sensors_data_poll: nothing to read after waitForEvent()");
    }
if (res <= 0) {
return -1;
    }

jint accuracy = event.vector.status;
env->SetFloatArrayRegion(values, 0, 3, event.vector.v);
env->SetIntArrayRegion(status, 0, 1, &accuracy);
env->SetLongArrayRegion(timestamp, 0, 1, &event.timestamp);

returnevent.sensor;
}
```

sensors_data_poll 主要向上层传递了传感器数据、精度、时间 3 个物理量。事实上是把 sensors_data_t 结构中的部分信息赋值给上层。其中，sensors_data_t 中的 sensors_vec_t 只是向上层传递了 3 个浮点数据，因此，16 个字节的 sensors_vec_t 结构，只有前 3 个浮点数有效。由于共用体取最大的量，因此传递的总是 3 个浮点数。例如，对于加速度传感器信息，传递的就是 3 个方向的加速度，对于温度传感器信息，第 1 个数据是温度信息，第 2、第 3 是无用处的。

2. 在 Java Framework 中调用传感器的部分

Sensor 传感器系统的 Java 部分在“frameworks/base/include/core/java/android/hardware/”目录中定义，包含了以下几个文件。

- SensorManager.java：实现传感器系统核心的管理类 SensorManager
- Sensor.java：单一传感器的描述性文件 Sensor，此类是通过 SensorManager 实现的。类 Sensor 的初始化工作是在 SensorManager JNI 代码中实现的，在 SensorManager.java 中维护了一个 Sensor 列表。
- SensorEvent.java：实现传感器系统的事件类 SensorEvent。
- SensorEventListener.java：传感器事件的监听者 SensorEventListener 接口。

其中 SensorManager、Sensor 和 SensorEvent 是 3 个类，SensorEventListener 和 SensorListener 是 2 个接口。这几个文件都是 Android 平台 API 的接口。

定义 Sensor 的代码如下所示。

```
public final class Sensor {

    // 定义重力加速度传感器类型的常量，细节可参考{@link android.hardware.SensorEvent#
valuesSensorEvent.values}。
public static final int TYPE_ACCELEROMETER = 1;

    // 定义磁场传感器类型的常量，细节可参考{@link android.hardware.SensorEvent# values
SensorEvent.values}。
public static final int TYPE_MAGNETIC_FIELD = 2;

    // 定义方位传感器类型的常量，细节可参考{@link android.hardware.SensorEvent#values
SensorEvent.values}。
    同时，也推荐参考 {@link android.hardware.SensorManager#getOrientation
                SensorManager.getOrientation()}

    @Deprecated
public static final int TYPE_ORIENTATION = 3;

    // 定义陀螺仪传感器类型的常量
public static final int TYPE_GYROSCOPE = 4;

    // 定义光传感器类型的常量,细节可参考{@link android.hardware.SensorEvent#valuesSensorEvent.
values}。
public static final int TYPE_LIGHT = 5;

    // 定义压力传感器类型的常量。
public static final int TYPE_PRESSURE = 6;

    // 定义温度传感器类型的常量，细节可参考{@link android.hardware.Sensor#TYPE_AMBIENT_
TEMPERATURE
                Sensor.TYPE_AMBIENT_TEMPERATURE}。
    @Deprecated
public static final int TYPE_TEMPERATURE = 7;

    // 定义接近度传感器类型的常量，细节可参考{@link android.hardware.SensorEvent#values
SensorEvent.values}。
public static final int TYPE_PROXIMITY = 8;
```

```
    // 定义重力传感器类型的常量，细节可参考{@link android.hardware.SensorEventSensorEvent}。
public static final int TYPE_GRAVITY = 9;

    // 定义线性加速传感器类型的常量，细节可参考{@link android.hardware.SensorEventSensorEvent}。
public static final int TYPE_LINEAR_ACCELERATION = 10;

    // 定义旋转矢量传感器类型的常量，细节可参考{@link android.hardware.SensorEventSensorEvent}。
public static final int TYPE_ROTATION_VECTOR = 11;

    // 定义湿度传感器类型的常量，细节可参考{@link android.hardware.SensorEventSensorEvent}。
public static final int TYPE_RELATIVE_HUMIDITY = 12;

    // 定义环境温度传感器类型的常量。
public static final int TYPE_AMBIENT_TEMPERATURE = 13;

    // 定义所有传感器类型的常量。
public static final int TYPE_ALL = -1;

    // 某些域仅在 SensorManager 中由本地绑定设置。
private String  mName;
private String  mVendor;
privateintmVersion;
privateintmHandle;
privateintmType;
private float   mMaxRange;
private float   mResolution;
private float   mPower;
privateintmMinDelay;


Sensor() {
    }

    // 返回传感器 name 字符串。
public String getName() {
returnmName;
    }

    // 返回传感器 vendor 字符串。
public String getVendor() {
returnmVendor;
    }

    // 返回传感器的通用类型
publicintgetType() {
returnmType;
    }

    // 返回传感器的模块版本
publicintgetVersion() {
returnmVersion;
    }

    // 返回传感器单元中传感器的最大范围
public float getMaximumRange() {
returnmMaxRange;
```

```
        }

        // 返回传感器单元中传感器的分辨率
    public float getResolution() {
    returnmResolution;
        }

        // 返回传感器在传用时的功耗（mA)。
    public float getPower() {
    returnmPower;
        }

        // 以毫秒为单位返回两个事件的被允许的最小延迟。若传感器仅在数据发生测量改变时才返回值，则此处
返回“0”。
    publicintgetMinDelay() {
    returnmMinDelay;
        }

    intgetHandle() {
    returnmHandle;
        }

    voidsetRange(float max, float res) {
    mMaxRange = max;
    mResolution = res;
        }

        @Override
    public String toString() {
             return "{Sensor name=\"" + mName + "\", vendor=\"" + mVendor + "\",
version=" + mVersion
                      + ", type=" + mType + ", maxRange=" + mMaxRange + ", resolution=" +
mResolution
                      + ", power=" + mPower + ", minDelay=" + mMinDelay + "}";
        }
    }
```

Sensor 类用于描述传感器，Sensor 类的使用是通过 SensorManager 来实现的。在上述代码中，“TYPE_”格式的常量用数字 1～8 来表示，表示了在 Android 系统中可以支持的传感器的类型，而最后一行“TYPE_ALL=-1”表示支持 Android 系统所有的类型。

SensorEvent 类比较简单，实际上是 Sensor 类加上了数值（Values）、精度（Accuracy）、时间戳（Timestamp）等内容，这几个类的成员都是公共（Public）类型。

SensorEventListener 接口描述了 SensorEvent 的监听者，主要代码如下所示：

```
    public class SensorEvent {
        public final float[] values;

        // 产生此事件的传感器细节可参考{@link android.hardware.SensorManagerSensorManager}。
    public Sensor sensor;

        // 事件的准确度，细节可参考{@link android.hardware.SensorManager
    publicint accuracy;


        // 在纳秒尺度发生的事件。
    public long timestamp;
```

```
SensorEvent(int size) {
values = new float[size];
    }
}
```

SensorEventListener 接口由传感器系统的调用者来实现，onSensorChanged()在传感器数值改变时被调用，onAccuracyChanged()方法在传感器精度变化时被调用。

SensorManager 类是 Sensor 整个系统的核心，这个类的几个主要方法如下所示：

```
public abstract class SensorManager {
    // @hide
protected static final String TAG = "SensorManager";

private static final float[] mTempMatrix = new float[16];

    // 按类型缓存的传感器列表，由 mSensorListByType 保护。
private final SparseArray<List<Sensor>>mSensorListByType =
newSparseArray<List<Sensor>>();

    // 传统传感器管理器的实现，启动时由 mSensorListByType 保护
privateLegacySensorManagermLegacySensorManager;
……………………
// 用公制单位表示的太阳的重力加速度（m/s2）
public static final float GRAVITY_SUN              = 275.0f;
    // 用公制单位表示的水星的重力加速度（m/s2）
public static final float GRAVITY_MERCURY          = 3.70f;
    // 用公制单位表示的金星的重力加速度（m/s2）
public static final float GRAVITY_VENUS            = 8.87f;
    // 用公制单位表示的地球的重力加速度（m/s2）
public static final float GRAVITY_EARTH            = 9.80665f;
    // 用公制单位表示的月球的重力加速度（m/s2）
public static final float GRAVITY_MOON             = 1.6f;
    // 用公制单位表示的火星的重力加速度（m/s2）
public static final float GRAVITY_MARS             = 3.71f;
    // 用公制单位表示的木星的重力加速度（m/s2）
public static final float GRAVITY_JUPITER          = 23.12f;
    // 用公制单位表示的土星的重力加速度（m/s2）
public static final float GRAVITY_SATURN           = 8.96f;
    // 用公制单位表示的天王星的重力加速度（m/s2）
public static final float GRAVITY_URANUS           = 8.69f;
    // 用公制单位表示的海王星的重力加速度（m/s2）
public static final float GRAVITY_NEPTUNE          = 11.0f;
    // 用公制单位表示的冥王星的重力加速度（m/s2）
public static final float GRAVITY_PLUTO            = 0.6f;
    // 帝国部队的第一死星的重力（m/s2）
public static final float GRAVITY_DEATH_STAR_I     = 0.000000353036145f;
    // 岛上的重力。
    public static final float GRAVITY_THE_ISLAND   = 4.815162342f;
    ……………………
}
```

3. 在应用程序中调用传感器

在 Java 应用层中可以调用 SensorManager，通常通过 SensorEventListener 注册回调函数的方

式完成对 Sensor 系统的调试。

14.3 传感器驱动的硬件抽象层实例

Android 为模拟器提供了一个 Sensor 硬件抽象层的示例实现，它本身具有实际的功能，可以作为实际系统的传感器硬件抽象层的示例。

在 Donut 及以前的版本中，Sensor 硬件抽象层的代码路径是“development/emulator/sensor/”，在 Éclair 及以后的版本中，Sensor 硬件抽象层的代码路径是“sdk/emulator/sensors”。无论是什么版本，在上述目录下都会包含一个 Android.mk 文件和一个源文件 sensors_qemu.c，经过编译会后会形成一个单独的模块，即动态库 sensors.goldfish.so（中间的 goldfish 表示产品名）。它将被放置在标准文件系统的“system/lib/hw/”目录中，在运行时将作为一个硬件被加载。

在文件 sensors_qemu.c 中定义所需常量的代码如下所示。

```
#define  ID_BASE            SENSORS_HANDLE_BASE
#define  ID_ACCELERATION    (ID_BASE+0)
#define  ID_MAGNETIC_FIELD (ID_BASE+1)
#define  ID_ORIENTATION     (ID_BASE+2)
#define  ID_TEMPERATURE     (ID_BASE+3)
#define  ID_PROXIMITY       (ID_BASE+4)

#define  SENSORS_ACCELERATION    (1 << ID_ACCELERATION)
#define  SENSORS_MAGNETIC_FIELD  (1 << ID_MAGNETIC_FIELD)
#define  SENSORS_ORIENTATION      (1 << ID_ORIENTATION)
#define  SENSORS_TEMPERATURE      (1 << ID_TEMPERATURE)
#define  SENSORS_PROXIMITY        (1 << ID_PROXIMITY)
```

定义传感器链表的代码如下所示。

```
#define  ID_CHECK(x)  ((unsigned)((x)-ID_BASE) < MAX_NUM_SENSORS)

#define  SENSORS_LIST
    SENSOR_(ACCELERATION,"acceleration")
    SENSOR_(MAGNETIC_FIELD,"magnetic-field")
    SENSOR_(ORIENTATION,"orientation")
    SENSOR_(TEMPERATURE,"temperature")
    SENSOR_(PROXIMITY,"proximity")

staticconststruct {
const char*  name;
int id; } _sensorIds[MAX_NUM_SENSORS] =
{
#define SENSOR_(x,y)  { y, ID_##x },
    SENSORS_LIST
#undef  SENSOR_
};
```

从上述代码中，SENSOR_(x,y)是一个宏，功能是创建一个传感器描述的数据结构，在上述代码中，分别创建了加速度、磁场、方向和速度四个传感器。

open_sensors()是模块的打开函数，用于构建 Sensor 的控制设备和数据设备，其定义如下所示。

```
staticint
open_sensors(conststructhw_module_t* module,
```

```
const char* name,
structhw_device_t* *device)
{
int  status = -EINVAL;

D("%s: name=%s", __FUNCTION__, name);

if (!strcmp(name, SENSORS_HARDWARE_POLL)) {
SensorPoll *dev = malloc(sizeof(*dev));

memset(dev, 0, sizeof(*dev));

dev->device.common.tag = HARDWARE_DEVICE_TAG;
dev->device.common.version = 0;
dev->device.common.module = (structhw_module_t*) module;
dev->device.common.close = poll__close;
dev->device.poll = poll__poll;
dev->device.activate = poll__activate;
dev->device.setDelay = poll__setDelay;
dev->events_fd = -1;
dev->fd = -1;

        *device = &dev->device.common;
status  = 0;
    }
return status;
}
```

SensorControl 和 SensorData 这两个结构体是对 sensors_control_device_t 和 sensors_data_device_t 这两个数据结构的扩展，用于增加传感器的私有数据，并将其作为上下文。

sensors_module_t 中定义了 get_sensors_list 函数指针为 sensors_get_sensors_list，其内容如下所示。

```
structsensors_module_t HAL_MODULE_INFO_SYM = {
    .common = {
        .tag = HARDWARE_MODULE_TAG,
        .version_major = 1,
        .version_minor = 0,
        .id = SENSORS_HARDWARE_MODULE_ID,
        .name = "Goldfish SENSORS Module",
        .author = "The Android Open Source Project",
        .methods = &sensors_module_methods,
    },
    .get_sensors_list = sensors__get_sensors_list
};
```

sensors_get_sensors_list 是一个 sensor_t 类型的数组，表示传感器列表，在里面列出了系统可以支持的传感器。在硬件抽象层中定义了 4 个传感器，分别是加速度、磁场、方向和温度。代码如下。

```
staticconststructsensor_tsSensorListInit[] = {
{ .name = "Goldfish 3-axis Accelerometer",
        .vendor = "The Android Open Source Project",
        .version= 1,
        .handle = ID_ACCELERATION,
        .type = SENSOR_TYPE_ACCELEROMETER,
        .maxRange = 2.8f,
        .resolution = 1.0f/4032.0f,
        .power = 3.0f,
```

```
                .reserved = {}
            },

        { .name = "Goldfish 3-axis Magnetic field sensor",
                .vendor = "The Android Open Source Project",
                .version = 1,
                .handle = ID_MAGNETIC_FIELD,
                .type = SENSOR_TYPE_MAGNETIC_FIELD,
                .maxRange = 2000.0f,
                .resolution = 1.0f,
                .power = 6.7f,
                .reserved = {}
            },

        { .name = "Goldfish Orientation sensor",
                .vendor = "The Android Open Source Project",
                .version = 1,
                .handle = ID_ORIENTATION,
                .type = SENSOR_TYPE_ORIENTATION,
                .maxRange = 360.0f,
                .resolution = 1.0f,
                .power = 9.7f,
                .reserved = {}
            },

        { .name = "Goldfish Temperature sensor",
                .vendor = "The Android Open Source Project",
                .version = 1,
                .handle = ID_TEMPERATURE,
                .type = SENSOR_TYPE_TEMPERATURE,
                .maxRange = 80.0f,
                .resolution = 1.0f,
                .power = 0.0f,
                .reserved = {}
            },

        { .name = "Goldfish Proximity sensor",
                .vendor = "The Android Open Source Project",
                .version = 1,
                .handle = ID_PROXIMITY,
                .type = SENSOR_TYPE_PROXIMITY,
                .maxRange = 1.0f,
                .resolution = 1.0f,
                .power = 20.0f,
                .reserved = {}
            },
        };
```

文件 sensors_qemu.c 的核心功能是通过函数 data_poll()实现的，先使用 if 语句分类读取传感器中的数据，然后通过 SensorData 结构进行复制。由于本例是软件仿真示例，因此，取出的信息内容来自软件的 buffer，结果通过设置 sensors_data_t 数据结构来实现。函数 data_poll()的实现代码如下所示。

```
staticint
data__poll(structsensors_poll_device_t *dev, sensors_event_t* values)
{
SensorPoll*  data = (void*)dev;
intfd = data->events_fd;
```

```
D("%s: data=%p", __FUNCTION__, dev);

    // 这里有待处理的传感器，现在将它们返回。
if (data->pendingSensors) {
returnpick_sensor(data, values);
    }

    // 等待直到从一个使能的传感器中获得一个完整的事件。
    uint32_t new_sensors = 0;

while (1) {
         // 读取下一个事件。
char     buff[256];
intlen = qemud_channel_recv(data->events_fd, buff, sizeof buff-1);
floatparams[3];
        int64_t  event_time;

if (len< 0) {
E("%s: len=%d, errno=%d: %s", __FUNCTION__, len, errno, strerror(errno));
return -errno;
        }

buff[len] = 0;

        // 从模拟器发出的“wake”信号来中止这个循环。
if (!strcmp((const char*)data, "wake")) {
return 0x7FFFFFFF;
        }

        // "acceleration:<x>:<y>:<z>"对应于一个加速事件
if (sscanf(buff, "acceleration:%g:%g:%g", params+0, params+1, params+2) == 3) {
new_sensors  |= SENSORS_ACCELERATION;
data->sensors[ID_ACCELERATION].acceleration.x = params[0];
data->sensors[ID_ACCELERATION].acceleration.y = params[1];
data->sensors[ID_ACCELERATION].acceleration.z = params[2];
continue;
        }

        // "orientation:<azimuth>:<pitch>:<roll>"在方向变化时会被发出
if (sscanf(buff, "orientation:%g:%g:%g", params+0, params+1, params+2) == 3) {
new_sensors  |= SENSORS_ORIENTATION;
data->sensors[ID_ORIENTATION].orientation.azimuth = params[0];
data->sensors[ID_ORIENTATION].orientation.pitch   = params[1];
data->sensors[ID_ORIENTATION].orientation.roll    = params[2];
continue;
        }

        // "magnetic-field:<x>:<y>:<z>"作为磁场参数被发出
if (sscanf(buff, "magnetic-field:%g:%g:%g", params+0, params+1, params+2) == 3) {
new_sensors  |= SENSORS_MAGNETIC_FIELD;
data->sensors[ID_MAGNETIC_FIELD].magnetic.x = params[0];
data->sensors[ID_MAGNETIC_FIELD].magnetic.y = params[1];
data->sensors[ID_MAGNETIC_FIELD].magnetic.z = params[2];
continue;
        }
```

```
        //"temperature:<celsius>"是指温度：<摄氏度>参数
    if (sscanf(buff, "temperature:%g", params+0) == 2) {
    new_sensors |= SENSORS_TEMPERATURE;
    data->sensors[ID_TEMPERATURE].temperature = params[0];
    continue;
            }

        //"proximity:<value>"是指距离传感器：<距离值>
    if (sscanf(buff, "proximity:%g", params+0) == 1) {
    new_sensors |= SENSORS_PROXIMITY;
    data->sensors[ID_PROXIMITY].distance = params[0];
    continue;
            }

        // "sync:<time>"在一系列传感器事件后发送，此处的“time”以毫秒为单位，在实际轮询发生时，
与 VM 时间对应
    if (sscanf(buff, "sync:%lld", &event_time) == 1) {
    if (new_sensors) {
    data->pendingSensors = new_sensors;
    int64_t t = event_time * 1000LL; //转换为纳秒
        //在第一次同步时使用这个时间，以后每次的时间值以此为基础值。
    if (data->timeStart == 0) {
    data->timeStart  = data__now_ns();
    data->timeOffset = data->timeStart - t;
                }
                t += data->timeOffset;

    while (new_sensors) {
    uint32_ti = 31 - __builtin_clz(new_sensors);
    new_sensors&= ~(1<<i);
    data->sensors[i].timestamp = t;
                }
    returnpick_sensor(data, values);
            } else {
    D("huh ? sync without any sensor data ?");
            }
    continue;
        }
    D("huh ? unsupported command");
    }
    return -1;
    }
```

本章小结

移动设备上的传感器子系统用于获取多种外部信息，驱动程序为 Android 系统使用传感器提供支持。本章介绍了 Android 系统中的传感器子系统及其驱动程序的移植与开发。本章首先给出了 Android 系统中的传感器子系统的层次结构，涵盖了从传感器硬件到 Android 应用程序中的传感器子系统支持；然后引入了传感器驱动程序移植的基本方法，并介绍了不同层次上驱动程序的移植方法；最后通过分析一个传感器驱动的硬件抽象层实例让读者了解如何完成传感器驱动程序

的移植。

思 考 题

1. Android 传感器子系统有什么作用？主要有哪些传感器？
2. Android 传感器子系统具有怎样的层次结构？
3. Android 传感器子系统驱动层的库 sensor.so 提供了哪些 API？
4. Android 传感器子系统 Java 层次的传感器标准平台 API 中，各个部分对传感器系统调用包括了哪些内容？
5. Android 传感器子系统中 Frameworks 层具有哪些核心架构内容？
6. 传感器子系统驱动开发具有哪些特点？其核心是什么？
7. 传感器子系统的驱动程序具有什么特点？需要通过哪些接口来实现传感器驱动程序？
8. 传感器子系统的硬件抽象层在哪里实现？该硬件模块具有哪些重要的组成部分？
9. 传感器子系统的上层部分包括了哪些内容？
10. 在实际系统的传感器硬件抽象层示例中，需要完成哪些核心工作以实现移植工作？